先天后天

基因、经验以及什么使我们成为人

|珍藏版|

[英] 马特·里德利 著
Matt Ridley

黄菁菁 ———— 译

NATURE
VIA
NURTURE

Genes, Experience,
and What Makes Us Human

图书在版编目（CIP）数据

先天后天：基因、经验以及什么使我们成为人：珍藏版/（英）马特·里德利（Matt Ridley）著；黄菁菁译. -- 北京：机械工业出版社，2021.6（2024.3重印）
书名原文：Nature Via Nurture: Genes, Experience, and What Makes Us Human
ISBN 978-7-111-68370-4

I. ①先… II. ①马…②黄… III. ①人类基因-普及读物 IV. ①Q987-49

中国版本图书馆CIP数据核字（2021）第102125号

北京市版权局著作权合同登记　图字：01-2013-7330号。

Matt Ridley. Nature Via Nurture: Genes, Experience, and What Makes Us Human.

Copyright © 2003 by Matt Ridley.

Simplified Chinese Translation Copyright © 2021 by China Machine Press.

Simplified Chinese translation rights arranged with Felicity Bryan Associates Ltd. through Andrew Nurnberg Associates International Ltd. This edition is authorized for sale in the Chinese mainland (excluding Hong Kong SAR, Macao SAR and Taiwan).

No part of this book may be reproduced or transmitted in any form or by any means, electronic or mechanical, including photocopying, recording or any information storage and retrieval system, without permission, in writing, from the publisher.

All rights reserved.

本书中文简体字版由Matt Ridley通过Andrew Nurnberg Associates International Ltd.授权机械工业出版社在中国大陆地区（不包括香港、澳门特别行政区及台湾地区）独家出版发行。未经出版者书面许可，不得以任何方式抄袭、复制或节录本书中的任何部分。

先天后天

基因、经验以及什么使我们成为人（珍藏版）

出版发行：机械工业出版社（北京市西城区百万庄大街22号　邮政编码：100037）

责任编辑：顾　煦　　　　　　　　　　　　责任校对：马荣敏

印　　刷：北京虎彩文化传播有限公司　　　版　　次：2024年3月第1版第3次印刷

开　　本：170mm×230mm　1/16　　　　　印　　张：22.5

书　　号：ISBN 978-7-111-68370-4　　　　定　　价：79.00元

客服电话：(010) 88361066　68326294

版权所有·侵权必究
封底无防伪标均为盗版

| 序 言 |

12 个有胡子的人

可耻的人类啊！凡人本来生而自由，
却把他们的苦难，归咎于天命所为；
把他们的罪恶，说成是众神之令；
而把自己的愚蠢粗莽，诬称为命运之错。

——荷马，《奥德赛》
亚历山大·蒲伯译[1]

"真相揭示：人类行为的奥秘"，英国星期日报纸《观察家报》(*Observer*) 2001年2月11日的头版通栏标题中写道，"环境，而非基因，决定了我们的行为"。这事要从克雷格·文特尔（Craig Venter）说起，他在基因界白手起家，创办了私营公司来研究人类（他自己的）基因组的全部序列，与一个由税收和慈善团体资助的国际联合组织展开竞争。这一序列——由4个字母排列组合而成的、包含30亿个化学字母的字符串，包含了一个人身体构成和运转所需的全部成分——会在稍晚些时候刊出。初步研究表明，人类基因组中只有3万个基因，并非几个月之前许多人估算的10万个。

记者已经知道相关细节，只不过被禁止登出消息。但是，文特尔在2月9日里昂的一次公开会议上透露了此事。当时《观察家报》的罗宾·麦凯（Robin McKie）是会议的听众之一，他立即明白3万这个数字已不再是秘密了。他找到文特尔，问他这么说是否意识到自己打破了报道禁令，文特尔说自己知道。在基因研究日趋激烈的竞争中，文特尔已不是第一次抢在对手之前让研究结论登上了头条。"我们的基因根本不足以证明生物决定论是正确的，"文特尔告诉麦凯，"人类物种呈现的奇妙的多样性和遗传密码之间并没有必然联系。我们生存的环境才至关重要。"[2]

继《观察家报》之后，其他报纸也纷纷报道此事。"基因组的重大发现震惊了科学家，基因图谱中所包含的基因比之前以为的要少得多——DNA（脱氧核糖核酸）没么重要了。"《旧金山纪事报》[3]（San Francisco Chronicle）在该周日晚些时候这样刊登。各类科学刊物迅速破除之前的禁令，这一消息通过报纸传播到世界各处。"基因组的分析结果是人类基因数量其实要少得多。"《纽约时报》[4]（New York Times）也发出这样的感叹。这并不仅仅是麦凯曝出的独家新闻，其实文特尔早就定下了基调。

这一切就像是在缔造一个新的神话。事实上，人类基因的数量多少并不能改变什么。文特尔的发言中隐含了两个不合逻辑的推论。第一，基因数量少说明环境对人的影响更大；第二，3万个基因"太少"，不足以解析人类本性，要是有10万个基因还差不多。人类基因组计划领导者之一，约翰·萨尔斯顿（John Sulston）爵士在几周后告诉我：即便只有33个基因，每一个有两种变异（比如打开和闭合），也足以让世界上的每一个人都独一无二。把一枚硬币掷33次，这33次的投掷结果可以有100亿种左右的组合。因此，3万绝不是一个小数字，2的3万次方这个数字会大于已知宇宙中所有粒子的总和。此外，如果说基因数量少就意味着更高的自由度，那么岂不是果蝇比人更自由，细菌也更自由，那病毒就成了生物界的约翰·斯图亚特·穆勒①们（John Stuart Mills）。

　　幸运的是，无须通过如此复杂的计算来安抚民众。这则看似丢脸的消息说蠕虫拥有的基因数量比人类要高出两倍，但没有人因此便当街垂泪。没必要扯着10万这个数字不放，那只不过是一个胡乱的猜测。然而，在一个世纪以来有关环境论与遗传论的争论无休无止的情况下，这则新闻的刊出有助于推翻先天与后天必然对立的刻板印象。除了爱尔兰问题之外，先天后天之争是在刚结束的那个世纪里最没有进展的争论。经历了染色体、DNA和抗抑郁药的发现，先天后天之争依然没有定论。2003年它引发的争论的激烈程度丝毫不亚于1953年的那场，那一年发现了基因结构；同样也不逊色于1900年的争论，也就是现代遗传学开始的那一年。甚至在人类基因组刚诞生时，就有人宣称这是后天与先天的战斗。

　　50年后，人们终于听到呼吁结束这一争论的理智之音。人们对于先天后天相互对立有许多种说法，有的说这些已经消亡和完结了，有的说这些是无用和错误的——这是一种荒谬的二分法。但凡有一点常识的人都知道，人类是先天与后天交互作用的产物。但是，依然没有人能终止这场争论。在声称这场争论无用或已结束以后，提出者本人又投身于斗争中，开始指责他人过分强调一个或另一个极端。争论双方，一方是天生论者，我有时也会称为基因论者、遗传论者或是先天论者；另一方是经验论者，我有时也会称为环境论者或是后天论者。

　　让我开诚布公地说吧，我认为人类行为是由先天和后天共同决定的，我并不仅仅支持任何一方，但这并不意味着我采取"中间路线"的妥协方式。

---

① 英国著名哲学家、心理学家和经济学家，是19世纪影响力很大的古典自由主义思想家。在哲学方面的主要著作是《论自由》。

正如得克萨斯州政治家吉姆·海托华（Jim Hightower）所说的："路中间除了双黄线和动物死尸之外，什么都没有。"我想表明的是，基因组的确改变了一切，这并不是因为它终结了这场争论或让一方取得胜利，而是因为它充实了双方的论据，直至使两者在中间交会。基因如何实际影响人类行为，以及人类行为又如何影响基因，有关这些问题的发现可以让我们从一个崭新的视角来看待这个争论，先天与后天的关系不再是相互对立，而是交互作用。人类基因的形成可以从后天中找到线索。若要领会已发生的一切，你就必须抛弃曾经信奉的观念，敞开心扉。你会进入一个崭新的境地，在这里，你的基因不再是扯动你行为之线的木偶主人，而是一个被你的行为牵引着的木偶；在这里，本能并非与学习相对立，环境影响并不如基因那般可以逆转；在这里，先天专门是为后天而设计的。这些普通且看似空洞的短语第一次在科学中被赋予了生命。我打算从基因组最深的隐蔽处来讲述这些奇特的故事，以此说明人类大脑是如何为了后天而塑造的。简言之，我的观点就是，我们越是深入地揭开基因组的真相，就能越多地发现基因受到经验的影响。

我想象出一张拍摄于1903年的照片。照片上有一群参加某次国际会议的男人，会议地点位于某个时尚之地，比如德国的巴登巴登或法国的比亚里茨。也许"男人"这个用词并不准确，因为尽管那儿没有女人，却有1个小男孩、1个婴儿和1个幽灵；不过其他人都是中年或老年男性，他们都是白人，大多都很富有。也许是因为与时代潮流相符，这12个人大都蓄有浓密的胡子。他们中有2个美国人，2个奥地利人，2个英国人，2个德国人，1个丹麦人，1个法国人，1个俄国人和1个瑞士人。

唉，这只是一张想象出来的照片，其实照片上很多人互相从未碰过面。但是，就如同1927年在索尔维会议上所拍摄的那张著名物理学家的合影一样（照片上有爱因斯坦、玻尔、居里夫人、普朗克、薛定谔、海森堡和狄拉克），我的这张照片也捕捉到科学研究里各种新观念交会的躁动时刻。[5] 我这里提及的 12 个人，串起了 20 世纪中有关人类本性的所有主导性的理论。

在图片上方盘旋的幽灵是查尔斯·达尔文（Charles Darwin），他已在照片拍摄的 11 年前过世，他也是所有人中胡须最长的。达尔文的理念是，通过类人猿的行为来探寻人类特征，并证实二者都具有人类行为的普遍特征，比如微笑。坐在左边远处那个年迈的绅士是达尔文的表弟弗朗西斯·高尔顿（Francis Galton）。他虽已 81 岁，但看上去体格强健。他那浓密的白色络腮胡子挂在脸颊两边，像两只小白鼠。他是遗传论狂热的捍卫者。坐在高尔顿旁边的是美国的威廉·詹姆斯（William James），他 61 岁，胡子轮廓修成方形，却不太整齐。他倡导本能说，坚称与动物相比，人类更多地由本能支配。高尔顿的右边坐着一位植物学家，在一群专注于人类本性的人中间，他显得有点像局外人。他不太高兴地皱着眉头，胡子乱蓬蓬的。他是丹麦人雨果·德弗里斯（Hugo De Vries），55 岁。他揭示了遗传定律，意识到早在 30 年前，摩拉维亚的一个修道士格雷戈尔·孟德尔（Gregor Mendel）就已发现遗传的基本规律。德弗里斯的旁边是俄国人伊万·巴甫洛夫（Ivan Pavlov），54 岁，留有浓密的花白胡子。他捍卫经验论，相信解析人类心智的关键在于条件反射。巴甫洛夫的脚边坐着约翰·布鲁德斯·华生（John Broadus Watson），唯独他把胡子刮得干干净净。他把巴甫洛夫的理论转化为"行为主义"，并提出著名宣言：只要通过训练便可以改变人的个性。站在巴甫洛夫右边的是体态微胖、戴着眼镜、留着小胡子的德国人埃米尔·克雷佩林（Emil Kraepelin），和下巴胡须整整齐齐蓄着的维也纳人西格蒙德·弗洛伊德（Sigmund Freud）。他俩都是 47 岁，都处于影响几代精神病专家的痛苦阶段。这时，精神病学已远离"生物学"的解释，转而投向研究个人经历的两个不同概念。弗洛伊德的旁边是社会学的奠基人、法国人涂尔干（Emile

Durkheim），45岁，胡须非常浓密。他坚持认为社会事实是一个整体，它的作用大于组成它的各部分之和。从这方面来说，坐在旁边的德裔美国人弗朗茨·博厄斯（Franz Boas，1885年移民）算得上是他的心灵伴侣了。博厄斯打扮时髦，小胡子向下微卷，脸上有因决斗留下的伤疤。他越来越坚信是文化塑造了人类本性，而不是本性造就文化。站在前边的小男孩是瑞士人让·皮亚杰（Jean Piaget），他的模仿与学习理论即将在20世纪中叶取得成果。他的下巴没有胡须。那个坐在婴儿车里的人是奥地利人康拉德·劳伦兹（Konrad Lorenz），他将于20世纪30年代复兴本能理论研究，并提出"印刻效应"的核心理念。他蓄着浓密的山羊胡子。

我并没说这些人一定是人类本性研究中最伟大的专家，也没有说他们都同样才华横溢。仍然有许多人，无论是已过世还是未出生的，都值得放到这张照片里。其中应该有大卫·休谟（David Hume）和伊曼努尔·康德（Immanuel Kant），只不过二人过世已久（当然在此达尔文是个例外）；还应该有现代理论家乔治·威廉斯（George Williams）、威廉·汉密尔顿（William Hamilton）和诺姆·乔姆斯基（Noam Chomsky），但他们当时还未出生；当然还得有珍妮·古道尔（Jane Goodall），她发现猿猴具有个体差异性；也许这张照片还应该包括一些更有见地的小说家和剧作家。

但是我要表明，这12个人都有一些惊人之处。他们是对的，当然并不是指所有时候都正确，也并非一直都正确，而且我并不是指道德上的正确。他们都在宣扬自己的观念和批判他人的理念中大获全胜。他们其中的一两个有意或无意引发了对"科学"政策的怪诞歪曲，这将对他们的声誉造成永久性影响。然而，我说他们全都是对的，是因为他们不遗余力地贡献出自己原创性的观念，其中包含了真理的种子，从而为科学之墙添砖加瓦。

人类本性实际上是一个结合体，它混合了达尔文的普遍性、高尔顿的遗传、詹姆斯的本能、德弗里斯的基因、巴甫洛夫的反射、华生的关联、克雷佩林的历史、弗洛伊德的形成式经历、博厄斯的文化、涂尔干的劳动分工、皮亚杰的发展和劳伦兹的印刻效应。你会发现，以上内容都能影响人类心智。所有关于人类本性的论述必须要包括这些才算完整。

  但是在此我要开辟一片新天地，如果将一切现象归为先天与后天，或者基因与环境的大类里，那是极具误导性的。相反，如果想要逐个理解所有的现象，你就得了解基因。基因允许人类心智去学习、记忆、模仿、印刻、吸收文化并表达本能。基因不是牵动木偶的主人，不是一幅蓝图，也不是遗传的搬运工。它们在生命过程中是积极的，牵动着彼此开启或闭合，它们会对环境做出反应。它们也许在子宫里指挥身体和大脑的形成，但随即又可能对已建成的东西进行拆卸和重建——这是对经验的回应。它们既是我们行为的原因，也是其结果。有时候，争论中"后天"一方的捍卫者会为基因的力量和必然性所吓倒，但他们忘了至关重要的一点：基因是站在他们一方的。

| 目 录 |

序 言
12 个有胡子的人

第 1 章
万物之灵 · 1

第 2 章
众多本能 · 35

第 3 章
先天与后天：绝妙的对偶 · 69

第 4 章
疯狂的原因 · 102

第 5 章
基因的第四维度 · 132

第 6 章
成长岁月 · 160

第 7 章
学习经验 · 189

第 8 章
文化之谜 · 215

第 9 章
"基因"的七种含义 · 248

第 10 章
一组悖论式的寓意 · 268

结 语
稻草人 · 299

附录 A　关于作者 · 306
附录 B　关于本书 · 313
附录 C　延伸阅读 · 318
致谢 · 321
译者后记 · 324
注释 · 325

第 1 章

万 物 之 灵

人不就是这样一个东西吗？想一想他吧。你不向蚕借一根丝，不向野兽借一张皮，不向羊借一片毛，也不向麝猫借一块香料。嘿！我们这三个人都已失去本来的面目，只有你才保留天赋的原形；人类无处栖息时，不过是像你这样一个寒碜的、赤裸的两脚动物。

——《李尔王》[1]

相似犹如差异的影子。两个事物相似，是通过它们与第三者的差异得以区分的；两个事物有差异，是因为其中一个与第三者相似。个体也是如此。一个矮个男人和一个高个男人之间存在差异，但如果他们和一个女人做比较，那他俩又相似了。物种方面亦是如此。男人和女人有很多不同点，但如果与一只黑猩猩相比，他俩的相似性一定更为醒目——拥有无毛的皮肤、直立的姿势和挺立的鼻梁。不过，要是与狗比起来，黑猩猩则与人更为相似，都有脸、双手以及32颗牙，等等。当然，狗也和人具有一定的相似性，因为二者与鱼则有更大的差异。差异与相似如影随形。

让我们来考虑一下那个天真的年轻人当时的感受吧。1832年12月18日，他上岸登上火地岛，第一次遇到那些人，现在我们会称他们为原始社会狩猎者，他当时称其为"生活在自然状态里的人"。也许由他自己来讲述这个故事更好：

> 毫无疑问这是我所见过的最奇特也最有趣的场景。我简直不敢相信文明人和野蛮人之间有如此大的差异，这比野生动物和

家养动物之间的差异还要大得多。这让我觉得人类就像是被某种巨大的力量推动、改善过一样……（我）相信即使找遍世界的所有角落，也不会发现更低等的人了。[2]

查尔斯·达尔文之所以如此震惊，是因为他并不是第一次见到火地岛原住民。他曾经与三个被运往英国见国王的火地人同船，只不过那会儿他们穿着长袍和大衣。那时候达尔文认为他们和其他人没什么两样。然而在这里，他们的同类看起来根本就不像人。他们让他想起了……嗯，想起了动物。一个月以后，达尔文在更偏远的地方看到一个帽贝采集者的住处，他在日记中写道："我们发现了他睡觉的地方。这个供他栖息的场所，绝不比一个野兔窝好。这样的一个存在者，他的习性不会比动物习性强多少。"[3] 我们突然意识到，他这里写的不仅是差异（文明人和野蛮人的差异），还包含了相似性——这样的火地人与动物之间的亲缘关系。火地人与这位剑桥毕业生之间差异太大，与达尔文相比，火地人反倒更类似一个动物。

达尔文遇到这些火地原住民6年之后，也就是1838年的春天，他参观了伦敦动物园，第一次见到一只大猿猴。她是一只红毛猩猩，名叫珍妮，是入住该动物园的第二只猿猴。上一任是一只黑猩猩，名叫汤米，于1835年开始在该动物园展览，不过它几个星期后死于肺结核。1837年珍妮入园，和汤米一样，她的出现在伦敦社会里引起了一场小轰动。她是一个像人的动物，还是一个像动物的人呢？猿猴引发了一些令人不安的问题，例如该如何区分人类和动物，以及如何区分理性和本能。珍妮的照片登上了《实用知识传播协会大众期刊》(*Penny Magazine of the Society for the Diffusion of Useful Knowledge*) 的封面，杂志中的社论安抚读者说："也许与其他兽类相比，红毛猩猩显得非同寻常，但它绝不会侵入人类道德和思想的领地。"但是，1842年维多利亚女王曾经在动物园见到另一只红毛猩猩，她有着不同的见解，因为她把猩猩描述成"可怕的、让人觉得难受和讨厌的人类"。[4]

在1838年达尔文第一次见到珍妮几个月以后，他又去过动物园两次。他带了一只口琴、一些薄荷和一根马鞭草。珍妮对这三样东西都很喜欢，她还对自己镜子里的模样"万分震惊"。达尔文在笔记中写道："人们去参观驯养的猩猩……了解它的智力……然后便为自己突出的优势而扬扬自得。傲慢的人会认为自己是一件伟大的作品，值得神灵庇佑。谦卑一点的看法是，这也是我的观点，人是由动物进化过来的。"达尔文将学到的本用于地质学的方法用来研究动物，即均变原则，该原则认为形成如今地质的条件与远古时期地质的形成条件是相同的。同年9月的晚些时候，当达尔文读着马尔萨斯（Malthus）的人口论时，灵光一闪，想到了如今众所周知的自然选择。

珍妮也发挥了一定的作用。她从达尔文手中拿过口琴并放到嘴边，这帮助达尔文意识到一些动物可以超越原本野性的状态，就如同火地人让他明白人类可以沉沦到文明的最底层。动物与人之间，只有一线之隔吗？

达尔文并不是第一个这么想的人。事实上，一名苏格兰法官蒙博多勋爵（Lord Monboddo），曾在18世纪90年代就设想过，通过训练红毛猩猩可以学会说话。让－雅各·卢梭（Jean-Jacques Rousseau）是启蒙主义哲学家里为数不多会问这个问题的人之一，如果猿猴与"野人"并没有关联，那会是怎样？然而，达尔文改变了人类对于本性的思考方式。在有生之年，他终于得出结论：人类和其他猿猴一样，有着共同的祖先，一步步演变进化过来。

但是在说服同伴接受这样的观点时，达尔文出师不利。从达尔文阅读大卫·休谟的《人性论》（*Treatise of Human Nature*）所做的最早的笔记，到他最后一本有关蚯蚓的著作，他的观点始终如一，认为人类行为和动物行为之间存在相似性，而非差异。他把试验珍妮的镜像测试同样用于自己的孩子们。他不断思索人类情感、姿态、动机和习性在动物身上的对等表现，以及它们的演化起源。他明确地指出，心智和身体一样需要进化。

然而在这一点上，他从前的许多支持者却倒戈相向，心理学家威廉·詹姆斯是个著名的例外。例如，自然选择理论的共同发现者之一阿尔弗雷德·拉塞尔·华莱士（Alfred Russel Wallace）就提出，人类心智太过复杂，不可能是自然选择的产物，这一定源于某种超自然的力量。华莱士的推理颇具吸引力和逻辑性。华莱士在他那个时代里以没有种族偏见思想而著称。他曾与南美和东南亚的原住民生活在一起，他视对方与自己是平等的，如果说智力上有差别，那么至少彼此在道德上是平等的。这让他坚信所有的种族都有着相似的心智能力，但这也让他困惑，在许多最"原始"的社会里，人类智力最伟大的方面却没有充分发挥作用。如果你的一生都将在热带丛林里度过，那么即便你会阅读和做多项式除法，又有什么意义呢？因此，华莱士说："一种更高级的智慧在指引人类种族的发展过程。"[5]

我们现在知道，华莱士的设想是有道理的，而达尔文在这方面却错了。最低级的"人"与最高级的"猿猴"之间并非只有一线之隔，而是有着巨大的空白地带。从谱系的角度看，我们有一个最近的共同祖先，它生活在15万年以前。可是人类和黑猩猩最近的共同祖先至少生活在500万年以前。在基因上，人与黑猩猩的差异至少是两个最不相似的人之间差异的10倍。但是，华莱士由这样的设想推理出，因为不同于动物心智的发展，人类心智的发展需要一个完全不同的解释。这么说是没有根据的。两个动物有差异并不代表它们之间没有相似性。

勒内·笛卡儿（Rene Descartes）在17世纪曾断定：人有理性的思维，而动物就像是自动的机器。动物的"行为不是源于思维，而是源于器官的控制……野兽不只是理性程度小于人类，而是完全没有理性"。[6] 达尔文的观点一度弱化了笛卡儿的划分法。在最终摆脱神灵创造了人类心智的想法后，达尔文同时代的一些人有了自己的观点，"本能主义者"开始认为人是由本能机械式操控的，"心智主义者"则相信动物的大脑也具有理性和思想。

维多利亚时期的心理学家乔治·罗曼斯（George Romanes）在著作中将心智主义者的拟人论推向巅峰。他大力称赞宠物的智慧，例如狗可以打开门闩，猫似乎能够听懂主人的指令。罗曼斯相信，对动物这些行为的唯一解释就是，它们做的是有意识的选择。之后他还提出，每一种动物都有着自己的思维方式，和人类一样，只不过它们的思维可能被冻结在某个阶段，类似于儿童在某个年龄段的思维。因此，黑猩猩的思维大约等同于一个十几岁的少年，狗的思维和一个小一点的孩子差不多，等等。[7]

这种观念得以维持，是因为人们对野生动物缺乏了解。人们对于猿猴的行为知之甚少，以至于将其视为人类的原始版本，而不是表现相当出色的某种复杂的动物。1847年，在发现看起来十分凶残的野生大猩猩以后，人们才逐渐意识到，人与野生猩猩的相会，全都是短促并伴随暴力的。当猿猴被带入动物园后，它们很少有机会来展现全部的野生习性。它们的饲养员会更多地关注猿猴"模仿"人类的惯常行为的能力，而疏忽了它们本来的一面。例如，从黑猩猩第一次抵达欧洲起，人们就着迷于让它们喝茶。法国伟大的博物学家乔治·勒克莱尔，布丰伯爵（Georges Leclerc, Comte de Buffon），是第一批见到被捕捉的黑猩猩的科学家之一，大约是在1790年。

他发现了什么值得注意的事情呢？当时他亲眼看见那只猩猩"拿起茶杯和托碟，把它们放在桌子上，放糖进杯子，并倒茶进去，但它没有立即喝，而是让茶水晾一会"。[8] 几年以后，托马斯·比维克（Thomas Bewick）兴奋不已地报道，一只"多年前曾在伦敦展出的猿猴，竟学会坐在桌子边，用刀叉来吃给它的食物"。[9] 18世纪30年代，汤米和珍妮抵达伦敦动物园后，人们很快教会它们坐在桌子边吃喝，当然这是为了取悦那些交钱来参观的观众。黑猩猩茶会的传统由此诞生。到了20世纪20年代，它已成为伦敦动物园里的一项日常仪式。猩猩被训练既要模仿人类习俗，又要打破这些习俗，"它们的餐桌礼仪随时可能变得过于体面了"。[10] 动物园里的黑猩猩茶会持续了50多年。1956年，布鲁克邦德公司（Brooke Bond Company）制作的茶产品电视广告里，首次采用黑猩猩茶会的场景，取得了巨大的商业成功。此后其他公司也纷纷效仿，直到2002年狄得利（Tetley）公司才放弃使用黑猩猩茶会的题材。但是在1960年，人们知道得更多的仍然是黑猩猩学会餐桌礼仪的能力，而不是它们在野外的行为。难怪猿猴会被视为滑稽的人类学徒。

在心理学上，不久后心智主义便遭到了贬低和驳斥。20世纪初的心理学家爱德华·桑代克（Edward Thorndike）证实，罗曼斯所说的狗其实只是偶然学会那些聪明的小把戏的。它们并不懂得门闩是如何运作的，只不过在重复那些偶然令它们打开门的动作。针对心智主义的盲目性，心理学家很快提出了相反的设想：动物行为是无意识、自发式的，只是一种反射活动。这个设想很快被视为信条。行为主义者言之凿凿：动物不会思考，没有理性，只是对刺激做出回应。谈论动物有心智已成为异端邪说，更不用说将人类心智发展归于和动物一样的范畴了。不久，在伯尔赫斯·斯金纳（Burrhus

Skinner)的影响下,行为主义者将同样的逻辑用于人类。毕竟,人类不只将动物拟人化,他们还指责面包机行为反常,将雷暴说成是上天发怒。当然,他们也会给别人赋予某种定性思维,认为他们受理性的操纵太多,受习惯的影响太少。可是,试试跟一个对尼古丁上瘾的人讲道理看看。

但是,由于没人把斯金纳分析人的观点太当回事儿,行为主义者在不经意间重新恢复了人类心智和动物心智之间的区分,正如笛卡儿的论调。社会学家和人类学家强调人类拥有独特的属性,也就是文化,因此要禁止所有关于本能的说法。到了 20 世纪中期,讨论动物心智和人类本能都成了异端之说。人类与动物之间只有差异,没有相似性。

类人猿的肥皂剧

1960 年,一切都发生了改变。那一年,科学界的一个新人,一位年轻的女士来到了坦噶尼喀湖岸边观察黑猩猩。后来她这样写道:

> 我真是太天真了。在我还没有接受自然科学的本科教育时,我并不知道动物被认为是没有个性、不会思考、不能感受情感或痛苦的。正因为不知道,所以在我最初的描述里,我自由地使用了那些被禁的术语和概念,竭尽所能地记录了我在贡贝看到的无比惊奇的一切。[11]

结果,珍妮·古道尔对贡贝黑猩猩生活的描述,就像是简·奥斯汀(Jane Austin)写的有关玫瑰战争的肥皂剧情节那般曲折生动——富含了戏剧冲突和人物性格。我们可以感知到猩猩的雄心、嫉妒、欺骗和感情,我们可以区分它们的不同个性，了解它们的行为动机。我们会忍不住和它们感同身受：

> 渐渐地，埃弗雷德（Evered）找回了自信，部分原因无疑是费甘（Figan）没有一直和自己的兄弟法本（Faben）待在一起。法本和汉弗莱（Humphrey）还是很要好，而费甘也会很聪明地避开强壮的雄猩猩。而且，即便兄弟俩在一起时，法本也没有总是帮助费甘。有时候他只是坐在一边看着。[12]

尽管后来很少有人意识到这一点，古道尔对猩猩的拟人描述给了人类例外论狠狠一击。猩猩不再被描述成是笨拙的自动式机器，无法和人做比较，而是成了和人类一样有复杂和微妙的社会生活的存在者。我们之前估计的要么是人类更多地受到本能的支配，要么是动物更有意识。此时，人类与动物的相似性，而非差异，吸引了人们的注意。

当然，古道尔的说法缩小了笛卡儿所指的人与动物间的空白地带，但这个消息在有着明确区分的人类科学和动物科学界传播得很慢。如同古道尔的导师、人类学家路易斯·利基（Louis Leakey）所设想的那样，她的研究目的是给研究人类远古祖先的行为提供线索，可即便如此，一直以来，人类学家和社会学家被灌输的观念是动物界的发现与人类研究是不相关的。1967年，德斯蒙德·莫里斯（Desmond Morris）在著作《裸猿》（*The Naked Ape*）中详细说明了人类和猿猴的相似性，大多数研究人类的学者都认为他是在哗众取宠。

许多个世纪以来，界定人类独一无二的特性都像是由哲学家在自家的作坊里完成的。亚里士多德说，人是天生的政治动物；笛卡儿说，人类是唯一有理智的生物；马克思说过类似的话，只有我们才能进行有意识的选择。如今，除非要对这些概念进行非常狭隘的解读，才能把古道尔描述的黑猩猩排除在外。

圣奥古斯丁（Saint Augustine）说过，我们是唯一能够以性为乐，而不只是为了传宗接代的动物。（一个改过自新的浪子应该明白。）可是黑猩猩的存在使以上说法不再准确，还有其南方的亲缘物种倭黑猩猩更能将这个说法击得粉碎。倭黑猩猩会以性行为来庆祝美食、结束争斗或巩固友谊。它们的多数性行为发生在同性之间，或是与年幼的猩猩进行，所以传宗接代连个次要目的都算不上。

然后我们又会说我们是唯一能够制造和使用工具的。但是珍妮·古道尔最初便发现黑猩猩会用草秆去吸食白蚁，或碾碎叶子的海绵组织以获取饮用水。利基欣喜若狂地给古道尔发去电报："现在我们必须重新定义工具，重新定义人类，或者接受黑猩猩是人类。"

再后来我们告诉自己只有人类才有文化：通过模仿，人类将一代人的习俗延续、承接到下一代。但是，在西非地区的塔伊森林里，那些黑猩猩世世代代以来都教会它们的幼子在石头上用木制的锤子把坚果敲裂开，这又如何解释呢？虎鲸有着自己的捕猎传统、呼唤模式和社会体制，那么它们又该归入哪种人呢？[13]

我们还曾想过，人类是唯一会发起战争和杀害同伴的动物。但是1974年，贡贝的黑猩猩（之后还有很多在非洲接受观察研究的黑猩猩群）一举终结了这个假想。它们突袭了邻近的黑猩猩的领地，伏击所有的雄猩猩，将它们全部打死。

我们仍然相信，我们是唯一拥有语言的动物。可是我们后来发现猴子也有一套词汇，用于指称不同的食肉动物或鸟类；猿猴和鹦鹉能够习得相当大的符号词汇系统。迄今为止，还没有证据表明哪种动物可以真正掌握语法和句法。但是对于海豚，我们还不能完全排除这种可能性。

一些科学家相信黑猩猩没有"心智理论"，也就是说，它们不能了解其同伴在想什么。如果这一点属实，那么一只黑猩猩便不可能由于认识到另一同伴持有错误信念而采取行动。但是，对此所做的实验结果是模棱两可的。黑猩猩会常常使诈。一次，一只黑猩猩幼儿假装自己受到了一个比它大一点儿的猩猩的攻击，以此换来母亲让它继续吃奶。[14] 很显然，它们似乎懂得其他黑猩猩的想法。

最近以来，只有人类才具有主观性的观点开始死灰复燃。作家柯南·马里克（Kenan Malik）提出："人类和动物完全不同，假设二者类似是非理性的……动物是由自然之力支配的，而不是主宰自己命运的主体。"[15] 马里克的要点是，唯独我们拥有主观意识和行动能力，所以能打破头脑的束缚，超越唯我主义的世界观。但是我想说，主观意识和行动能力并非为人类所独有，如同本能不是动物的专属。我们可以从古道尔书中的任意一段中找到相关证据。甚至狒狒都能在电脑设计的、测试它们能否进行抽象推理的识别任务中表现颇佳。

这场争论已持续了一个多世纪。1871年，达尔文列了一张被认为是人类与动物之间不可逾越的鸿沟的人类独有特性的清单。之后，他又逐一推翻了这些特性。尽管他相信只有人类才具有高度发展的道德观，但他专门用了一个章节来论证动物中也存在着原始形式的道德感。他的结论很直白：

> 人类和高级动物之间虽然在心智上差别很大，但这只是程度差别，而不是类型差别。我们已经看到，感觉和直觉，各类情

感和官能——例如爱、记忆、注意力、好奇心、模仿、理性等，这些人类曾予以自夸的东西，也会以初级或发展完好的形式，存在于低等动物中。[16]

无论从什么角度来看，我们的行为和动物行为有相似之处，笛卡儿的论断也无法将其掩盖。但是，说人与猿猴没什么两样当然是有悖常理的。事实是，我们和猿猴当然有差别。我们比任何其他动物更具有自我意识，善于思考，并可以改变周遭环境。很显然，从这些方面看，人类和动物得以区分。我们建立城市、飞向太空、崇拜神灵以及创作诗歌。我们所做的一切在某种程度上说可归因于动物本能——遮挡风雨、冒险和爱。但正是当我们超越这些本能时，我们才让自己成为独一无二的人类。也许就像达尔文说的那样，差异存在于程度，而非类型；是量的差别，而非质的差别。比起黑猩猩，我们更会计算，更能够推理和思考，更善于与他人交流和表达情感，也许还更善于崇拜。我们的梦想会更加生动，笑容更加灿烂，理解和认同他人情感的能力也更强大。

这又把我们带回了心智主义的观点，将猿猴等同于人类学徒。现代心理学家费尽心力，设法教动物"说话"。黑猩猩瓦苏（Washoe）、大猩猩可可（Koko）、倭黑猩猩坎齐（Kanzi）、鹦鹉亚历克斯（Alex）全都学得很好。它们学会了成百上千的单词，这当然是借助于人类的手势来领会的，它们还学会了将单词组合成简单的短语。但是，赫伯特·特勒斯（Herbert Terrace）在对一个名叫尼姆·齐姆斯基（Nim Chimpsky）的黑猩猩做过研究后指出，所有的实验令他明白，这些动物在掌握语言方面的表现是非常糟糕的。它们几乎比不过一个两岁的孩子，也不会运用句法和语法，除非是偶然碰上的。就像斯大林有关军事力量的言论,"数量本身就是质量"。在掌握语言方面,我们比最聪明的猿猴也强得多,这完全是类型差异,而不是程度差别。这并不是意味着人类言语和动物交流没有同源性,不过蝙蝠的翅膀和青蛙的前足也有同源性,可是青蛙却不会飞。承认语言是一种质的差异,并不是要把人类从自然中隔离出来。象牙为大象所独有,吐毒液为眼镜蛇所独有。独特性并不是唯一的。

那我们呢,和猿类究竟是相似还是有差异?二者兼有。无论是在维多利亚时代还是时至今日,人类例外论都陷于一团混乱。人们仍然坚持,反对者一定会站在某一方:要么我们是受本能支配的动物,要么我们是有意识的存在者,不可能二者都是。但是相似性和差异性可以同时存在。当你认可我们的心智和猿猴心智有着亲缘关系时,你也无须放弃任何人类的行动能力。[17] 对于人类和动物之间的相似和差异,并不是要偏废一方,而是双方同时共存。我们可以让一些科学家研究相似性,另一些去研究差异性。是时候摈弃玛丽·米奇利(Mary Midgley)的说法了,她曾表示:"将人类与其同源物种隔绝,扭曲了启蒙主义的思想。"[18]

性及其影响

从一个角度看,人类行为的演化不同于人体结构的演化。从人体结构上看,人与动物的大多数相似性源于共同遗传,或是演化论中所说的生长发育过程中的惯性。例如,人和黑猩猩的每只手上都有5根手指,脚上有5根脚趾。这并不是因为5根手指或脚趾最能适合所有物种的生活方式,而是因为在最早的两栖动物中,有一只动物刚好有5个足趾。而且在它的无数后代里，从青蛙到蝙蝠，都不曾改变过这个结构。有些动物比如鸟和马，足趾较少，但猿类一直都是5个足趾。

但这一点在社会行为中并不成立。总的来说，行为学家在社会体系中几乎找不到那种生长惯性。即使是非常相近的物种，若生活在不同的栖息地，或食用不同的食物，那它们也会有完全不同的社会结构。相差甚远的物种，若生活在相似的生态环境中，根据趋同演化，它们会有着相似的社会结构。当两个物种展示出相似的行为，这就说明这不关祖先多少事，而是显示了环境给它们施加的影响。[19]

非洲猿类的性生活便是一个好的例证。当那些灵长类动物学家更深入探索猿猴生活时，他们发现，除了相似性以外，还有一些有趣的反差。通过乔治·沙勒（George Schaller）和黛安娜·福西（Diane Fossey）对大猩猩的研究，贝鲁特·高尔迪卡（Birute Galdikas）对红毛猩猩的研究，以及后来加纳隆至（Takayoshi Kano）对倭黑猩猩的研究，这些反差得以更清晰地表露。动物园里，黑猩猩看起来像是小一点的大猩猩，大黑猩猩的骨骼结构常常混同于小的大猩猩。然而在野外，它们的行为却有着明显差别。一切都要从饮食说起，大猩猩是食草动物，它们吃绿色植物如荨麻和芦苇的茎和叶子，也吃一些果实。黑猩猩主要是食果动物，以寻觅树上的果实为主，但如果可能，也会食用蚂蚁和白蚁，甚至是猴子肉。饮食的差异决定了它们拥有不同的社会结构。植物资源充足，但营养不多。大猩猩以植物为生，因此它们几乎整天都在吃东西，且不用去远的地方。这样一来，大猩猩群落是相对稳定而且易于守卫的。这也促成了一雄多雌的配偶制：每只雄性大猩猩都能独占一群雌性大猩猩，以及还在幼年期的大猩猩，将别的雄性驱逐在外。

但是，在不同的地方，果实多少是说不准的。黑猩猩需要占据更大的领地，才能确保找到果实累累的树木。当一棵树上有充足的果实让大家分享时，黑猩猩也会让其同伴进入自己的领地共享食物。然而由于领地过大，黑猩猩群体有时会分散活动。因此，一雄多雌制对黑猩猩是行不通的，唯一能控制这群雌性黑猩猩的方式便是与其他雄性黑猩猩共享。于是雄性黑猩猩会结成联盟，共享与一群雌性黑猩猩的交配权。也许一群中会有一只占据统治地位的雄性黑猩猩，能享用更多的交配份额，可是它不会独占某一只雌性黑猩猩。

　　社会行为的差异源于饮食差异，这样的观点直到 20 世纪 60 年代都是毋庸置疑的。到了 20 世纪 80 年代，研究者得到了一个引人注目的成果。这种差异在猿猴的身体结构上得以呈现。对于大猩猩来说，拥有众多雌性配偶带来的繁殖回报是丰厚的。相比一些只与少量雌性大猩猩交配的雄性大猩猩，拥有众多雌性配偶的大猩猩愿意承担拥有更多配偶的风险，以此证明它们是生殖力更旺盛的祖先。而且，它们还愿意让自己的体型增大，即使这意味着它得获取更多食物来维持自己的身体机能。因此，一只成年雄性大猩猩的重量是成年雌性大猩猩的两倍。

　　在黑猩猩中，雄性没有要长成大个头的压力。首先，太大的体积意味着它爬树的困难增大，也意味着它得花更多的时间来进食。因此，雄性黑猩猩最好是在体积上稍微比雌性大一点，然后运用计谋和体力来让自己登上首领的位置。此外，压制其他雄性竞争者也毫无意义，因为有时候它需要和它们结成联盟，守护共同的领地。但是，大多数雌性黑猩猩与一群雄性黑猩猩里的很多只交配，能够成为先祖的常常是那些之前经常射精，并且射精量大的雄性黑猩猩。雄性黑猩猩之间的竞争便以精子竞争的方式存在于雌性阴道里。因此，雄性黑猩猩有巨大的睾丸和惊人的性耐力。从其重量占体重的比例来看，雄黑猩猩的睾丸比雄性大猩猩的大 16 倍。而且雄性黑猩猩的交配次数大约是雄性大猩猩的 100 倍。

这带来了更深层次的后果。杀婴在大猩猩中是普遍现象，在许多灵长目动物中也是如此。一个没有配偶的雄性大猩猩会潜伏到一群雌性大猩猩中，抓走一只幼婴，并杀死它。这会给生出幼婴的雌性大猩猩带来两方面影响（除了让它感到莫大的悲伤以外，虽然悲伤通常是短暂的）：第一，令它中止哺乳，重新进入发情期；第二，劝服它接受一个更强大的雄性配偶，可以更好地保护它的幼婴。那么除了眼前的这个突袭者以外，雌性大猩猩还能选哪个呢？因此，它抛弃了之前的配偶，跟随了这个杀害它幼崽的雄性。杀婴给雄性大猩猩带来丰厚的遗传回报，杀婴者通常会有更多的后代；因而现代的大猩猩的祖先大多都是这些杀手。杀婴是雄性大猩猩的自然本能。

然而，雌性黑猩猩"发明"了一个对策，在很大程度上避免了杀婴，那就是：它们广泛共享交配权。结果是，任何一只有野心的雄性黑猩猩，若想通过无节制的杀婴来开始自己的统治，那就意味着它可能会杀死自己的后代。不杀婴的雄性黑猩猩会留下更多的后代。为了让父子关系混淆不清，雌性黑猩猩会让屁股发红以及外阴皮肤肿胀，提醒雄性黑猩猩自己处于发情期，诱惑其与之交配，从而建立可能的父缘关系。[20]

了解一只雄黑猩猩的睾丸大小，就其本身而言是没有意义的。只有将它与大猩猩的睾丸做比较，才有意义。这就是比较解剖学的精髓。我们已经对非洲猿类的两个物种进行了比较和研究，那为什么不再去研究第三个？人类学家总喜欢强调人类文化中行为的无限多样性，但是没有哪一种文化会极端到需要和黑猩猩或大猩猩的社会体制做比较。即使是在实行一夫多妻的人类社会里，也不是由女性组成的内室从一个男性传到另一个男性那里去的。人类社会即便有内室也是通过逐一迎娶构成的，所以即便是在存在多配偶制的社会里，大多数男人也只有一个妻子。同样，尽管有人竭力想要建立自由性爱社群，但没有人获得成功，更不要说整个社会里一个男人可以和任何女人重复进行短暂的婚外情。事实上，人类和许多其他物种一样，只有一种典型的交配体系，通常维持长期的一夫一妻制，也就是单配偶制；但偶尔也会有多配偶制，这也存在于像黑猩猩一样的大型猿类的群体和家族中。无论男性的睾丸大小有多少差别，都没有哪个男人的睾丸（所占体重的比例计算）和大猩猩的一样小，或和黑猩猩的一样大。根据其所占体重的比例，一个男人的睾丸大约是大猩猩睾丸的 5 倍，黑猩猩的 1/3。在偶有女性不忠的一夫一妻制社会里，这是很相称的。不同物种之间的差异性是这些物种内部相似性的影子。

人类的一夫一妻制有一个有趣的解释，该解释把焦点再次放到食物上。灵长类动物学家理查德·兰厄姆（Richard Wrangham）将其归为食物的烹饪。随着人们学会使用火并用其烹饪食物——这是在预消化食物，咀嚼的需要便减少了。直接证据表明，人类对火的使用可以追溯到 160 万年以前；但是一些间接证据显示，这个时间会更早一些。大约 190 万年前，人类祖先的牙齿变小，同时女性体型增大。这说明当时出现了更好的饮食方式，更易于消化，这似乎是烹饪带来的效果。但是，烹饪要求人们采集食物，并将其带到火边，这样也给一些坏人提供大量的机会去窃取他人的劳动果实。或者，既然那时男人的体型比女人的更大，体力也更强，那极有可能是男性从女性那里窃取食物。因此，女性要选择防止这种偷盗的策略，其中一个典型的策略便是，单个女性和单个男性建立联合关系，守护他们共同采集的食物。一夫一妻的情况越来越多地出现，男性不再需要为了获得每一次的交配机会而去和别人展开激烈的竞争，这导致他们的体型变小；而且在 190 万年前体型反映的性别差异也开始减小。[21] 后来，一夫一妻的关系得到进一步发展，我们的祖先开始了性别分工。在狩猎采集者中，男人更乐于也更善于狩猎；女人则更乐于并善于采集食物。因此，这样的生态位应运而生，它结合了男性和女性的优势——结合了肉类的蛋白质的营养和稳定的植物食品供应。[22]

但是，非洲猿类当然不止3个种类，其实有4个种类。生活在刚果河南部的倭黑猩猩也许看上去和黑猩猩没什么两样，可是二者在进化中的分离已长达200万年。自从这条河流将它们祖先的领地一分为二，它们便展开了不同的进化史。和黑猩猩一样，它们食用果实，生活在多个雄倭黑猩猩群共享的大领地里。由此可以推断出，倭黑猩猩的交配方式以及睾丸大小，应该和黑猩猩的差不多。然而，事实似乎是在教我们对科学要抱有谦卑的态度，其实两者之间有着惊人的差异。在倭黑猩猩中，雌性通常可以统治和威吓雄性。雌性倭黑猩猩会结成联盟，彼此协助。一只遇到麻烦的雄性倭黑猩猩更可能指望他母亲的帮助而不是它的雄性同伴。一只成年雌性倭黑猩猩若能得到其最好的雌性朋友的帮助，即可以胜过任何一只雄性倭黑猩猩。[23]

但这是为什么呢？倭黑猩猩之间亲密的姐妹关系的奥秘就在于性。两只雌性倭黑猩猩之间的密切关系通过经常并剧烈的"嚯咔－嚯咔"得以巩固，科学家不带感情色彩地将其称为生殖器摩擦。在这种充满合作和关爱的姐妹关系的良性统治下，倭黑猩猩社群似乎更像是女性主义的幻想，而非真实存在的。直到20世纪80年代，这一现象才被人们所理解，那时候带有男性偏见的科学受到了挑战，这真是奇怪的巧合。（不敢想象，维多利亚时期的人会怎样描述"嚯咔－嚯咔"。）

正如女性主义者所预测的那样，在雌性主宰的制度中，雄性倭黑猩猩慢慢形成了更加友好与温和的特性。打斗和大喊大叫变少了，迄今也未听闻倭黑猩猩群里有过凶残的偷袭。由于雌性倭黑猩猩在性方面比雌黑猩猩更加活跃，前者的交配次数约是后者的 10 倍（是大猩猩的 1000 倍），有野心想生育更多后代的雄性倭黑猩猩最好是把精力节约到"侍寝"上，而不是浪费在拳赛场地。我也希望能告诉你，雄性倭黑猩猩的睾丸比黑猩猩的更大——尽管这点肯定无疑——可至今还没有人去测量过。[24] 玛琳·祖克（Marlene Zuk）在《性选择》（*Sexual Selections*）一书中描述，对倭黑猩猩群里交配生活的适时发现让它们成了最时新的动物界名流，并取代了海豚的位置；因为后者放纵本性干了些类似绑架和轮奸的事，损害了其对生态环境友好的形象。不可避免，性治疗师开始鼓吹倭黑猩猩的性交方式。苏珊·布洛克博士（Dr. Susan Block，位于比弗利山庄的苏珊·布洛克色情艺术与科学研究所创始人）宣称，如果想要和平生活，那倭黑猩猩这种"地球上最淫荡的猿类"便是我们的范本。"解放你的倭黑猩猩之心吧，"她竭力主张，"当你处于性高潮时，你是不会想要打仗的。"她保证，无论是她的"伦理享乐主义"电视或互联网秀，还是保护倭黑猩猩，我们都能从中获益良多。[25]

它们是和我们关系最近的近亲。亚洲猿类（如红毛猩猩和长臂猿）又有着截然不同的性交生活。许多不同种类的猴子也是如此，呈现出令人不解的各类社交与性策略，每一个都适用于它们所在的栖息地和摄取的食物。40 年以来，野外灵长类动物学研究已经证实，人类是独一无二的物种，完全不同于任何其他动物。世界上也不存在任何与人类模式精确相似的物种。但是，在动物王国里，独一无二并没有多么独特，每一个物种都是独一无二的。

走进遗传学

有关人类例外论的争论，一直在达尔文强调的相似性与笛卡儿倡导的差异性之间摇摆,至今未有定论。每一代人都注定要掀起与过去思潮的论战。如果你来到这个世界上时,人们偏向于认可动物拟人的相似性,那很快你就会看到一个崭新的论断出现,说明人与动物有多么大的差异。如果铺天盖地的都是有关差异的说法,那么你就可以声援相似性。哲学就是如此:永远不会有定论,只是偶尔会被新的事实扰乱。

可后来这场有趣的辩论有了一个坏兆头,有人想要彻底终结它,想要从根源上界定人与黑猩猩之间到底存在什么差异;若要把一只黑猩猩变成一个人,可以做些什么。

这大约与珍妮·古道尔推翻人类行为例外论同时发生。它开始几乎为世人所遗忘,直到20世纪60年代,人们才重新发现,加利福尼亚人乔治·纳托尔(George Nuttall)在1901年做了一个非同寻常的实验。纳托尔注意到,两个物种越是相近,它们的血液在兔子体内产生的免疫反应就越相似。他将一只猴子的血液注入兔子体内,反复这样做了几星期。在最后一次注入的几天后,他从兔子的血液里提取了血清。猴子血液与这样的血清混合后,会产生免疫反应,变得黏稠。而将这种血清与其他动物的血液混合,产生的黏稠度大小就取决于该动物与猴子亲缘关系的远近;越是接近,黏稠度就越大。通过实验,纳托尔证明,人类更接近猿类,而不是猴子。从人类和猿类都没有尾巴以及其他特征来看,这是显而易见的,只是此观点在当时还颇有争议。

1967年,在伯克利,文森特·萨里奇(Vincent Sarich)和阿伦·威尔逊(Allan Wilson)以更为复杂先进的方式复兴了纳托尔的生化技术,他们运用这些技术构建了一个"分子钟",可以测量出两个物种共同祖先的实际时间长短。他们得出结论,人类和类人猿共同祖先的时间,并不是传统上认为的1600万年前，而是仅仅在大约500万年前。人类学家根据化石判定人类与类人猿进化的分离应该发生在更早以前，对萨里奇他们的观点嗤之以鼻。萨里奇和威尔逊坚持他们是对的。1975年，威尔逊让他的学生玛丽－克莱尔·金（Marie-Claire King）重复这项DNA实验，以便找出人类和猿类的基因差异。但结果她失望而归。她说无法从实验中获取二者的差异，因为人类和猿类的DNA惊人地相似：人体中99%的DNA与黑猩猩体内的完全相同。威尔逊震惊了：人类和猿类的相似比差异更令人激动。

自20世纪70年代以来，这个数据有了一些小波动。大多数研究者估算它为98.5%，尽管最近两项对基因组分子片段所做的更详尽研究得出的结论是98.76%。[26] 然而，正当98.5%这个数字慢慢渗透进人们的意识里时，2002年罗伊·布里腾（Roy Britten）发表了一篇引人瞩目的论文，说这个数字有误差。他论证说，如果你只统计替代部分，例如人与黑猩猩基因中存在差异的基因文本的编码字母，你会得到这个数字。但如果你加入基因文本数据的插入片段和缺失片段，数值会降至95%。[27]

无论是哪个数字，发现两个物种之间的差异如此之小，这对科学界来说仍是一个巨大的震撼。"人类和黑猩猩在分子结构上的相似性是非比寻常的，因为二者在身体结构和生活方式上的差异，比其他（非常接近的）物种间的差异要大得多。"金和威尔逊这样写道。[28] 1984年，科学界掀起了一场更大的震动，耶鲁的查尔斯·西布利（Charles Sibley）和乔恩·阿尔奎斯特（Jon Ahlquist）在这一年里发现，相比大猩猩，黑猩猩的DNA结构和人类的更为相似。[29] 这一刻，人类走下了神坛，其意义相当于哥白尼将地球归入太阳系以内，视其为一颗普通行星。西布利和阿尔奎斯特将人类归入猿类家族，视其为另一种猿。过去我们以为，人类那独特的猿系族谱关系可追溯到 1600 万年以前，如今我们不得不承认，在不超过 500 万年前，我们和猿类还拥有着共同祖先，而且人类还是这个物种最新的类别。我们和黑猩猩共同的祖先，生活在后者与大猩猩共同的祖先之后，又生活在这三个物种与红毛猩猩共同的祖先更后面。尽管这非常难以置信，但黑猩猩与人类的亲缘关系，的确比它们和大猩猩的要更近。（即使布里腾对精确数值重新分析，也改变不了这一结论。）非洲猿类的解剖结构和化石记录未能表明这种可能性。人类并不是凭空出现的。

时间渐渐冲淡了人们的惊讶，但更多的震撼即将来临。分析人类和黑猩猩的 DNA 结构，也许可以一劳永逸地界定二者之间的差异。在我写这本书时，黑猩猩的基因组尚未能完全解读。即使现在可以了，证实哪些差异是至关重要的，这一点仍很棘手。人类基因组大约包含 30 亿个"遗传密码"字母。严格来说，这些是一个 DNA 分子的化学碱基，它们的排列顺序而非它们各自的特性决定了它们产生什么，因此它们可以被当作数字信息来对待。它们在两个人体内的差异平均约为总数的 0.1%，就是说我和邻居大约有 300 万个不同的 DNA 字母。人与黑猩猩之间的差异是人与人之间的 15 倍，也就是总数的 1.5%。这相当于 4500 万个不同的 DNA 字母，这个数字是《圣经》里字母总数的 10 倍，或是本书（英文版）篇幅的 75 倍。这样算的话，我们这两个物种之间以数字的方式表达基因差异构成的书，如果不加以注解，可以排满 11 英尺长的书架。（与之相比，基因相似性构成的书若放在书架里，书架则可以延伸至 250 码长。）

让我们换个角度来看。目前科学家们承认，人类大约有 3 万个基因。这

⊖ 1 英尺 =0.3048 米。
⊖ 1 码 =0.9144 米。

就是说，3万个不同的数字 DNA 分子片段散布在人类基因组里，它们被翻译为蛋白质，以构成和维持我们的身体机能，每个基因都是蛋白质分子的配方。黑猩猩也有着几乎同样数目的基因。3万的 1.5% 是 450，由此可以得出，我们相比黑猩猩拥有 450 个独有的基因。这个数字并不大，而其他 29 550 个基因在人体和黑猩猩体内都是相同的，事实上这完全不可能。更合理的解释是，人类体内的每一个基因和黑猩猩的都不同，但综合其文本来看，二者只有 1.5% 的差异。真相介于两种说法之间。在极其接近的物种之间，它们会有一些完全相同的基因，也会有一些有细微差异的基因，还有少数完全不同的基因。

最明显的差异是，所有猿类比人类多一对染色体。原因不难发现：在过去的某个时间点，两条中等大小的猿类染色体在人类祖先体内融为一体，形成了一条大的染色体，现称为 2 号染色体。这是一次不可思议的重排，让我们几乎可以确定，即使人类和黑猩猩的杂交后代可以存活，也不会有生育能力。因而，进化论者微妙地称之为，两个物种存在"生殖隔离"。

但是，染色体的重排并不意味着基因文本中某个点存在差异。尽管黑猩猩的基因组有很大一部分仍属未知领域，但我们已经知道人类和黑猩猩（或其他猿类）之间有很显著的基因差异。例如，人类血型可以视为 A、B、O 三种血型的混合，黑猩猩只有 A 型和 O 型，大猩猩只有 B 型。同样，APOE 基因在人体内有三种普通变体，但在黑猩猩体内只有一种——这一种与人类所患的阿尔茨海默病（Alzheimer's disease）最为密切相关。相比于其他猿类，人类甲状腺激素的作用方式也表现出很大的差异。我们还不知道这一点说明了什么。自 2500 万年前猿类和猴子进化分离以后，猿类的 16 号染色体发生了好几次突发的复制。在人类中，每一组所谓的"墨菲斯"

（morpheus）基因在序列上相较彼此，以及其他猿类的对等基因出现了迅速分化，其演化速度几乎是正常速度的 20 倍。其中的一些"墨菲斯"基因被称为是人类独一无二的基因。但是这些基因到底发挥什么作用，为什么它们在猿类中演化分离得如此之快，这些仍是未解的难题。[30]

这些差异大多数也存在于人与人之间，作为一个整体的人类并不存在什么独一无二的基因。然而，20 世纪 90 年代中期，第一批在人类身上普遍存在却未见于猿类的独有的遗传特征得以发现。许多年前，圣迭戈的医学教授阿吉特·瓦尔基（Ajit Varki）对一种人类特殊的过敏症颇为好奇和感兴趣。人类会对一种特殊的糖（即一种唾液酸）过敏，该糖会黏附在动物血清蛋白上。人体的这种免疫反应在一定程度上解释了，为何人们用马的血清制作蛇毒解毒剂，常常会有一部分人对此严重过敏。我们人类不能忍受这种称为"Gc"的唾液酸，因为我们体内没有这种物质。瓦尔基和伊莱恩·马奇莫尔（Elaine Muchmore）很快发现了其中的原因，他们第一次注意到，和人类不同，黑猩猩和其他类人猿体中含有 Gc。人体内之所以没有产生 Gc 唾液酸，是因为体内缺乏一种将 Ac 唾液酸转化为 Gc 唾液酸的酶。没有这种酶，人类便无法给 Ac 唾液酸加入一个氧原子。人类缺乏这种酶，可所有的猿类都有。我要重申，这是人类和猿类第一个普遍意义上真正的生物化学上的差异。在这个千年之末，我们由宇宙的中心和上帝的宠儿忽然降格为一种猿类，瓦尔基似乎在说，我们和猿类的差别只在于糖分子结构中一个小小的原子，而且是人类漏掉了这个原子！这个"掌控灵魂"的基因可真是没什么前途。

到了 1998 年，瓦尔基知道了我们为什么会这样特殊：一个由 92 个字母组成的序列，从人类 6 号染色体的 CMAH 基因上消失了，这个基因正是制造 Gc 所需的酶。之后他发现了这个序列是如何消失的。这个基因的正中间有一个 Alu 序列，这是一组会侵入人体基因组的"跳跃基因"。猿猴体内也有一个稍微有些差别的古老的 Alu 序列，但是人体内的这个已知 Alu 序列是人类所独有的。[31] 因此，在人类和猿类展开进化分离一段时间以后，Alu 序列表现不凡，它跳入 CMAH 基因，与较老的 Alu 序列交换了位置，偶然之中抹去了那段 92 个字母的序列，成为现在的这个样子。（如果这听起来像是费解的遗传学语言，那么你可以这么想：一种电脑病毒毁了你的一个文档。）

起初，科学界对瓦尔基的发现呵欠连天，提不起兴致。那又怎样呢？你只不过发现了一个基因在人体内受到了破坏，在猿猴体内却没有，这有什么大不了的。但是，瓦尔基没有那么轻易沮丧，至今他仍然对人类和猿类之间差异的主题深感兴趣。他的第一个任务便是要精确指出基因发生突变的具体时间。DNA 不能从人类祖先的古化石中得以还原，但唾液酸可以。他发现尼安德特人（Neanderthals）和我们一样，体内有 Ac，却没有 Gc；但是一些更老的化石（出自爪哇和肯尼亚）来自有着温暖气候的地域，可以发现他们的唾液酸有着较大程度的退化。然而，通过统计死者体内 CMAH 基因的数目变化，并运用分子钟分析，他的论文共同作者高畑尚之（Naoyuki Takahata）已经能够估计出，这个突变大约在 250 万年前或 300 万年前在某个人体内发生，这个人是如今所有活着的人的祖先之一。

瓦尔基接着探索突变还可能导致其他哪些结果。大多数动物，即使是海胆，体内都有这个基因在起作用。但如果将老鼠胚胎里的这个基因"敲除"，它长大后也会很健康并具有生殖能力。唾液酸是细胞外部的一种糖，就像是细胞表层生长出的一种花儿。它是与包括肉毒中毒、疟疾、流感和霍乱有关的传染性病原体攻击的首批目标之一。一般来说，缺乏某种唾液酸，会让我们多多少少比猿类更容易受到病毒侵害（细胞表层的糖是免疫系统的第一道防线）。可有趣的是，Gc 这种唾液酸几乎可发现于哺乳动物身体的各个部分，除了大脑以外。瓦尔基所说的这种基因在哺乳动物大脑中处于关闭状态。哺乳动物的大脑若要正常运作，就得关闭这个基因，这一定有某些原因。瓦尔基灵感一现，推测也许 200 万年前，人类大脑加快扩容，有可能正是因为人类在进化中多走了一步，将体内的这个基因全部关闭。他承认这是一个疯狂的想法，因为对此他并无证据；他正在探索一片全新的疆土。有意思的是，这以后，他还发现了另一个有关处理唾液酸的基因也在人类身体中被敲除了。[32]

即使是像这样限于小范围的研究，也会带来一些现实的影响。它强有力地证明了我们必须摒弃异种移植的想法，即将动物器官移植入人体，那么人体对 Gc 的过敏反应是不可避免的。既然你可以在人体组织内找到这种唾液酸的痕迹，而这些唾液酸估计源于动物性食品，于是，瓦尔基一直喝稀释过的唾液酸，来测试自己的身体会如何应付它。他怀疑，一些由于吃红肉而引起的疾病，可能与要处理动物体内的糖相关。但是瓦尔基也第一个承认，人类和猿类的巨大差异，不能简化为一种糖分子的差异。

我们和其他哺乳动物有着大致相同的一套基因，但是却有了不同的演化。这是如何达成的呢？如果两套近似的基因能够形成差异如此之大的两种动物，如人类和黑猩猩，那么显而易见，差异一定源于别处而非基因。由于我们一直生长在先天与后天这样的区分之下，我们面临的另一个明确的选择就是后天。那么，我们可以做一个效果明显的实验。将人类的一颗受精卵植入猿猴的子宫里，再反向做一次。如果后天起决定性作用的话，那么人会生出人来吗？猿猴会生出猿猴来吗？有谁愿意一试吗？

类似的实验已经做过，不过不是用猿类。动物园里，人们常利用一些雌性动物的子宫借以孕育其他动物的胎儿，当然这是出于保护动物的缘故。结果，最乐观地看，结果也是喜忧参半的。家牛肚子里生育出的印度野牛和爪哇野牛，出生后会很快死亡。还有其他一些相似的失败例子，比如绵羊怀胎育出的欧洲盘羊，羚羊怀胎育出的紫羚羊，家猫怀胎育出的印度沙漠猫和非洲野猫，以及家马怀胎育出的格兰特氏斑马。这些失败的实验表明，代孕母亲一定不能顺利生产出黑猩猩胎儿。但是，它们至少证明了，在这些例子中，出生的胎儿更像它们生物意义上的父母，而非代孕父母。事实上，这正是这项实验的意义所在：通过在家养动物子宫里大量繁殖稀有的物种，从而挽救珍稀动物。[33]

这是一个显而易见的结果，实验似乎没有什么意义。我们都知道，将驴的胚胎移植进马的肚子里，生出来的会是骡子。（驴子和马在基因上的相似性，比人与黑猩猩之间的相似性更强。）类似于两种猿类之间的差异，马也比驴多一对染色体。染色体数目的不相配说明了为什么骡子没有生殖能力，这也暗示如果男人与一只雌性黑猩猩交配，生出的婴儿即使可以存活，也会成为一个没有生育能力的猿人，但倒是有很大的杂种优势。有传言说20世纪50年代曾有人做过这个实验，但似乎不会有人真的去尝试这个虽简单却不合伦理的实验。

因此，这个难题变得愈加难解。基因，而非子宫，决定了物种。但是，即便人类和黑猩猩有着大致相同的一套基因，二者的外形却相差甚远。一套基因如何演化为两个物种？我们的大脑有黑猩猩大脑的3倍大，而且我们可以学习说话，其他动物却没有一套基因来实现这一切，这是怎么回事呢？

启闭开关

我忍不住要做一个文学上的类比。查尔斯·狄更斯（Charles Dickens）在《大卫·科波菲尔》（*David Copperfield*）的开篇写道："让人们明白本书的主人公是我而不是别人，这是本书必须做到的。" J. D. 塞林格（J. D. Salinger）的《麦田的守望者》（*The Catcher in the Rye*）中第一句是："你要是真想听我说，你想要知道的第一件事可能是我在什么地方出生，我倒霉的童年是怎样度过的，我父母在生我之前干了些什么，以及诸如此类的大卫·科波菲尔式废话，可我无意告诉你这一切。"在两本书接下来的内容里，极为相似的一点是，两位作家用了同样的几千个单词。当然，塞林格使用的一些单词并没有在狄更斯的书里出现，例如"电梯"或"废话"；狄更斯也用了一些塞林格没有使用的单词，例如"胎膜"和"易怒"。但相比他们共同使用过的单词，这些只是寥寥可数。可能两本书中至少 90% 的词是相同的，但它俩是完全不同的两本书。这个差异并不是取决于是否使用同一系列单词，而是取决于这一系列单词的组合和顺序。同样，人类和黑猩猩的差异，并不是源于不同的基因，而是源于同样的 3 万个基因以不同的顺序和模式排列。

我说这些的时候信心百倍，这源于一个重要的原因。当科学家首次揭开动物基因组的真相时，他们最感震惊的是，在有着不同野生习性的动物中，有几套相同的基因。20 世纪 80 年代早期，研究蝇类的遗传专家兴奋地发现，数目不多的一组同源框基因（hox genes）决定了蝇类早期发育阶段的身体结构——大致决定了头的位置、腿的位置和翅膀的位置，等等。但是他们也不清楚接下来究竟会发生什么。研究老鼠的同行们发现，老鼠体内也有这套同样顺序的同源框基因，并起着同样的作用。如同决定蝇类翅膀的位置，这套基因也决定了老鼠肋骨的位置（而非生长方式），这说明你甚至可以将这类基因在不同物种之间互换。生物学家对此毫无准备，大感震惊。这实际上说明，所有动物的身体结构规划，早在 6 亿年以前就由早已灭绝的祖先体内的基因组确定了，自那以后便一直遗传至后代体内（包括你在内）。

同源框基因是"转录因子"蛋白的配方，它们的功能就是"打开"其他基因。一个转录因子是这样运作的，它将自身结合在 DNA 的一个特定区域里，即启动子。[34] 在蝇类和人类这样的生物中（除了细菌这类），启动子区域包括 5 个分散的 DNA 片段，通常位于基因的上游，偶尔位于基因下游。每一组这样的基因序列都会吸附一个不同的转录因子，后者再来启动（或阻断）该基因的转录。在转录因子结合启动子区域后，大多数基因才能被激活。每一个转录因子都是位于基因组里其他位置的另一个基因的产物。许多基因的功能就在于帮助打开或关闭其他基因。而且，一个基因是否易于开启或关闭，取决于这个启动子的敏感度。如果该启动子已经移位或改变了序列，那转录因子就会更容易发现启动子，该基因就会更加活跃。或者，如果这种改变让启动子吸附了起阻断作用的转录因子，而非促进转录的因子，这个基因就不会那么活跃。

启动子的细微变化会给基因表达带来微妙的影响。相比于开关，启动子更像是自动启闭装置。科学家期待能在启动子中发现人类和动物最明显的演化改变，是如何与细菌演变形成鲜明对比的。例如，老鼠的脖子短、身体长；鸡则脖子长、身体短。如果统计老鼠和鸡的颈椎和胸椎，你会发现，老鼠有 7 根颈椎骨和 13 根胸椎骨；鸡则有 14 根颈椎骨和 7 根胸椎骨。这个差别就在于附在一种同源框基因上的某个启动子。这个基因称为 Hoxc8，鸡和老鼠体内都有，它负责开启其他决定发育细节的基因。这个启动子是 DNA 中一段 200 个字母长的字符串，在两个物种中有少量字母是不同的。事实上，哪怕只有两个字母不同，也足以造成两个物种之间的全部差异。该启动子稍微推迟了鸡胚胎发育过程中 Hoxc8 基因的表达。在鸡的胚胎里，基因在更加有限的脊柱部分得以表达，因此鸡的胸椎比老鼠的要短。[35] 在蟒蛇体内，Hoxc8 基因刚好从头部得以表达，然后在身体其他部位继续表达。因而，蟒蛇的胸椎最长——它的全身都有肋骨。[36]

基因系统的奇妙之处在于，只要一个基因边上有一组不同的启动子，该基因就会在身体的不同部位在不同时间里反复得以使用。例如，果蝇体内的"夏娃"基因，其功能是在发育过程中开启其他基因，它本身在果蝇存活的一生里也被开启了至少 10 次。它有 8 个不同的启动子，其中 3 个位于基因上游，另外 5 个位于下游。每个启动子需要吸附 10～15 个蛋白质，以开启夏娃基因表达。这些启动子覆盖了 DNA 文本中成千上万个字母。不同的动物体内，有不同的启动子开启这个基因。这顺带造成了一个难以启齿的事实，植物中的基因多于动物体内的基因。植物并不是通过附上新的启动子来重新利用同一个基因，而是复制整个基因，并在复制版的基因中改变启动子。幸亏有了启动子，人体内的 3 万个基因可以在发育过程中的不同情境下至少分别得到两次使用。[37]

即使动物身体结构的形成过程中想要出现重大转变，也根本不需要出现新的基因，就如同创作一本书无须发明新的词汇一样（除非你是《尤利西斯》的作者乔伊斯）。你只需以不同的模式开启或关闭已有的基因。我们忽然意识到，这样的机制可以将很小的基因差异发展为或大或小的演化改变。你仅仅需要调整启动子的序列，或增添一个启动子，就可以改变基因表达。而且如果这个基因控制一个转录因子的编码，那么该基因的表达又会影响其他的基因表达。启动子中的一个微小变化会引起生物体的一连串差异。无须改变基因，这些变化也许就足以创造出一个全新的物种。[38]

从某种意义上说，这有些令人沮丧。这说明，在科学家知道如何在庞大的基因组文本里找到这些基因启动子之前，他们无法弄清楚黑猩猩和人类基因的配方有哪些不同。基因本身传达的信息很少，人类出现这些独一无二特性的原因仍和以前一样神秘。但在另一种意义上，这也有些令人振奋。它比之前更清晰有力地提醒了我们，身体不是被造出来的，而是生长出来的。基因组不是构造身体的一幅蓝图，而是像慢慢烹饪出身体这盘佳肴的菜谱。鸡的胚胎在 Hoxc8 酱汁中浸泡的时间，要短于老鼠胚胎的浸泡时间。我将会在书中常常用到类似的比喻，这可以很好地解释为何先天后天没有相互对立，而是共同起作用。

就像同源框基因表现出的那样，DNA 的启动子在第四维度表达自己：时间即是一切。黑猩猩的脑袋和人的不同，并不是因为构建二者的蓝图不同，而是因为黑猩猩长下颌的时间比人长，长头盖骨的时间比人短。差异完全在于时间的长短。

将狼驯化成狗的过程也体现了启动子的作用。20 世纪 60 年代，遗传学家德米特里·别里亚耶夫（Dmitri Belyaev）在西伯利亚地区的新西伯利亚市附近经营一个很大的毛皮动物农场。他决定培育较为温顺的狐狸品种，因为无论农场里的这些狐狸被照料得多好，也无论它们已被圈养了多少代，它们都是胆小、害羞且神经质的动物（想必这是有原因的）。因此，别里亚耶夫开始挑选一些不排斥和人相对近距离接触的种狐。经过 25 代以后，他的确培育出了一些更为温顺的狐狸，它们愿意自发地接近他，而不是跑开。但这种狐狸不仅在行为上和狗相似，看起来也和狗差不多。它们的皮毛是杂色的，像柯利牧羊犬；尾巴在尾部上卷；雌性一年发情两次；耳朵松弛下垂；鼻部比野狐的稍短，头部也比野狐的稍小。令人惊奇的是，别里亚耶夫偶然间获得的温顺狐狸的特征，和最初的狼类驯化者所掌握的一样。那些驯化后的狼可能原本就属于狼的某个品种，它们即便遭到了侵扰，也不会立即从古人类的垃圾堆边跑开。这说明，某些启动子发生了变化，影响了不止一类动物。显而易见，这两个例子中，动物发育的时间安排被改变了，因此成年动物保留了幼年时期的许多特征和习性：松软下垂的耳部、短小的鼻部、更小的颅骨以及爱嬉闹的行为。[39]

以上的例子还表现，年幼的动物未显示出害怕或攻击的性格，这些特性在大脑底部的边缘系统中发育得最晚。因此，若想让动物进化为一个友好或温顺的品种，最有可能的方式就是提早停止其大脑发育。因此，它们有着更小的大脑，以及较小的13区，这是边缘系统中较晚发育的部分，它的功能是促进产生成年动物的一些情感反应，诸如恐惧、攻击性等。有趣的是，200多万年以前，自从倭黑猩猩和黑猩猩展开进化分离以后，类似的驯化一直发生在倭黑猩猩的进化过程中。它们不仅头部稍小，攻击性也更弱，直至成年时期还保留一些年幼时的特性，包括白色肛门尾簇、尖锐的叫喊声以及不寻常的雌性生殖器官。倭黑猩猩的13区非常小。[40]

人类也是如此。人类化石记录表明，在过去的15 000年里，人类大脑的尺寸陡降，部分程度上反映了人类身体的尺寸也在逐渐缩小，与之相伴随的是人类聚居的密集化和文明化的到来。此前的几百万年里，人类大脑的尺寸一直维持着多多少少的增长趋势。在中石器时代（大约5万年以前），女性大脑容量约为1468立方厘米，男性大脑容量约为1567立方厘米。如今，数字已分别降至 1210 立方厘米和 1248 立方厘米。即使考虑到人类体重的减轻，这一下降也颇为惊人。也许人类这个物种也在那些年间遭受了驯化。如果这是真的，那是以怎样的方式呢？理查德·兰厄姆认为，人类一旦稳定之后，生活在永久的居住地，就不会再忍受任何反社会的行为，他们会驱逐、囚禁甚至处死其他难以应付的人。在过去的新几内亚岛，超过 1/10 的男性的死亡都是由于巫师的处决令（这些巫师大多是男性）。这意味着，处死的那些人更具攻击性且更易冲动，换言之，也就是脑部发育更成熟以及脑容量更大的人。[41]

然而，这样的自我驯化似乎是人类晚近时期的现象，它并不能解释 500 多万年以前导致人类和类人猿祖先进化分离的选择压力。但是它也支持了这样的观念，即进化并不是由于基因决定的，而是由于启动子的调整。于是，一些不好的特征得以改变，成为减弱冲动攻击的助推力。[42] 同时，由于新发现的 1 号染色体上的一个基因，我们忽然理解了原始人大脑容量增加的原因。1967 年，在巴基斯坦控制的克什米尔地区，随着米尔普尔一处大坝的竣工，一大批当地人不得不离开自己的家园，迁徙至英国的布拉德福德地区。他们中有些人是近亲结婚，近亲婚姻的后代里有少数人头部的尺寸很小，但其他各方面是正常的，我们称之为畸形小头人。通过研究他们上下几代人，科学家们可以确定，生出畸形小头人的原因在于不同家庭里 4 种不同的基因突变，这些突变都影响了同一个基因：1 号染色体上的 ASPM 基因。

经过进一步的探索，由利兹大学的杰弗里·伍兹（Geoffrey Woods）领头的研究小组发现了这种基因的不同寻常之处。这个基因很大，长达 10 434 个字母，可分成 28 个段落（称为外显子）。第 16～25 个段落中有一个特征基序反复重复。这一段通常包括 75 个字母，开始于氨基酸异亮氨酸和谷氨酰胺的编码，我等下会说明其重要性。人类基因中，有74个这样的基序，老鼠中有61个，果蝇中有24个，线虫中这个基序只有两次重复。值得注意的是，这些数字都是与成年动物脑部的神经元数目成一定比例的。[43] 更引人注目的是，异亮氨酸的标准缩写是"I"，谷氨酰胺的标准缩写是"Q"。因此，该IQ（异亮氨酸和谷氨酰胺）可能决定了另一种IQ（智商）。伍兹开玩笑说："这证明上帝真的存在，只有他这么有幽默感的人，才会安排两者的互相关联。"[44]

ASPM基因的活动方式是，在受孕两周以后，调控胚胎大脑的囊泡里的神经干细胞的分裂次数，这又转而决定了成人大脑中的神经元数目。以这么简单的方式就可以发现这样一个拥有决定大脑尺寸能力的基因，似乎有点美好得令人不敢相信。但如果我们想了解更多的话，难免会遇到更多复杂的情况。然而，ASPM基因证明，那个曾对火地岛人感到惊愕的年轻人的观点是正确的：演化是一种程度差异，而非类型差异。

人类基因组浮现出了一组令人震惊的真相，动物的演化是通过调整基因前方的自动启闭装置，使身体不同部分拥有更长的时间发育来实现的。这对先天与后天之争有着深远的影响。想象整个系统内部如何运作吧。你开启了一个基因的表达，其结果是开启另一个基因的表达，而这又抑制了第三个基因的表达，如此进行下去。而且在这样一张运作网中，你还适时加入了人类经验的影响。一些外在的东西，例如教育、食物、一次打架，或是有回应的爱，这些都可以影响基因的自动启闭。忽然间，后天开始通过先天得以表现。

第 2 章

众多本能

奇迹般地，可爱的蝴蝶破茧而出，羽翼完整，姿态优美……这并不奇怪，这个小小的生命离开蛹之后展翅飞翔，就像是音乐盒里飘出的旋律。

——道格拉斯·亚历山大·斯波尔丁
1873[1]

如查尔斯·达尔文一样，威廉·詹姆斯的经济实力也很雄厚。他从父亲亨利那里继承了一大笔私人收入，他的祖父（也叫威廉）每年可以从伊利运河那里得到1万美元的收入。缺一条腿的亨利自强自立，成为一名知识分子。大半生里，他带着孩子们穿梭在纽约、日内瓦、伦敦和巴黎之间。他善于表达，笃信宗教，并十分自信。他的两个小儿子曾参加过美国内战，但之后因生意失败转而酗酒并患有抑郁症。他的两个长子，威廉（William）和亨利（Henry），自出生起便接受了良好的培养，后来也成为知识分子。用瑞贝卡·维斯特（Rebecca West）的话来说："他们长大后，一个写的小说像是哲学，另一个写的哲学又像是小说。"[2]

兄弟俩都深受达尔文的影响。亨利所写的《一位女士的画像》(*The Portrait of a Lady*)，便是基于达尔文有关雌性选择是进化助推力的观点。[3] 威廉创作了《心理学原理》(*Principles of Psychology*)，其中大部分内容于19世纪80年代以论文的形式首次出版，大力宣扬了先天论，认为除非人类思维中有了天生的知识雏形，否则人类便没有学习的能力。威廉·詹姆斯的观点与当时流行的经验论背道而驰,后者认为行为是由经验决定的。威廉相信人类具有天生的才能,这不是来源于经验,而是源于达尔文说的自然选择过程。"他否定经验!"詹姆斯想象有读者可能会这样说,"他否定科学;他竟然认为奇迹创造了心智。他是天生论的顽固信徒。够了!我们再也不要听这些陈词滥调了。"

威廉·詹姆斯断言,与动物相比,人类有更多的本能。"人类有一切低等动物具有的本能,甚至还有更多……我们可以观察到,没有哪种哺乳动物,哪怕是猴子,表现出如此多的本能。"他指出将本能与理性对立起来是错误的。

> 理性本身并不能抑制冲动,唯一能中和某种冲动的方式是产生相反的冲动。理性可以形成一种干扰,激发想象力,来释放这种相反的冲动。因此,尽管最有理性的动物就是本能冲动最强烈的动物,但是和一个只受本能操控的动物不同,人绝不仅仅是一台自动机器。[4]

这一段话非同寻常,即便它对 21 世纪初期思想的影响几乎为零。无论是支持先天还是后天,很少有人会在新世纪即将来临之时接纳极端的先天论思想;几乎所有人在接下来的百年里都会假定,理性和本能是相互对立的。但是詹姆斯不是一个极端分子。在意识、感觉、空间、时间、记忆、意愿、情感、思想、知识、现实、自我、道德和宗教方面,他的作品影响了几代学者。我刚刚列举的这些都是他一部现代作品中的章节标题。为什么在这本篇幅长达 628 页的书里,没有将"本能""冲动"或"天生"这些词列入索引呢?[5] 为什么一个多世纪以来,即使在提及人类行为时用到"本能"这个词,都会被认为是粗俗不堪呢?

起初,詹姆斯的观点颇具影响力。他的追随者威廉·麦独孤(William McDougall),创立了本能主义的一个新学派,擅长发现作用于每一种情境中的新本能。这个学派显得有些过于擅长此道了,以至于他们有时靠的是推断,而不是实验。因此,好景不长,一场反改革的运动轰轰烈烈地开始了。20 世纪 20 年代里,詹姆斯曾斥之为"白板说"的经验论卷土重来,影响力波及各个领域,不仅影响了心理学(代表人物为约翰 B. 华生和 B. F. 斯金纳),还影响了人类学(弗朗茨·博厄斯)、心理学(弗洛伊德)和社会学(涂尔干)。先天论于是变得黯然失色,直到 1958 年,诺姆·乔姆斯基才再一次将其引入科学之门。在对斯金纳的一本关于语言的书所做的评论中,乔姆斯基指出,儿童不可能仅凭例子便可以习得语言规则,他们一定有天赋的习得装置,从而习得语言中的词汇,等等。即便如此,经验论的白板说仍在科学界中主宰了一段时间。詹姆斯的著作出版了一个世纪以后,他主张的人类拥有独特本能的观点才再次得到重视。约翰·图比(John Tooby)和莱达·科斯米迪(Leda Cosmides)发表了天生论的新宣言(见第 9 章)。

我们待会儿再去聊那些,这会儿先来谈谈目的论。多亏了达尔文的智慧,才将古老的神学观点从源头的设计上转变过来。直到那时,一个清晰明了的事实便是,身体的各个部位的构建是为了一个共同的目的,心脏是为了输送血液,胃是为了消化,手是为了抓握物体。这一切暗示了设计师的存在是合乎逻辑的,如同人们看到蒸汽机就会认为背后一定有个工程师存在。达尔文通过回顾整个自然选择过程(这被道金斯称为"盲眼的钟表匠"),发现进化本身确实是有目的性的。[6] 但这让目的论者钻了空子,提出什么肠胃有自己的目的性的鬼话,这当然是鬼话,因为肠胃是没有思维的。在具体表述上,他们会玩一些文字游戏,使用被动语态说肠胃是基于某种目的的设计而"被选择出来的"。因为我讨厌这种说法,所以我在这本书中尽量不用被动语态,以避免误导人们以为确实有这样一位有目的的工程师在预先思考和规划。哲学家丹尼尔·丹尼特(Daniel Dennett)将这种背后有设计者的创造过程称为"天钩",[7]类似于工程师把他的脚手架从空中悬挂下来。为了简洁起见,我会将之称为基因组上帝(Genome Organizing Device),简称为GOD。这会让很多信奉宗教的读者为之雀跃,而且我也可以使用主动语态。那么,问题就是:GOD如何创造出一个可以表达某种本能的大脑?

让我们回到威廉·詹姆斯。为了支持他提出的人类比动物有着更多本能的观点,他系统性地列举了诸多人类本能。他从婴儿的行为说起:吮吸、紧握、哭喊、坐与站、走和爬。这些都源于本能冲动,而不是模仿或社会性行为。随着孩子的成长,他们会产生好胜心、愤怒和同情的情绪,也会害怕陌生人、噪声、高处、黑暗和爬行动物。"自信的演化论者可以轻易地解释这些恐惧的原因,"詹姆斯这样写,他清楚地预料到现称为演化心理学的观点,"可以将其解释为穴居人的意识再次萌发,这种意识出于晚近时期的经验带来的影响。"他进一步探讨了可习得的习性,指出男孩子总有收集物品的习惯。他注意到男孩和女孩在玩耍中的不同喜好;并提出至少在最初时女人的舐犊之爱胜于男人。接下来他还谈及社交性、害羞、保密、整洁、谦逊和羞耻感等。"毫无疑问嫉妒是出于本能的。"他如是评论。

他相信,最强的本能是爱。"在所有的习性中,性冲动本身便清晰地反映出本能的特征:盲目、自发、无师自通。"[8]但是他坚称,性吸引出于本能,并不意味着它是不可抵制的。其他一些本能,例如害羞,阻止我们对每一次性吸引都做出回应。

让我们暂且相信詹姆斯的话，再进一步探讨下求爱本能的观点。如果他是对的，那么在我们恋爱的时候，一定会有一些遗传上的因素让我们的大脑中发生物理或化学变化。是这些变化让我们产生了爱的情感，而不是爱促成了变化。汤姆·英赛尔（Tome Insel）这样认为：

> 这个假说是合理的，动物交配时释放的后叶催产素，激活了那些富含后叶催产素受体的脑边缘叶，为选择伴侣并建立长期稳定关系奠定了基础。[9]

或者更诗意的表达是，你坠入爱河了。

这种后叶催产素是什么？为什么英赛尔如此强调它的作用？滑稽的是，这源于一点儿也不浪漫的过程：排尿。大约 4 亿年前，人类祖先离开水生活时，它们身上带有一种被称为加压催产素的激素，这是一种微型蛋白质，由 9 个氨基酸分子缩合形成一条多肽链。它的运作方式是迅速开启肾以及其他器官中的细胞，得以调控身体中盐和水的平衡。直到今天，鱼仍然用两种不同的加压催产素实现这一功能，青蛙也是如此。在一些脊椎动物的后代中，包括人类，这个相关基因有两个稍微不同的拷贝，它们彼此靠近，却面向不同的路径（这两个拷贝在人体内位于 20 号染色体）。结果是，如今的所有哺乳动物都含有两种这样的激素，即后叶加压素和后叶催产素，二者只在氨基酸链中的两个连接处有所不同。

这些激素仍然发挥着一直以来的作用。后叶加压素让肾存储水分；催产素则让其分泌盐分。然而，像如今鱼类体内的加压催产素一样，它们的作用是调节繁殖生理。后叶催产素在雌性生育时促进子宫内的肌肉收缩，也促进乳汁从乳腺流出。GOD 是一个节约者：它创造了一个开关来实现一种目的，再通过在别的器官里表达催产素受体，从而将之前的开关改造用于别的目的。

20世纪80年代，科学家有了一个更令人惊奇的发现。他们忽然之间发现，后叶加压素和后叶催产素在大脑中也发挥了作用，它们是从脑下垂体分泌到血液中的。

因此，他们尝试将后叶加压素和后叶催产素注入老鼠大脑，看看会造成什么结果。奇特的是，脑内被注入后叶催产素的雄鼠立刻开始打哈欠，同时生殖器勃起。[10] 尽管注入的剂量不高，可老鼠的性欲变得强烈，射精更快也更频繁。在雌鼠身上，脑内的后叶催产素引发其摆出交配时的姿势。在人类中，无论男女，手淫都会增加他们体内后叶催产素的浓度。总而言之，大脑中的后叶加压素和后叶催产素与交配行为密切相关。

这一切听起来一点也不浪漫：排尿、手淫和哺乳——很难说这些是爱的真谛。但是请大家耐心一点。20世纪80年代后期，英赛尔一直在研究后叶催产素对老鼠母性行为的影响。脑中的后叶催产素似乎促使母鼠与其幼子之间建立起一种联系，而且英赛尔证实了大脑中的某些部分对于这种激素十分敏感。他将注意力转向配对关系，想要了解雌性动物与幼崽的关系和它与其配偶的关系之间是否有相似之处。这时，他遇到了在实验室里研究草原田鼠的苏·卡特（Sue Carter）。卡特告诉英赛尔，草原田鼠对伴侣高度忠诚，堪称是鼠类中的奇迹。草原田鼠成对生活，雄鼠和雌鼠一直照顾幼仔长达许多个星期。而山地田鼠则是更为典型的哺乳动物，雌性山地田鼠会随机和一只有多个配偶的雄性田鼠交配，然后很快离开这个公鼠，独自生育幼鼠，短短几周后便抛弃它们，让它们自谋生路。即便在实验室里，区别也很明显：交配后的草原田鼠会相互注视，并给幼鼠洗澡；而交配后的山地田鼠会视对方如同陌路。

英赛尔检查了这两种田鼠的大脑。他发现，两种田鼠体内的后叶加压素和后叶催产素本身的表达没什么不同，但区别在于这些激素的分子受体分布——这些分子负责对激素做出反应时启动神经元。相对于多配偶制的山地田鼠，实行单配偶制的草原田鼠在大脑中的更多部位有更多的后叶催产素受体。此外，通过在草原田鼠的大脑中注入后叶催产素和后叶加压素，英赛尔和其同事引发它们表现出所有单配偶制的特征，例如，对它的伴侣表现出强烈喜好，对其他田鼠具有攻击性。同样的注入激素实验对山地田鼠的影响甚微。注入阻断后叶催产素受体的化学物质也会结束与单配偶制有关的行为。由此可见，草原田鼠之所以实行单配偶制，是因为它们会对后叶催产素和后叶加压素产生更多的反应。[11]

在一次对科学技巧的精彩展示中，英赛尔团队带来许多令人信服的细节，进一步详细说明了激素的影响。他们在幼鼠出生前便敲除它体内的后叶催产素基因，这导致了社会性失忆：这只鼠可以记得一些事物，但接触其他老鼠以后会立刻忘记它们，也认不出它们。大脑中缺乏后叶催产素，一只老鼠连十分钟前见过的老鼠也认不出来，除非对方带有一种非社会性提示的标记，例如非常独特的柠檬味或杏仁味。（英赛尔说这种情况就如同在一次学术会议中，某位心不在焉的教授通过朋友们的姓名标签而不是脸来识别对方。）[12] 之后，他们又将激素注入这只老鼠大脑中的某一部分——内侧杏仁核，科学家们发现老鼠渐渐恢复起全部的社会性记忆。

在另一个实验中，通过运用一种特别改造过的病毒，他们启动了田鼠大脑中腹侧苍白球的后叶加压素受体基因的表达。腹侧苍白球在大脑受到奖赏方面起到重要作用。（我们先暂停一下，来来回回思考几遍，看看如今的科学家们都能做到什么。他们可以运用病毒来将啮齿目动物脑部的某种基因的量调高,这样的实验在10年以前都是无法想象的。)启动基因表达的结果就是"形成了择偶偏好",戏谑的说法便是"让它们恋爱了"。他们推断出,要让雄性田鼠对伴侣保持忠诚度,它脑部的腹侧苍白球就得既有后叶催产素受体,也有后叶加压素受体。既然交配时会释放后叶催产素和后叶加压素,那草原田鼠会和它交配过的任何一只田鼠形成配对关系;后叶催产素帮助它们记忆,后叶加压素则负责回应(奖赏)。与之不同,山地田鼠不会有同样的反应,因为它在脑部那个区域里缺乏感知激素存在的受体。雌性山地田鼠在生殖后才会表达这样的受体,因此它们会善待自己的幼崽,当然也是在短时间内。

到现在为止,我提及的后叶催产素和后叶加压素好像没什么两样,它们是如此相似,可能会稍许刺激彼此的受体。然而,在某种程度上,两者是有区别的,后叶催产素帮助雌性选择其伴侣,后叶加压素则帮助雄性选择其伴侣。当一只雄性草原田鼠的脑部被注入后叶加压素,除了自己的伴侣,它会对其他田鼠表现出攻击性。攻击其他田鼠也是(雄性)表达爱的方式。[13]

这一切已经足够令人吃惊了,但是英赛尔实验里取得的最令人激动万分的结果,是有关于受体的基因。还记得吧,草原田鼠和山地田鼠的差异不在于激素表达上,而在于激素受体的表达方式。这些受体本身就是基因的产物。两个物种的受体基因在本质上完全相同,但是位于基因上游的启动子区域却有很大差别。现在我们来回顾第1章的内容,非常相近的物种之间的差异不在于其基因表达,而是在于它们的启动子。在草原田鼠中,它们的启动子区域中部有一段超大的DNA文本,长达460个字母。英赛尔团队创造了一只转基因老鼠,将它的启动子区域扩大,它长成和草原田鼠一样的大脑,在几乎完全一样的区域里也有后叶加压素受体表达,可是它却没有建立起单配偶关系。[14] 史蒂文·费尔普斯（Steven Phelps）在印第安纳捕捉了43只野生草原田鼠，并逐一测定它们的启动子序列：一些田鼠的插入片段比另一些的要长。插入片段的长度变化由350个字母到550个字母之间不等。插入片段更长的雄性田鼠是否比插入片段短的田鼠对伴侣的忠诚度更高呢？目前还没有答案。[15]

英赛尔的研究带来了简单明了、极具震撼力的结论。啮齿目动物可以维持长期稳定的伴侣关系，取决于启动子开关中的一个DNA片段的长度，该启动子位于某个基因受体的前部。这又转而精确地决定了大脑中有哪些部分可以表达该基因。当然，如同所有优秀的科学成果一样，与其解决的问题相比，这个发现带来了更多的问题。为什么结合老鼠大脑中那个部分的后叶催产素受体，就会让它对其交配对象有好感？有可能，这些受体可以引发一种类似上瘾的状态。从这方面看，值得注意的是，它们似乎与多巴胺D2受体有些联系，后者与对毒品上瘾有着密切关系。[16] 另一方面，若没有后叶催产素，老鼠就没有社会性记忆，因此它们压根忘记了交配对象的模样。

老鼠并不是人。你现在知道了，我将会由草原田鼠的稳定交配关系推理到人类的爱，你可能不会喜欢这种推理。这听起来像是还原论或简单论。你会说，浪漫的爱是一种文化现象，承载着数世纪以来的传统和教导。爱这个称呼应该出现于阿基坦的埃莉诺（Elenor）的宫廷，或类似的某个地方，由一群号称"游吟诗人"（troubadours）的性欲旺盛的诗人所发明。在此之前，人们只会称之为性。

即使在1992年，威廉·扬科维尔克（William Jankowiak）调查了168种不同的人种志文化并发现没有人不知爱为何物，你也仍然是对的。[17] 当然此刻我还无法向你证明，当人体内的后叶催产素和后叶加压素在脑部合适的位置被激活时，他们就坠入爱河了。但是，有一些线索可以警示，由一个物种推理到另一个物种存在着风险性。绵羊需要后叶催产素产生对幼崽的母爱，显然老鼠并不需要。[18]毫无疑问人类的大脑比老鼠大脑要复杂得多。

但是，我可以提醒你注意一些有趣的巧合。老鼠和人类也共有一些遗传密码。两个物种体内的后叶催产素和后叶加压素是相同的，产生于大脑中同样的对应部位。性引发了这两种激素在人类大脑中和啮齿目动物的脑部产生。它们的受体是相同的，也在大脑中的相应部位得以表达。像一些草原田鼠一样，人类的受体基因（位于3号染色体）在启动子区域有一个略小的插入片段。如同印第安纳州的那些草原田鼠，人类启动子区域插入片段的长度也因人而异：在最初调查的150个人中，英赛尔发现有17种不同的长度。一个称自己正在恋爱的人坐着接受脑部扫描，当她看到爱人的照片时，她大脑中的一些部分会发亮；当她看着一个仅仅是熟人的照片时，那些部分不会发亮。那些可以发亮的部分与可卡因刺激的部分有重合。[19]这一切可以理解为完全是巧合，人类的爱一定与啮齿目动物的单配偶关系完全不同。但是，考虑到GOD是很保守的，以及人类和其他动物之间存在着许多的联系，你要是认为你稳赢并为此下注，那可有点不明智了。[20]

莎士比亚一如既往地又走在我们前面。在《仲夏夜之梦》（*A Midsummer Night's Dream*）中，奥布朗（Oberon）告诉帕克（Puck），当丘比特之箭落到一朵白花（三色堇）上，花会变成紫色，而如果这朵紫花的汁液

> ……滴在睡眠者的眼皮上，
> 无论男人还是女人，当他们醒来时，
> 便会疯狂地爱上所看到的第一件东西。

帕克及时地取来一朵三色堇，奥布朗给森林里的那些沉睡者们制造了一场大混乱。他让拉山德（Lysander）爱上了海伦娜（Helena），又让泰坦尼娅（Titania）爱上了头部被变成驴样的编织工博顿（Bottom）。

谁敢跟我打赌说，我不会对一个现代的泰坦尼娅做出类似的事呢？当然，仅在眼皮上滴汁液是不够的。我必须给她做个全身麻醉，然后装一根插管插进脑部的内侧杏仁核，再注入一些后叶催产素。我不能说到时候她会爱上一头驴，但是我有一定把握可以让她依恋醒来时看到的第一个男人。你要赌我输吗？（我迫不及待地要加一句，人类伦理委员会将会阻止，也应该阻止任何人来接受这个实验的挑战。）

我假定：和大多数哺乳动物不同，人类从根本上就是实行一夫一妻制，就像草原田鼠，而不像山地田鼠那样滥交。这个假定是有基础的，它在于第1章里关于睾丸尺寸的分析；也在于人种志调查所提供的证据，尽管很多社会允许多配偶制，但是一夫一妻制仍占主导；还在于人类中的亲代抚育——这是少数按社会性单配偶制生活的哺乳动物的一个典型特征。[21] 此外，当人类生活从经济和文化的束缚（例如包办婚姻）中解放出来时，我们发现一夫一妻制的主导地位更强了。1998年，那个世界中权力最大的人虽然没有一堆女眷，但也因与一个实习生的桃色事件而让自己陷于麻烦。[⊖] 长期并专享（虽然有时具有欺骗性）的一夫一妻关系是人类关系中最普通的模式，这样的证据随处可见。

黑猩猩是不同的，它们之间不存在长期的配对关系。我推测，黑猩猩的大脑中相关部位的后叶催产素受体要少于人类的，这也许是因为黑猩猩的

⊖ 指当时的美国总统克林顿。——译者注

相关基因启动子较短。后叶催产素的说法至少暂时肯定了威廉·詹姆斯的观点，即爱是一种本能，由自然选择演化而来；它也是哺乳动物遗传的一个部分，就像是我们的四肢和十指一样。当内侧杏仁核的后叶催产素受体受到刺激时，我们会和最接近我们的人结合，这是盲目、自发且无师自通的。若要获得这种激发，性行为是最佳的选择，也许纯洁的吸引力也有此效果。这就是为什么分手会很难。

有了后叶催产素受体，并不意味着一个人在其一生中一定会恋爱，也不能决定此人恋爱的时间和对象。伟大的荷兰动物行为学家尼科·廷伯根（Niko Tinbergen）在对本能的研究中提出，固定的、天生的本能表达必须要借助一个外界的刺激才得以触发。廷伯根最喜欢的物种之一是刺鱼，它是一种很小的鱼。在繁殖季节里，雄性刺鱼会守卫其筑巢的区域，它的腹部发红，从而吸引雌性刺鱼。廷伯根做了一些鱼的模型，将它们投放去"入侵"一只雄性刺鱼的地盘。尽管制作粗糙，一只雌鱼的模型仍会引发这只雄性刺鱼跳起求爱之舞；只要雌鱼模型有一个丰满的腹部，雄性刺鱼就会非常兴奋。但如果这个模型的腹部发红，将会引发雄性刺鱼对其展开攻击。甚至一双带有制作得粗陋无神眼睛的椭圆形模型也会触发雄性刺鱼的攻击，尽管它没有鱼鳍和尾巴。但雄性刺鱼仍会猛烈地攻击它，视它为一个真正的雄性竞争者。廷伯根最初在莱顿大学开展研究工作，有关于他在那儿的一个传奇故事是，他发现他养的那些雄性刺鱼竟会对那些迅速掠过窗户的红色邮政火车展示出威胁的姿态。

廷伯根进一步论述，这些"天生的释放机制"在其他物种体内也可以触发本能的表达，一个典型的例子便是银鸥。银鸥的嘴是黄色的，嘴尖端有个明亮的红色斑点。幼小的银鸥在求食时会啄成年银鸥嘴上的红点。通过给新出生的银鸥展示一系列模型，廷伯根证实红点可以有力地触发求食行为。这个点越红，触发力量就越大。鸟嘴和头的颜色一点也不重要。只要这个模型在形似嘴的尖端有一个颜色反差很大的点，最好是红色，它就会吸引幼小的银鸥来啄。用现在的行话来解释，科学家会说，年幼银鸥的本能和成年银鸥嘴上的红点在"共同演化"。如同被设计过一样，外界的一个物体或事件可以触发一种本能。先天和后天共同在起作用。[22]

廷伯根实验的意义在于，不仅揭示了本能有多么复杂，也说明本能很容易便被触发。他还观察研究了掘土蜂的生活习性。掘土蜂会挖一个洞，出去抓一只昆虫，用刺蜇将其麻痹，再将它带回洞中，在它上面产卵。这样，幼蜂在成长中就能以昆虫为食物。这一切复杂的行为，包括重新找到之前挖掘的洞，都是无师自通的，压根就不是父母所教的。一只掘土蜂从不会遇到自己的父母。一只布谷鸟唱着歌儿飞到非洲，再飞回来，路上会和其同类中的一只交配。当它还是只雏鸟时，它根本不会见到自己的父母或手足。

动物行为由基因决定的观点曾使生物学家感到困惑，如今也困扰了社会学家。马克斯·德尔布吕克（Marx Delbruck），一位分子生物学的先驱者，拒不相信加州理工学院的同事西莫尔·本泽尔（Seymour Benzer）找到了一只行为突变的果蝇。德尔布吕克声称，行为过于复杂，无法简单地归结于基因。然而，家畜业余饲养者很久以来便接受了这种行为基因的观念。在17世纪或更早时期，中国人就开始培育不同颜色的老鼠，他们培育出一种华尔兹鼠（waltzing mouse），以其形似舞蹈的步态而出名，这种步态源于其内耳中的一个遗传缺陷。后来老鼠育种在19世纪传入日本，之后又传入欧洲和美洲。在1900年前某个时候，马萨诸塞州格兰比的一名退休教师艾比·莱思罗普（Abbie Lathrop），有"培育珍奇老鼠"的爱好。在住所附近的一个谷仓里,她很快培育出不同种类的老鼠,并将它们出售给宠物店。她尤其喜欢那时人们所称的日本华尔兹鼠,并培养出许多新的种系。她注意到一些种系的老鼠比另一些更易患癌症;后来耶鲁大学了解到这个线索,这成了早期癌症研究的基础。

然而,是莱思罗普和哈佛的联系才揭示了基因与行为的联系。哈佛的威廉·卡斯尔(William Castle)买了莱思罗普的一些老鼠,成立了一个老鼠实验室。在他的学生克莱伦斯·利特尔的倡导下,这个重要的老鼠实验室搬至缅因州的巴尔港,如今它仍在那儿——成了培育用于研究的不同种系老鼠的巨大工厂。很早以来,科学家便意识到,不同种系的老鼠有不同的行为方式。本森·金斯伯格(Benson Ginsburg)曾攻克了一个难关。他注意到当他拿起一种"几内亚猪"豚鼠(以它的毛皮颜色命名),他常常会被咬。很快他培育了一个新的种系,新豚鼠有着同样的毛皮颜色,但没有攻击性,这足以证明攻击性源于基因。他的同事保罗·斯科特(Paul Scott)培育出一些具有攻击性的老鼠种系。但是有趣的是,金斯伯格那儿最有攻击性的老鼠,却是斯格特这里最温和的老鼠。解释是,他们两人对待老鼠幼崽的方式有所不同。对于一些种系的老鼠,如何对待它们不会造成什么差别。但有一个种系是例外的,这就是"C57-Black-6",早期的对待方式可以增强它们的攻击性。这给了我们一条线索,基因若想发挥作用,须与外部环境交互作用。或者如金斯伯格所言,由老鼠遗传的"编码基因型"到表达出"有效基因型"的路上,体现了社会发展的影响。[23]

之后,金斯伯格和斯科特开始研究犬类。通过将英国可卡犬和非洲的巴仙吉犬做杂交实验,斯格特证实,幼犬的打斗行为受到两个基因的控制,这两个基因负责调控其攻击性的阈值。[24] 但是,科学家无须证明狗的行为是遗传的，这对育狗者来说已经是过时的新闻。重点在于，不同犬类表现出不同的行为类型，它们中有寻猎犬、指示犬、蹲猎犬、牧羊犬、梗犬、卷毛犬、斗牛犬和猎狼犬，以上名字便代表了这些犬类已具有育种时赋予它们的本能；而且，这些本能是天生的。一只寻猎犬即使训练后也不能守卫家畜，一只警卫犬也不能训练成守护羊群的狗。这些都曾有人尝试过，但是失败了。在驯化狗的过程中，人们将狼的行为发展中一些不完整或夸大的要素保留下来。一只狼会跟踪猎物、追捕、猛扑、抓住、杀死并肢解猎物，再将其搬运回去。幼狼在成长过程中会依次练习以上活动。而狗就像是被冻结在某个练习阶段的幼狼。牧羊犬和指示犬停留在跟踪猎物阶段；寻猎犬卡在搬运猎物的阶段，而斗牛犬则卡在撕咬猎物的阶段：每一种犬都像是幼狼不同行为主旨的冻结物。这些存在于它们的基因里吗？答案是肯定的，"培养特异行为的育种是证据确凿的。"犬类编年史作家史蒂芬·布迪安斯基（Stephen Budiansky）这样说。[25]

或者，我们再去问问牛的育种者。我面前有一份乳用品种牛目录册，这是用来吸引客户邮购种牛精液的。这份目录详尽地描述了种牛乳房和乳头的品质和形状，它的产奶能力和速度，以及它的脾性。但是，你一定会指出，公牛怎么会有乳房呢？目录册中的每一页都有一幅母牛的图片，而非公牛的。其实它所指的并不是公牛，而是其女儿。"齐达内，意大利一号牛，"目录上如此夸耀，"具有优化过的骨架特质，硕大的臀部有着理想的倾斜度。它的腿部和蹄子尤其让人印象深刻，它的后蹄形态完美，长度绝佳。它有着无可挑剔的乳房，这与深蹄裂有着密切联系。"这些特征全都是描述雌性的，却归到其雄性父亲的身上。也许我会乐于买一管叫作"终结者"的种牛精液，因为它的女儿"乳头排位很好"；或者买一管伊格莱特的精液，它被称作"泌乳速度达人",它的女儿们呈现出"巨大的产奶能力"。我也许不会选择牟·弗利特·弗里曼(Moet Flirt Freeman),因为它的女儿们虽然"胸部很宽",产奶多于其母亲,但小册子中指出它们的脾气比"平均水平"要差。这就意味着挤奶时它们会踢人。它们的出奶速度会比较慢。[26]

这里的关键在于,牛的育种者毫不犹豫地将牛的行为归于基因,如同将其身体结构归为基因决定的一样。母牛行为中有一些细微的差异,这些育种者非常确定地将差异全部归结于那份邮寄出的精液。人类并不是奶牛。承认牛有本能,并不能证明人类也受到本能的支配。之前的假设是,动物行为是复杂且难以估计的,因此它不可能是本能性的,可这种对牛的本能的承认的确推翻了这个假设。在社会科学领域里,行为不由本能支配这种令人安心的幻觉依然存在。但是,没有哪个研究动物的动物学家们会相信,这些复杂的行为不能是天生的。

火星人与金星人⊖

界定"本能"的工作困扰了许多科学家,至于一些人甚至压根拒绝用这个词。并不是每种本能都从一出生便得以呈现,有一些本能在动物成年后才得到发展(例如智齿)。本能绝非不可改变:掘土蜂会根据已带回多少只昆虫入洞来改变行为。本能也不是自发式的:除非看到一只腹部发红的鱼,否则雄性刺鱼不会发起攻击。本能行为和习得行为的界限变得模糊了。

然而,含混并不一定就会让一个词变得无用。欧洲的边界是不确定的——它向远东延伸了多少呢?包括土耳其和乌克兰在内吗?另外,"欧洲

⊖ 源于一本西方畅销书的书名,即《男人来自火星,女人来自金星》。——译者注

的"这个单词有许多种意思,但它仍然是一个有用的词。"学习"这个词富含了众多含义,它也是一个有用的词。同样,我相信行为是本能性的说法也有一定的道理。这意味着,若有预期中的环境,行为至少在部分程度上是遗传的、天生的和自发的。本能的特点之一就是其普遍存在性。这就是说,如果有某个东西在一个人那儿是本能性的,那在所有的人之间也会如此。人类学家常常在对人类相似性的兴趣和对人类差异性的兴趣之间左右为难。先天论的倡导者强调前者,而后天论的倡导者则重视后者。全世界人类微笑、皱眉、做鬼脸和大笑的方式大致相同,这样的事实使达尔文大为震惊,之后也让动物行为学家艾雷尼厄斯·艾伯斯费尔特(Irenaeus Eibl-Eibesfeldt)和保罗·艾克曼(Paul Ekman)极为震撼。即使是在那时还未接触"文明世界"的新几内亚和亚马孙流域的原住民中,这些情绪表达也有着同样的形式和意义。[27] 但与此同时,人们表现出多种多样的仪式和习俗,这又证明了人类差异性的存在。如同科学领域里常常发生的那样,争论双方都极端地否定对方。

也许,我们可以把焦点集中于这样的一个悖论,人类的差异性在世界范围内是普遍存在的,这会让争论双方都感到满意(或者都不满意)。毕竟,相似与差异如影随形。最符合这个说法的候选者就是性和性别差异。如今,没有人会否认,男人和女人不仅身体结构不同,行为也不同。从有关他们来自不同星球的畅销书,到日益两极化的吸引男人的影片(动作片)和吸引女人的影片(爱情片),现在我们已能毫无疑义地断定(也许有少数例外):男女之间一直以来都既有生理差异,又有心理差异。正如幽默作家戴夫·巴里(Dave Barry)所言:"要是一个女人必须在抢救一个高飞球和救一个婴儿之间做选择,她一定毫不犹豫选择救婴儿,压根不会考虑是否还有男人在垒上。"这样的选择是天性所至，还是后天所为呢？或者两者兼而有之？

在所有的性别差异中，人们研究最多的是有关于择偶的差异。20世纪30年代，心理学家首先开始问男人和女人们希望从配偶那里寻求什么，自那之后便一直在问这个问题。答案似乎显而易见，估计只有一个实验室的呆子或火星人才会问这样的问题。然而有时候，最清晰明了的事情却是最需要证明的。

他们发现了男女择偶的一些相似点：男人和女人都想要聪明、独立、合作的、值得信任和忠诚的伴侣。但是，他们也发现了一些差异。希望伴侣有良好财务前景的女性人数是男性的两倍。你也许会说这没啥好奇怪的，自20世纪30年代以来男人就承担了养家糊口的角色。回到20世纪80年代，你会发现这样一种明显的文化差异正在逐渐消失。不，自最初以来所做的每一次调查中，直至今日，同样的偏好一直都有着清晰的表露。如今在美国，将对方财务前景列入择偶要求的女性人数仍是男性的两倍。在个人征婚广告里，将财富列为伴侣优势之一的女性人数通常是男性的11倍。心理学权威对这个结果不以为然，认为这仅仅反映了美国文化中金钱的重要性，并不是性别差异的普遍反映。心理学家大卫·巴斯（David Buss）开始调查外国人，结果他从荷兰和德国得到了同样的答案。"别傻了，"别人告诉他，"西欧人和美国人是一样的。"因此，巴斯在六大洲、五大岛做了大范围的调查，地点从美国的阿拉斯加州到南非的祖鲁兰，他调查了来自37种文化的10 047人。在每一种文化里，毫无例外的是，将财务前景列入择偶要求的女性比男性多出许多。男女择偶时对金钱重视的差异度在日本最高，在荷兰最低。无论在哪里，差异始终存在。[28]

巴斯发现的不止这一个差异。在所有的37种文化里，女性都希望伴侣比自己年长。在几乎所有的文化里，配偶的社会地位、志向和努力程度，对女性比对男性更为重要。与之相反，男性更看重女性的年轻（在所有文化中，他们都想要更年轻的女人），以及外貌。（在所有文化中，想要漂亮女人的男人要比想要英俊男人的女人更多。）在大多数文化中，男人也更多地看重女性的贞洁与忠诚，而他们（当然）更有可能去寻求婚外情。[29]

好吧，这真是让人惊奇啊！男人喜欢漂亮和忠实的年轻女人，而女人则青睐富裕和雄心勃勃的年长男人。随便瞟一眼电影、电视和报纸，这样的信息都会为巴斯或任何一个过路的火星人所了解。然而很多心理学家坚定地告诉巴斯，他所发现的这一切不可能在西方国家以外的地方发生，更不用说在全世界了。巴斯所证实的这些，至少对社会学权威来说是难以置信的。

一些社会学家称女人寻觅富裕的男人，是因为男人拥有绝大多数的财富。但既然你知道这是人类的普遍现象，你也可以反过来论证。男人追求财富是因为他们知道它可以吸引女人，就如同女人注重保持年轻的样貌来吸引男人。因果关系的逆向和正向一样具有说服力，而且鉴于普遍存在的证据，这就更具说服力了。亚里士多德·奥纳西斯（Aristotle Onassis）在稍稍了解金钱和女人后，曾说了一句名言："如果世界上没有女人，那所有的金钱都失去了意义。"[30]

通过证明择偶中这些性别差异是普遍存在的，巴斯就把证明的负担丢给那些只看到文化习俗却看不到本能的人。但两种解释并没有相互排斥，它们可能都是正确的。男人追求财富以吸引女人，因此女人寻求财富是因为男人拥有这些，于是男人再去追求财富来吸引女人……如此下去。我们可以这样理解，男人有一种寻求能帮助他们成功追求到女人的小玩意的本能，那么他们可能了解到，在他们的文化里，钱就是这样的小玩意。后天强化了先天，而不是与之对立。

正如丹尼尔·丹尼特所评论的，在人类身上，你不能把你见到的任何东西视为本能，因为你可能看到的是一个推理论证后得到的结果，一个模仿的仪式，或一个学到的经验教训。这个话反过来也说得通。当你看到，一个男人追求一个女人是因为她很漂亮，或者一个女孩在玩布娃娃而她的兄弟在玩剑，你不能确定你所看到的仅仅是文化性的，因为这里也许有本能在发挥作用。将这个情况归于任何一个极端，都是绝对错误的。这不是一个零和游戏，不是文化必须要取代本能或者是本能取代文化。各种各样文化表象下的行为可能都有着本能性的土壤。文化会常常反映人类的本性，而不是影响它。

莫尼还是戴蒙德⊖

巴斯得出结论，全球人类有着相似的差异性，这证明了不同的择偶方式之间存在普遍性，但他并没有指出择偶方式是如何产生的。假设他是对的，这些差异是演化而来的，具有适应力，而且至少在部分程度上是天生的。那么它们是如何得以发展，以及受到哪些影响呢？幸亏有了"莫尼还是戴蒙德"这场不同寻常的先天后天论战，我们已从这个话题带来的黑暗中见到一丝光亮。

莫尼的全名是约翰·莫尼（John Money），他是新西兰的一位心理学家，就职于巴尔的摩的约翰斯·霍普金斯大学。他背离儿时受到的严格的宗教教育，成为一位直言不讳地宣讲性自由的"传教士"。最终他不仅维护自由性爱，还赞同恋童癖。戴蒙德的全名是米奇·戴蒙德（Micky

---

⊖ Money（莫尼）和 Diamond（戴蒙德），分别是两位研究者的名字，这两个词分别的意思是金钱和钻石。——译者注

Diamond），他身材高大，声音温和，蓄有胡须。他的父母是移民到布朗克斯的乌克兰犹太人。戴蒙德后来先搬到堪萨斯，之后又到了檀香山，他就是在那儿研究人类和动物的性行为是由哪些因素决定的。

莫尼相信，性别角色是早期经验的产物，而不是出于本能。1955年，莫尼提出性心理中性理论，该理论建立在对131个双性人的研究的基础上，这些人生来就带有性别不清的生殖器。莫尼说，人们出生时性心理是中性的。只有在有了一定的经验后，大约两岁时，人们才发展起"性别认同"。"男性或女性的性行为及定位并没有天生的、本能的基础，"他写道，"伴随着人们的成长经历，他们才渐渐分化，变得男性化或女性化。"因此，莫尼认为，一个婴儿可以被归为男女任意一个性别。医生可以用这一理论来给自己做辩护，他们通过手术将出生时阴茎不正常的男婴变成女婴。这样的手术成为标准化的业务：阴茎异常小的男性被"改造"为女性。

与此相反，戴蒙德的团队在堪萨斯得出结论："最大的性别器官在两耳之间，而不是两腿之间。"他们开始挑战环境决定性别角色的正统说法。1965年，在一篇评判莫尼的论文中，戴蒙德指责莫尼没有给出正常人的实例来支撑他的性心理中性说，从双性人得出来的证据与该论题毫不相干。因为，如果他们的生殖器性别不清，那么他们的大脑也是一样。更合理的看法是，像"几内亚猪"豚鼠一样，人类在出生前就有了固定的心理性别身份。[31]事实上，他挑战莫尼，要他举出一个性心理中性但生理正常的孩子，或者一个经过性别重新改造的孩子。

莫尼丝毫不理会这种批评，他陶醉在自己不断累积的声誉里。他的论文得奖了，于是获得一大笔资金。当他的团队开始做变性手术时，他成了名人，经常在报纸和电视上亮相。但是在接下来的一年里，戴蒙德戳中莫尼的痛处；同年莫尼开始接触一个原本正常的男孩案例，他在一次失败的包皮环切手术中失去了阴茎。这个男孩是同卵双胞胎中的一个；通过手术将他转变为女性，而他的同胞兄弟继续按男性的方式成长，这样的研究机会极其难得，令莫尼跃跃欲试。在莫尼的建议下，这个男孩经过手术后转变为女性，父母将其当成女孩子养大，对她的经历守口如瓶。1972年，莫尼在发表的著作中，称这一案例取得了极大的成功。媒体开始广为传颂，说这明确证实了性别角色是社会的产物，而非生理决定的；它在关键时期影响了一代女性主义者；它还被纳入心理学教材；它也影响了许多医生，令他们认为性别改造手术可以简单地解决一个复杂的问题。

当时莫尼似乎赢得了与戴蒙德的论战。但1979年，BBC的一个电视节目小组开始调查那个案例。该团队得到消息称那个改造为女孩的男孩案例并没有像莫尼所说的那般成功。于是，他们设法深入刺探这个匿名案例，甚至与该女孩有过短暂会面，不过并没有将她的身份公布出去。这个女孩名叫布伦达·赖莫（Brenda Reimer），当时14岁，与家人住在温尼伯市。BBC电视小组看到的是一个闷闷不乐的少年，她有着男性般强壮的体格和一副低沉的嗓音。于是BBC的员工去采访莫尼，莫尼对他们侵犯那个家庭隐私的做法大发雷霆。戴蒙德一再施压给莫尼要他提供细节，但一无所获。莫尼在后来出版的书中撤掉了有关那个案例的全部引证。检验再次变得难以实现。1991年，莫尼在报纸上谴责戴蒙德，指责他煽动BBC去侵犯那个女孩的隐私。这激怒了戴蒙德，于是他开始设法联络当时可能处理过该案例的心理专家。最终，在1995年，他见到了布伦达·赖莫。

布伦达现已改名为大卫，是一个幸福的已婚男人，与妻子和领养的孩子一起生活。他经受了充满困惑和不快乐的童年，尽管他不知道自己生下来时是男孩，他还是不停抵制一切女孩子气的东西。14 岁时，他还是坚持按照男性的方式生活，他的父母最终跟他说了有关他的过去。他立刻要求做手术恢复阴茎，从此过男性的生活。戴蒙德劝说大卫让自己对外界说出这个故事（用一个化名），以免将来其他人重蹈覆辙。2000 年，作家约翰·科拉品特（John Colapinto）说服大卫放弃匿名方式，将他的经历写入书中。[32]

莫尼一直没有因为自己误导公众、说性改造多么成功而向全世界道歉，也没有向戴蒙德道歉。如今戴蒙德想要知道如果这个男孩是一个男同性恋或双性恋，想要一种女性化的生活方式，或像个女人那样生活，又或者他不愿将自己的经历公之于世，那将会发生什么？

大卫·赖莫并非个例。大多数被改造成女孩的男孩都在其青少年时期宣告要做男孩。最近一项研究表明，那些生来生殖器就性别不清但逃过手术的人，相比于那些童年时期经受手术的人，所患的心理疾病要更少。大部分曾被转变为女孩的男性，最终都提出要重新按照男性那样生活。[33]

借用威廉·詹姆斯的话来说，性别角色至少在部分程度上是自发、盲目、无师自通的。子宫内的激素激发了男性化的进展，这些激素源于婴儿体内，受到一系列事件的触发，这些事件都开始于 Y 染色体上一个单基因的表达。（许多物种允许环境决定性别。例如鳄鱼和乌龟，性别是由卵孵化时的温度决定的。但其中也有基因的影响，温度激发了决定性别的基因表达。性别形成的主要原因是环境，而整个机制却由基因决定。基因既是结果，也是原因。）

大众心理学

像大卫·赖莫这样的男孩就是想按照男孩子那样生活。他们喜欢玩具、武器、竞争和行动，胜过喜欢布娃娃、浪漫、感情和家庭。当然，他们刚来到这个世界时并没有形成完整的喜好，但是他们生来就有一种奇妙的本领，来帮助他们认清哪些是属于男孩子气的东西。儿童心理学家桑德拉·斯卡尔（Sandra Scarr）将其称为"选窝"（niche picking），即寻找与自己本性相符合的环境。大卫·赖莫之所以童年时倍感折磨，就是因为外界不允许他选择自己想要的"窝"。

在这种情况下，原因和结果是循环的。人们总喜欢做他们认为擅长的事，也擅长做他们喜欢的事。这意味着，男女的性别差异至少是由本能引起的，是天生的行为差异，之后才有经验的辅助。像许多有儿有女的父母一样，我发现这些性别差异很强，也很早就得以体现，简直出人意料。我完全相信我和妻子并没有导致差异，而是对差异做出回应。我们给儿子买玩具卡车，给女儿买布娃娃，并不是因为我们想给他们这些，而是因为很显然儿子想要卡车，女儿想要布娃娃。

性别差异到底多早出现呢？斯维特拉娜·拉契马雅（Svetlana Lutchmaya），是西蒙·巴伦-科恩（Simon Baron-Cohen）在剑桥的学生，曾拍摄过29个女孩和41个男孩在他们一周岁时的情况，分析这些孩子注视母亲脸的频率。和预期估计的一样，相比男孩，女孩和母亲有着更多的眼神交流。接着，拉契马雅回头测查这些孩子在妊娠期前三个月子宫里睾酮的浓度。这个测查可以进行，是因为每个孩子的母亲都曾做过羊膜穿刺，她们的羊水样本也被保存下来了。她发现男性胎儿的睾酮浓度普遍比女性胎儿的更高。在那些一周岁男孩中，还有这样的相关性：胎儿时期的睾酮浓度越高，他们一周岁时和母亲的眼神交流就越少。[34]

之后，巴伦-科恩又让另一个学生詹妮弗·康奈兰（Jennifer Connellan）

追踪更早的情况,也就是生命形成之初。她给 102 个刚出生 1 天的婴儿看两样东西:她自己的脸,和一个形状大小接近人脸的物理机械活动物体。结果是,男婴稍稍偏爱看活动物体,而女婴稍稍偏爱看人脸。[35]

因此,女性对脸的相对偏好,慢慢发展为对社交关系的偏好,这似乎一开始便以某种形式存在了。社会世界与物质世界的差异,也许是理解人脑如何运作的一个关键线索。19 世纪,心理学家弗朗兹·布伦塔诺(Franz Brentano)将宇宙明确划分为两类实体:有意向实体和无意向实体。前者可做自发式改变,有目的和需要;后者只遵循自然规律。这一区分对边缘性事物来说则无可奈何——植物归为哪一类呢?但是,作为一个经验法则,它基本有效。进化心理学家们开始怀疑,人类是否可以本能地应用两种心理活动来理解一切事物,这就是丹尼尔·丹尼特所说的大众物理学和大众心理学。我们这么去想,一个踢足球的人移动是因为他"想要"移动,但一个足球移动只因为它被人踢了。即便婴儿都会对一些看似不符合自然定律的事物表示惊讶。例如,几个物体相互穿透彼此,或大的物体进入小的物体,或者物体未经触碰便自发移动。

你应该知道我想要说什么,我怀疑,大体上男人更对大众物理学感兴趣,而女人更对大众心理学感兴趣。西蒙·巴伦-科恩的研究重心是自闭症,这种难以进行社会交往的病症困扰的主要是男孩。西蒙·巴伦-科恩和阿伦·莱斯利(Alan Leslie)一起开创了一个新理论,认为患有自闭症的男孩难以推测他人的心智,不过他现在更偏向于将其表达为缺乏"移情"。严重的自闭症患者还有其他一些特征,包括语言使用的困难;但是,自闭症有一种更"纯粹"及程度稍弱的形式,即艾斯伯格症候群,它的症状主要体现为患者难以移情、理解他人的想法。一直以来,男孩就没有女孩善于移情,也许自闭症就是男性大脑中的一个极端走向。于是，巴伦－科恩的兴趣又转向出生前睾酮浓度与眼神交流的逆相关关系，由高浓度睾酮引起的大脑男性化也许在自闭症患者这里"走过头了"。[36]

有趣的是，患有艾斯伯格症候群的孩子在大众物理学领域常常表现得比正常孩子要好。他们不仅迷上一切和机械相关的东西，从电灯开关到飞机；还大致会以机械式思维来看待世界，想要理解人类和事物的运作方式。他们常常会过早地成为事实性知识和数学方面的专家。他们的父亲和祖父从事工程学的概率，也比正常孩子大两倍。在对自闭倾向的一次标准化测试里，科学家比非科学家的得分要高，物理学家和工程师比生物学家的得分更高。巴伦－科恩曾谈到一个才华横溢的数学家，他获得过菲尔兹奖，也患有艾斯伯格症候群，"他对移情视若无睹"。[37]

为了证明一个大众心理学的困难户也可以是大众物理学的专才，心理学家们设计了两个极其相似的测验：错误－信念测验和错误－照片测验。在错误－信念测验中，孩子看到实验者把一个藏起来的物体由一个容器移到另一个容器，没有第三者看到此物体移动的过程。之后这个孩子要说出第三者将会去哪里找到该物体。若要给出正确答案，孩子就必须先理解第三者的错误信念。大约所有的孩子会在 4 岁左右首次通过该测验（男孩比女孩要晚），但自闭症儿童要更晚些时日才能理解他人的错误信念。

与此不同，在错误－照片测验中，孩子对着一幅景象拍一张立即成像的照片。当照片拍出来后，实验者让孩子看到他将场景中的某个物体移动了位置。之后实验者问孩子，这个物体应该在相片中什么位置。自闭症患者轻松地给出了正确答案，因为他们对大众物理学的理解胜过了对大众心理学的理解。

大众物理学是巴伦－科恩称为"系统化"技能的一部分，它是一种分析自然世界、技术世界、抽象世界乃至人类世界中输入－输出关系的能力：理解原因和结果，规则和定律。他相信人类有两种分立的思维能力，即系统化和移情化。尽管有些人两方面都很擅长，但仍有些人擅长一方面，在另一方面却很薄弱。那些擅长系统化却不会移情的人，会设法使用系统化的能力来解决社会问题。例如，一个艾斯伯格症候群患者曾问过巴伦－科恩这样的问题："你住在哪里？"这并不是一个严谨的问题，因为回答者可以从多个层面来给出答案：国家、城市、区域、街道或门牌号。确实如此，可大多数人会通过移情的方式理解提问者的话，从而予以解答。如果是邻居问的，那应该就房子位置作答；如果是外国人问的，那应该回答是哪个国家。

如果艾斯伯格症候群患者善于系统化而不是好的移情者，有着极端男性化的大脑，那就会有这样的推理：一些善于移情却在系统化方面表现糟糕的人，他们有着极端女性化的大脑。思索片刻便可以确定，我们在生活中认识这样的人，但我们不能将他们这种特殊的技能组合归结为病态。在现代世界里，相比于在移情方面稍弱的人，系统化技能较弱者更容易过上正常的生活。但在石器时代，情况就不是这样了。[38]

分立的心智

有关于移情的讨论引发出一个非常"威廉·詹姆斯式"的主题：分立的本能。若要善于移情，你的心智中需要有一个域或模块，能够让你凭直觉去看待其他生物，了解其心智状态和物理特性。若要善于系统化，你的心智里须有一个域，可以凭直觉了解原因和结果、规则和定律。这些都是分立的心理模块、分立的技能以及分立的学习任务。移情域似乎位于大脑中副扣带沟周围的回路，这是大脑中的低凹部分，接近中线，靠近头的前部。根据伦敦的克里斯和尤塔·弗里斯（Chris and Uta Frith）的研究，当一个人阅读一个需要"心理活动"的故事时，即要想象他人的思维活动，他大脑中的某个区域会发亮（通过脑部扫描）。当一个人阅读关于物理原因和结果的故事，或一系列不相干的句子时，脑中的这个区域则不会发亮。然而在艾斯伯格症候群患者的大脑中，当他们阅读有关心理状态的故事时，这个区域不会发亮，但相邻的一个区域发亮了。这个区域涉及一般推理，这支持了心理学家的预感，即艾斯伯格症候群患者对社会事件采取的是推理的方式，而不是移情。[39]

这一切都支持这样的观点：詹姆斯式的本能一定显现在心理模块里，每一个模块都被设定好，来处理不同的特定心理任务。20世纪80年代早期，哲学家杰瑞·福多（Jerry Fodor）最早阐明心智模块化观点，之后在20世纪90年代里人类学家约翰·图比和莱达·科斯米迪发展了这一理论。图比和科斯米迪抨击当时流行的观点，即大脑是用以满足通用目标的学习装置。相反，他们二人认为心智像是一把瑞士军刀。军刀带有刀片、螺丝刀和帮助童子军剔出马蹄里石子的工具，大脑中也有视觉模块、语言模块和移情模块。如同一把军刀上的各种工具一样，这些模块也可以满足各种目的论式的目标，不仅可以弄清楚事物的组成部分和运作方式，还能描述其目的。如同胃是用于消化一样，大脑中的视觉系统就是为了让我们看见事物。这两者都具有功能性，这种功能性的设计意味着自然选择下的进化，也至少在部分程度上体现了基因存在论。因此，心智由一系列适应过去环境的包括特定内容并可处理信息的模块所构成。先天论又回归了。[40]

这就到了人们有时说的认知革命的最高点。尽管如今人们将这归功于那位悲剧式天才艾伦·图灵（Alan Turing），他给出非同凡响的数学理据，提出推理可以是机械式的，它其实是一种计算形式；但是，认知革命实际上在 20 世纪 50 年代开始于诺姆·乔姆斯基。乔姆斯基提出人类语言具有普遍性，在整个世界范围内都是一致的。另外，从逻辑上看，孩子也不可能仅仅从自己获得的为数不多的例子中就能迅速习得语言规则。因而，这说明语言一定具有某种天生之处。后来，史蒂芬·平克（Steven Pinker）解析了人类的"语言本能"，认为它带有一把瑞士军刀所能呈现出的全部特点，其结构的设计是为功能而服务的。他还补充说明，心智所配备的，不是天生的信息，而是天生的信息处理方式。[41]

大家不要误认为这是一个空洞而肤浅的声明。想象视觉、语言和移情由不同人的大脑中的不同部分来运作，这是完全有可能的。这是由经验论推理出的合乎逻辑的预测，这种经验论源于洛克、休谟和穆勒的观点，一直到以设计多目标计算机网络来模拟人脑的现代"联结主义者"，但这种想法是错误的。神经学家可以给出一大批个案病史来支持以下观点，心智的某个特定部分回应大脑中的某个特定部分，普天之下皆是如此。如果你在一次事故或中风后损害了大脑的一个部分，你不会丧失全部功能，但会失去心智中的一个特定功能，这取决于你大脑中受损害的是哪个部分。这说明，大脑中的不同部分被预先设计以实现不同的功能，这是只能由基因决定的。人们常认为基因限制了人类行为的适应性，但恰恰相反，基因非但没有约束，反而使人类行为具备了适应能力。

是的，落荒而逃的经验论者也曾努力做过挣扎，但由此带来的一些小冲突只能短暂推迟心智模块论的发展。大脑中存在一定程度的可塑性，允许不同区域来补偿一个相邻区域的失能。米甘卡·苏尔（Mriganka Sur）曾把一只雪貂的与眼睛相连的神经与大脑的视觉皮层分离，然后连接到听觉皮层上。但是，这只雪貂仍能够以某种初级的方式"看"，只不过看得不清楚。尽管你认为，雪貂在经过这样的手术后仍然能看见东西非常令人吃惊，但苏尔的手术引发了这样一场争议：这到底是反映了人类大脑的可塑性，还是说明大脑的可塑性是有局限的？[42]

如果心智模块化是合理的，那么若要理解人类心智的特定特征，你所要做的就是解析大脑，找到过去的几百万年里哪些部分"过度生长"，造成了哪些模块和本能大到失衡。这样你才会知道人类为什么如此特殊。要是这么简单就太好了！人脑中几乎所有的东西都比黑猩猩大脑中相应的部分要大。显而易见，人类比黑猩猩更会看、感知、移动、平衡、记忆，以及能嗅出更多的味道。任何一只正常黑猩猩的大脑中，都不会有像人类拥有的这样一个涡轮增压的思考和说话装置。如果你向人类颅骨内部看看，你会发现更多的秘密。进一步向内观察，你会发现大脑中存在一些微妙的比例失调。一般来说，与啮齿目动物相比，灵长目动物脑子负责嗅觉的部分急剧缩小，而负责视觉的部分则有所增长。大脑中新皮层的增长一定会以其他部分的减少为代价。不过，这儿的比例失调并不十分明显。事实上，新皮层是大脑中较晚长出的，额叶皮层又是最后发育成的，你可以做个简单的解释，说人类大脑就等于是生长了更长时间的黑猩猩大脑。极端地看，这个理论说明，大脑会扩展并不是因为它要满足新功能的需要——尤其是语言或文化，而是因为大脑自身要扩展，于是更大的新皮层就像是路途中捎上的乘客一样搭上了这趟车。回忆一下ASPM基因中的IQ区域所揭示的道理：让大脑中每个部分增大，这在基因上是很容易实现的。5万年前，这个大一点的大脑像变戏法般地形成了，那些智人（Homo Sapiens）突然发现，他们可以制造弓箭，在洞穴壁上作画，甚至思索生命的意义。[43]

这个观念再一次推翻了笛卡儿的观点——人类在其进化过程中是主体而非客体，但是这个观念并不一定与心智模块论不相兼容。事实上，你可以把逻辑反过来用，指出人类迫于自然选择的压力，于是大脑中各个部分发展出更多的处理能力，从而实现某一功能——语言。基因组对此能做出的最好回应，便是构建一个更大的大脑。至于更好的视觉和更丰富的动作，则像免费赠品。此外，甚至一个语言模块也很难与其他功能相隔离。它需要灵敏的听觉分辨力、更精细的舌部、嘴唇和胸腔的运动控制，以及更好的记忆力，等等。[44]

然而，科学理论就像帝国一样，消灭对手之时，也就到了它们最脆弱的时候。就在心智模块论大获成功后不久，曾经的一个主要倡导者开始拆它的台了。2001年，杰瑞·福多出了一本引人注目的小书《心智不是那样运作的》（The Mind Doesn't Work That Way），提出即使将心智拆分为不同的计算模块是迄今为止最好的理论，它在过去和将来都不能解释心智是如何运作的。[45]福多提及工程师界的"丑闻"，因为他们无法设计出能完成日常任务（例如煮早饭）的机器人；他借此提醒同事目前已发现的只是沧海一粟，也打击了平克的积极性，后者认为心智已得到了解释。[46]福多说，心智可以由大脑中各个部分提供的信息做出全局性的推理。你运用大脑中与不同感官联系的3个不同模块，来看见、感受和听见雨，而你大脑中某个地方也蕴含着这样的推理："现在下雨了。"无可厚非，思考是一项通用活动，它整合了视觉、语言、移情和其他模块，作为模块运作的机制预设了其他不作为模块运作的机制。对于那些非模块式的机制，我们一无所知。福多的结论是要提醒科学家，他们发现的东西少之甚少，仅仅在茫茫黑暗中洒了一丝光亮。

但是，至少我们还是弄清楚了一些事。为了构造一个带有各种本能的大脑，基因组上帝设定各条分立的回路，它们有恰当的内在模式，可以开展合适的运算；然后再将它们与各个感官给予的适当输入相联结。在掘土蜂和布谷鸟的例子中，这些模块也许第一次就得"把一切做到位"，相比之下它们可能与经验无关。但是，在人类心智中，几乎所有本能式模块都被设定为可以接受经验的更改。有一些模块在人的一生中都在不断适应；有一些模块随着经验立刻改变，然后再像干了的水泥一样定型；也有少数模块一如既往地按照原本的计划发展。在本书接下来的内容里，我打算努力去寻找负责构建和改变这些回路的基因。

柏拉图式的乌托邦

先天后天之争总能带来乌托邦主义的原罪，乌托邦主义认为可以通过利用有关人性的理论来实现理想社会，那些自以为理解人性的人们，都迫不及待地由描述者转为规划者，开始设计一个完美的社会。无论是站在先天一方的人，还是站在后天一方的人，都忍不住跃跃欲试。然而，由这些乌托邦梦想所得出的唯一教训就是：所有的乌托邦都是地狱。所有参考某种狭隘的人性观念来设计社会的尝试，无论是纸上谈兵，还是付诸实践，其最终结果都是令社会变得更糟糕。我打算在每一章的最后，都来嘲讽一回乌托邦，它崇尚人性理论过了头。

据我所知，威廉·詹姆斯和本能论的倡导者并没有写过乌托邦。但是，所有的乌托邦之父，柏拉图的《理想国》（Republic）在很多方面都接近詹姆斯式的梦想。它也深受先天论的感染。理想国实行"精英管理制",所有的人接受同样的教育,最高端的工作由那些在相关方面天生有才能的人去做。[47] 在柏拉图这种比喻式的理想国里（应该没有人将其视为政治蓝图）,所有的一切都由严格的规则统治。"统治者",也就是制定政策的人,由负责市政服务和保卫国家的"辅佐者"予以协助。这两个阶层的人统称为"卫国者",他们由于自己的专长而被挑选出来,也就是天生的才能。但是,为了防止堕落,卫国者过着极端禁欲的生活,他们没有私产,没有婚姻,甚至都不能以金杯饮酒。他们住在集体宿舍里,然而,这般惨淡的生活状况却让他们的内心充盈和快乐,因为他们知道自己所做的一切都是为了整个社会的利益。

卡尔·波普尔（Karl Popper）不是第一个,也不是最后一个将柏拉图梦想变成极权主义噩梦的哲学家。即使亚里士多德都曾指出,如果人们的专长不能在财富、性和权力等方面带来回报,那么所谓的精英统治就没有什么意义。"人们会关注那些属于他们自己的东西,而忽视那些普遍存在的东西。"[48] 理想国的居民必须接受国家指派给他们的任何一个配偶,如果是女性,则需要给任何一个婴儿哺乳。我们至少可以假意恭维一下柏拉图的洞察力：即便实行精英统治,这个社会依然不完美。如果所有的人都接受了同等教育,那么他们能力的不同便是源于基因。一个真正体现机会均等的社会,只会眷顾那些有天分去做高端工作的人,而剩下的人全都只能去干苦活。

第 3 章

先天与后天：绝妙的对偶

许多教授倾向于认为自己孩子的智商是先天遗传的，却把他们学生的智力归为是后天培养的。

——罗杰·马斯特斯[1]

任何的分歧都源于不确定。19世纪60年代，尼罗河源头在哪儿还未有定论，由此引发了两位英国探险家约翰·汉宁·斯皮克（John Hanning Speke）和理查德·伯顿（Richard Burton）之间的激烈争论。两人共享一个营地长达数月之久，正因为如此，他们的分歧才会这般剧烈。斯皮克认为尼罗河的源头是维多利亚湖，他发现这个大湖泊时，伯顿还在坦桑尼亚西部塔波拉的帐篷里养病；而伯顿坚信源头位于坦噶尼喀湖或其附近。1864年，争端终于落下帷幕，因为斯皮克死于一场枪杀（也许是意外），那天他本打算和伯顿展开一场公开辩论。顺便提一句，斯皮克的观点是对的。

一位著名的地理学家从皇家地理协会的高度来俯视这场争端，偶尔还支持伯顿，令争论火上浇油，他就是弗朗西斯·高尔顿。此人命中注定在同年掀起了一场影响力更大，持续一个多世纪的争端：先天与后天之争。这有点类似于尼罗河源头之争，二者都是源于未知，了解得越多，可以争执的就越少；而且二者都涉及许多无谓的琐碎之事。当然，比尼罗河之源位于哪个湖更为重要的是，人类探知到非洲有两个大湖泊，这对于当时的西方科学界来说是新的发现。同样，人性是先天形成的或是后天习得的，这一点不太重要，关键是能了解到这两方面都对人性成长有所影响。尼罗河是成千上万条河流的汇总，没有哪一条可以确切称之为源头；人性的形成同样也并非只依赖一种因素。

高尔顿的热情可通过量化的方式表现出来。在长期的职业生涯中，他有许多发明创新，涉及的领域极其宽泛：探知北纳米比亚、反气旋天气系统、双胞胎研究、问卷调查、指纹识别、复合相片、统计回归和人类优生。不过他留给子孙后代最伟大的东西或许是发起了先天与后天之争，并创造出这个术语。高尔顿出生于1822年，外祖父伊拉斯姆斯·达尔文（Erasmus Darwin）是一位伟大的科学家、诗人和发明家，祖母是其第二任妻子。高尔顿发现，算是半个表哥的查尔斯·达尔文提出的自然选择理论，既令人信服，又可启发灵感。他毫不谦虚地将其归为"心智的遗传，自然选择论杰出的创立者和我本人都是从我们共同的祖辈伊拉斯姆斯·达尔文博士那里继承了这种遗传倾向。"因此，他受到血统的激励，认清自己的科学使命是在遗传统计学上。1865年，他放弃地理学，转向遗传学，在《麦克米兰杂志》（*Macmillan's Magazine*）上发表了"遗传的才能与性格"，文中提出杰出的人物之间存在特殊的亲缘关系。1869年，他将这篇文章扩充为著作《遗传的天才》（*Hereditary Genius*）。

高尔顿断言天赋在家族内得以传递承接，他详尽而又热情地描述出许多著名人物的家谱，他们的职业包括法官、政治家、贵族、指挥官、科学家、诗人、音乐家、画家、牧师、桨手和摔跤选手。"太多才能或多或少有些出众的人都有杰出的亲属，如此多的例子足以证明天才是遗传的。"[2]这并不是非常高深复杂的推论。毕竟，旁人可以完全予以反驳，那些出身卑微之人发迹成为成功人士，是因为他们天生的才能帮助他们克服了环境的各种劣势；家族里天才辈出只不过是因为他们共享着优等教育。大多数评论家认为，高尔顿夸大了遗传的作用，却忽视了后天培养和家庭的贡献。1872 年，瑞士植物学家阿尔方斯·德·康多尔（Alphonse de Candolle）用长篇大论驳斥了高尔顿的观点。他指出，过去的两个世纪中，伟大的科学家都来自那些具有宽容的宗教氛围、广泛的贸易往来、温和的气候和民主的政府的国家或城市。这表明成就更多取决于环境和机会，而不是与生俱来的天赋。[3]

康多尔的驳斥刺激高尔顿在 1874 年完成第二部著作《英国科学家：他们的天赋与教养》(*English Men of Science: Their Nature and Nurture*)。在书中，他首次采用问卷调查以辅助研究，并重申他的结论：科学天才是遗传的，而不是培养出的。正是在这本书里，他第一次创造出这个著名的押韵短语：

> "先天与后天"这个短语是绝妙的对偶，它将构成人格发展的不计其数的要素归入两个不同的类别里。[4]

这个短语也许是借自莎士比亚的《暴风雨》(*The Tempest*)，剧中普洛斯彼罗（Prospero）曾这样侮辱过凯列班（Caliban），

> "一个魔鬼，天生的魔鬼，后天教养也改不过来他的先天本性。"[5]

莎士比亚并不是第一个将先天和后天这两个词并置的人。《暴风雨》初次公演前 30 年，一位伊丽莎白时期的教育家，也是莫切特泰勒学校的首任校长，理查德·穆尔卡斯特（Richard Mulcaster）就极其喜爱先天和后天

这一组押韵对偶的词语，他在 1581 年出版的著作《关于儿童教育的立场》(*Positions Concerning the Training Up of Children*) 里四次使用了这个短语。

> （父母）要尽最大努力培养自己的孩子，无论是在哪里，也无须争论由谁来做，要努力让他们深爱的，也是先天馈赠给他们的孩子得到良好的后天培养。上帝赐予孩子先天的力量，并没有意图让这种力量的发展在后天方面出现例外。孩子的先天能力，若是没有被本应该注意到的人察觉，那就要谴责这些人。他们或者是出于无知而无法判断，或者是由于忽视而未做寻找，孩子有哪些特质是先天带来的，需要通过后天培养使其发展得更好。既然孩子身上具有这些特质，无知者就可以通过事实了解，有学识之人可以通过阅读明白。因此，通过了解人具有先天才能这一事实以及哲学道理，我们知道，年轻的少女也需要接受教育，因为她们也拥有先天馈赠的天赋，应该得到更好的后天发展。[6]

在 1582 年出版的下一本著作《论小学》(*Elementaries*) 中，他又重复了这个短语："先天决定了一个人的方向，后天推动他沿此向前发展。"穆尔卡斯特的个性有些古怪。他出生于卡莱尔，是一位杰出的学者，从严格意义上说也是著名的教育改革家。他会和学校管理者发生激烈争执，也会充满激情地倡导足球运动。"足球运动可以强身健体。"他曾这样说过。他还涉及戏剧领域，曾为王室写过许多历史剧作。他从教的学校也培养出托马斯·凯德 (Thomas Kyd) 和托马斯·洛基 (Thomas Lodge) 两位戏剧作家。有些人认为他就是《爱的徒劳》(*Love's Labour's Lost*) 中那位空爱一场的校长的原型，因此莎士比亚很有可能认识穆尔卡斯特，或读过他的作品。

高尔顿后来的一些思想也可能是从莎士比亚那里得到了灵感启发的。莎士比亚有两部戏剧都和混淆的双胞胎有关，分别是《错误的喜剧》(*The Comedy of Errors*)和《第十二夜》(*Twelfth Night*)。他将自己的角色设定为双胞胎的父亲，以这对被认错的双胞胎为主题，设计出精妙绝伦的情节。但是，正如高尔顿所言，在《仲夏夜之梦》中，莎士比亚引入了一对"虚拟双胞胎"——两个没有血缘关系却在一起长大的人。尽管赫米娅和海伦娜被描述为"并蒂的樱桃，看似分离，却连生在一起"[7]，但她俩不仅外貌相差甚远，爱的男人也迥异，最终两人以激烈的吵架收场。

高尔顿沿袭了这一暗示。第二年，他写了一篇文章，题为《双胞胎的历史——先天后天孰轻孰重》(*The History of Twins, as a Criterion of the Relative Powers of Nature and Nurture*)。最终他有了一个体面的方法来检测自己创立的遗传假设，这也让他免于被别人针对他的家谱说提出反驳。值得注意的是，他推论双胞胎有两种类型——同卵双生，出自"同一个卵子的两个胚点"；异卵双生，来自"不同的卵子"。这种说法还不错。如果把胚点理解为细胞核，那就距事实更近一步了。然而，这两类双胞胎会接受相同的后天培养。因此，如果同卵双胞胎在行为上比异卵双胞胎更为接近，那遗传的影响就是有根据的。

高尔顿写信给了35对同卵双胞胎和23对异卵双胞胎，收集一些能表现他们相似和差异的趣闻轶事。他兴高采烈地叙述了这次调查的结果，那些从出生就非常相似的双胞胎在其一生中都保有这种相似性，不仅在外貌上，而且体现在所患疾病、个性和兴趣上。有一对双胞胎在同一年龄同一颗牙齿剧烈疼痛；另一对双胞胎住在国家的两端，他们竟在同一时间买了同样一套香槟酒杯当成礼物送给对方。出生就有差异的双胞胎随着年岁渐长，则会体现出更明显的差别。"他们在外貌和心智上都不相似，这种差异与日俱增，"一位回信者这么写，"而且外部环境给予他俩的影响是一样的，因为他们从未分离过。"对于如此有力的结论，高尔顿显得有些不好意思："毋庸置疑，先天本性极大地优先于后天培养……我担心的是，提供的证据太多反而惹人质疑，因为这些证据似乎与一些经验相悖，竟然指出后天培养的作用微乎其微。"[8]

区分双胞胎

按照"马后炮"的说法，一个人可尽情在高尔顿的双胞胎研究里挑出各种漏洞，可以说其研究是基于趣闻轶事，取样范围小，搞循环论证：外貌相似的双胞胎具有相似的行为。他没有从基因的角度区分同卵和异卵双胞胎。然而，他的研究还是颇具影响力和说服力的。晚年时，高尔顿终于看到他的遗传论由饱受怀疑的观点转为正统理论。"先天限制了心智的力量，就如同先天限制了身体的力量一样毋庸置疑，"1892年《民族报》（*The Nation*）中这样写，"在这些方面，（高尔顿的）观点已优于各地的理论家，占据了主导地位。"[9] 过去约翰·洛克、大卫·休谟和约翰·穆勒奉行经验论，将心智视为一张白纸，经验可在纸上尽情书写并塑造它。当时，这种经验论已被新加尔文主义的遗传决定命运的观念取而代之。

评价高尔顿的理论有两种方式。你可以谴责高尔顿，说他蛊惑的"绝妙对偶"其实是错误的二分法。你可以将他视为20世纪的精神恶魔之一，他的咒语让三代人像钟摆一样，摇晃在环境决定论和基因决定论这两个荒谬的极端之间。你还可以心怀恐惧地指出高尔顿的动机是要优化人种。1869年出版的《遗传的天才》第一页里,他就吹捧了"明智婚姻"的好处,哀叹不合适的婚配与遗传导致了"人性的退化",并呼吁政府当局承担"义务",执行权力,通过优化生育来改善人性。这些提法会发展成为鼓吹优生的伪科学。因此,你可以"马后炮"般地斥责,他的观点令接下来一个世纪里的千百万人身陷惨境。不仅在纳粹德国,即便在一些最具宽容精神的国家里,许多人都因此饱受痛苦。[10]

这样说当然没错。不过,若是认为如果没有高尔顿,上述那一切就不会发生,这未免有点太苛刻了;更不能说他应该预料到他的理论会带来什么后果。即使没有高尔顿,也会有其他人想出先天后天这个绝妙的对偶。如果更为宽容地解读历史,高尔顿可以被视为一个超前于所在时代的人,他揭开了一个伟大的真相:我们的许多行为方式都是源于我们自身,我们并不听凭社会的摆布,也没有遭受周边环境的侵害。你甚至可以断言——也许这有些夸张——在20世纪环境决定论占主导时,他的观点有助于自由之火熊熊燃烧。考虑到当时高尔顿对基因一无所知,他对遗传的洞察力还是相当值得称赞的。他可能要等到100多年后,才能看到双胞胎研究最终会证实他曾经做出的大部分预测。严格来说,若先天和后天可以分离,那先天基因的影响必定优先于(共有的)后天培养,这种说法主要用于界定**同一个社会里**人类个性、智力和健康方面存在的**差异**。请注意这里的限定说明。

双胞胎研究是近期才发展起来的。20年前,情况截然不同。20世纪70年代,通过研究双胞胎以探知遗传的观念已湮没无闻。自高尔顿以后关于双胞胎的大型研究中,有两个是极不光彩的。在奥斯维辛集中营,约瑟夫·门格勒(Josef Mengele)对双胞胎的狂热嗜好已人尽皆知。他把新进集中营的双胞胎挑选出来,把他们隔离到特别区域以便研究。讽刺的是,这种"特殊照顾"竟导致双胞胎比单生儿有更高的存活率——大多数被关押在奥斯维辛集中营之后活下来的小孩是双胞胎。他们常常接受残酷的有时甚至是致命的实验,作为交换,他们至少会吃得更好一些。尽管如此,存活下来的双胞胎仍是极少的。[11]

同时在英国,教育心理学家西里尔·伯特(Cyril Burt)渐进地收集了一组分开抚养的同卵双胞胎的资料,以此推测出智力是由遗传决定的。1966年,他把调查研究的结果出版,声明已取样53对这样的双胞胎。这是一份大到超乎寻常的样本,伯特的智商具有高度遗传性这一结论也影响了整个英国的教育政策。然而,后来人们却得知他的一些数据几乎可以肯定是伪造的。心理学家利昂·卡明(Leon Kamin)注意到,尽管伯特的研究历经几十年时间,可是他给出的智商与遗传的相关性数据一直是相同的,精确到小数点后三位都一样。与此同时《星期日泰晤士报》(The Sunday Times)也登出伯特的两个合作作者可能根本就不存在(不过后来还是有一个出现了)。[12]

有了这样的研究史,双胞胎研究在20世纪70年代无疑是一个有污点的题材。但是,时至今日双胞胎研究已得以重生,成为行为遗传学这门学科的主要研究方法。尤其是在美国、荷兰、丹麦、瑞典和澳大利亚,行为遗传学的研究遍地开花。它深奥复杂、充满争议、精确度高并且花销不菲——拥有现代科学所要求的一切要素。但是,双胞胎研究的核心仍体现出高尔顿的洞察力:人类双胞胎提供了美妙的自然实验素材,我们可以由此解析先天和后天对人类的各自贡献。

从这方面来看,人类实在是受到了幸运之神的眷顾。动物世界里罕有同卵双胞胎的生育,例如,我们至今仍未发现老鼠可以生育同卵双胞胎,它们一般都是生产一窝异卵幼仔。人类偶尔也能生育出异卵多胞胎。在白人中，每 125 次生育里会有一次产出异卵双胞胎，他们源于两个受精卵。这个概率在非洲人中更高，在亚洲人中更低。如果不做基因检测，同卵双胞胎和异卵双胞胎一般不能准确地区分开来。但是也会有一些迹象表明他们之间的差异，同卵双胞胎的耳朵一般是完全一样的。[13]

行为遗传学这门学科主要就是检测同卵双胞胎有多么相似，异卵双胞胎有多么不同，以及如果由不同的家庭分开养育他们，那同卵双胞胎和异卵双胞胎分别又会怎样。这样得到的结果便是对任何特征的"遗传度"的一个估计。遗传度是一个难以把握的概念，很容易被误解。首先，它是全体人的平均数，对于任何个人来说毫无意义，例如，你不能说赫米娅的遗传智力比海伦娜高。当一个人说身高的遗传度是 90%，他并不是也不能说身高尺寸的 90% 来自基因，剩下的 10% 来自食物。他指的是，**在特定人群的样本中，身高差异的 90% 归因于基因，10% 归因于环境的影响**。但个人的身高没有可变性，因此也就没有遗传度一说。

此外，遗传度只能测量相对差值，不能测量绝对值。大多数人生来有十根手指。那些手指少于这个数字的人通常是在事故中丧失了其中的一些——这是环境带来的影响。因而，手指数目的遗传度接近于零，但是，说环境造成了我们有 10 根手指无疑也是荒唐的。我们长出 10 根手指，是因为基因是这样设定的。手指数目的变异是环境决定的；事实上，我们有 10 根手指，这是遗传的。因此，这像是一个悖论，遗传度最小的人类特征，却最受基因决定。[14]

智力也是如此。我们不能说赫米娅的智力完全来自基因。很显然，如果没有食物、父母的养育、教育和书本，一个人不可能拥有智力。然而，在一些拥有同样优势的人组成的样本中,那些在考试中得高分的人和低分的人之间的差异,可以确由基因造成。

由于地理位置、阶层或金钱等偶然因素,大多数学校的学生都有相似的背景。也就是说,学校提供给学生的是相似的教育。由此可见,环境影响造成的差异降到最小化,学校在不知不觉中将遗传的作用提到最大化,得高分学生和得低分学生之间的差异一定归因于基因,因为只剩下它能带来改变。这再一次说明,遗传度测量的是什么在变化,而不是什么在决定。

同样,在一个真正实行精英统治的社会中,所有人有着均等的机会,接受同样的训练,那些最优秀的运动员通常有最好的基因。运动能力的遗传度接近于100%。在一个与之相反的社会中,只有少数有权势的人才能有充足的食物,有机会参与训练,那么背景和机会将决定谁可以赢得比赛。在这种情况下,遗传度为零。因此,这又造成了一个悖论。我们越是让社会平等,遗传度就越高,基因体现的作用就越大。

巧合

为了避免误解,我已做了上述说明,之后我将谈到现代双胞胎研究的结果。故事开始于1979年,明尼阿波利斯市一家报纸刊登了这样一篇报道,来自俄亥俄州西部的一对同卵双胞胎兄弟吉姆·斯普林格(Jim Springer)和吉姆·刘易斯(Jim Lewis),在出生几周后就被分开由不同的家庭养育,相隔40年后他俩重新相聚。心理学家托马斯·布沙尔(Thomas Bouchard)对此深感兴趣,他提出要见兄弟俩以记录他俩的相似及不同之处。在兄弟俩重聚的一个月里,布沙尔和他的同事们花了一天时间来考察他俩，结果两个吉姆之间的相似之处令他们大为震惊。虽然两人的发型不同，可他们的面庞和声音几乎难以区分。他们的医学史也十分相似：高血压、痔疮、偏头痛、弱视、烟不离口、爱咬指甲，以及在同样的年龄体重增加。和预料中的一样，他们的身体各方面高度相似，心智也一样相似。他们两人都关注赛车，不喜欢棒球；都有自己的木工车间；两人都在花园里的大树边放了一张白色椅子；他们度假时去过同一个佛罗里达的海滩。有些巧合真的很巧。他们都有一条叫作托伊的狗；他们的妻子都叫贝蒂，又都曾与一个叫琳达的女人离婚；他俩都给第一个孩子取名为詹姆斯·艾伦（尽管一个拼写成 Alan，另一个拼写为 Allen）。

布沙尔想，也许分开养育的双胞胎不仅非常相似，而且要比那些一起长大的双胞胎更为相似。在同一个家庭里生活，也许双胞胎之间的差异会被夸大，其中一个会说话说得更多，另一个则会说得少一些，诸如此类的事时有发生。我们现在已知道这是有些许道理的。在某些方面，幼年时就分开长大的双胞胎要比后来才分离的双胞胎体现出更多的相似性。

首次报道吉姆这对双胞胎的新闻记者，在布沙尔见过兄弟俩以后采访了他，由此写出的报道吸引了众多媒体的兴趣。吉姆兄弟俩登上了《今夜秀》节目（*Tonight*），与强尼·卡森（Johnny Carson）一起登台，之后这事就像滚雪球一样，影响力越来越大。兄弟俩对接下来的一切都已准备就绪。布沙尔邀请他俩去明尼苏达州，参加一连串的生理和心理测试，测试小组由 18 个人组成。到了 1979 年年底，12 对重逢的双胞胎联系了布沙尔。1980 年年底，这个数字变成了 21 对；再过一年以后，又变成了 39 对。[15]

就在这一年，苏珊·法伯（Susan Farber）出版了一本书，明确斥责所有关于分开养育的同卵双胞胎研究，认为它们全都不可靠。[16] 她指出，这些研究都夸大了相似之处，忽略了差异，并对一些重要的事实视而不见。比如同卵双胞胎在被分开养育之前，曾在一起共度过几个月；又或者在科学家们对他们展开考察以前，双胞胎已经重聚了几个月。有一些研究，例如西里尔·伯特的研究，甚至可能都是捏造的。法伯的这本书在当时被视为对这个问题的定论，但布沙尔认为这将敦促他去完成一项完美无瑕的研究。他决定绝不让自己受到这种指责，于是详细地记录了有关他研究的那些双胞胎所有的一切。他将轶事搁置一边，收集有关相似之处的真实并可量化的信息。当他发表研究结果的时候，对于法伯提出的质疑，他所有的数据都显得无懈可击。但这并没有足以撼动当时的主流观念，他的批评者仍指出，布沙尔只不过是在证明自己的假设。这并不特别，这些人会很相似，他们生活在相似的城市里，住在相似的中产阶层居住的市郊；他们在同样的文化之海里畅游，也学习同样的西方价值观。

那么，好吧，布沙尔说，于是他着手寻觅一些分开养育的异卵双胞胎。这些人曾共享一个子宫，也共享西式养育环境。如果那些批评他的人是对的，那么这些异卵双胞胎也会表现出非常相似的心智。[17] 他们会吗？

借用宗教原教旨主义来帮个忙。在最近的一次研究中，通过问卷调查他们的信仰，布沙尔对这些信奉宗教的双胞胎们展开考察。从评分结果来看，分开养育的同卵双胞胎的相关性是62%，分开养育的异卵双胞胎的相关性只有2%。布沙尔又用了一份不同的问卷调查来重复同卵、异卵双胞胎实验，这次是更广义地去测量这些人对宗教的虔诚度，这次的结果是58%对27%。之后他指明，一起养育的同卵双胞胎和一起养育的异卵双胞胎之间，有着类似的比率。他的同事凯瑟琳·科森（Kathryn Corson）也用了一份不同的问卷调查来做研究，该调查旨在发现问卷对象的"右翼态度"。同样，分开养育的同卵双胞胎的相关性高达69%，而分开养育的异卵双胞胎则没有任何相关性。之后，布沙尔又给出一份问卷调查，这上面只简单地列出一些单独的短语，被调查者只需回答同意或不同意。问卷内容包括：移民、死刑、限制级电影，等等。那些不同意移民，同意死刑及诸如此类的人就会被认为是更加"右倾"。分开养育的同卵双胞胎的相关性是62%，分开养育的异卵双胞胎的相关性是21%。澳大利亚展开的类似大型研究也得到了相似的结果，分开养育的同卵双胞胎和异卵双胞胎体现出巨大的差异。[18]

　　布沙尔并不是努力想要证明，有这样一种上帝基因或反堕胎基因存在；他也不是想声明，环境在决定宗教仪礼的细节方面不起任何作用。如果说意大利人是天主教徒而利比亚人是穆斯林，是因为他们有着不同的基因，这种说法无疑是荒谬的。他只是想要表达，即使是在宗教这样一种典型的"文化"现象里，基因的影响也不容忽视并且可以得到测量，这的确令人震惊。人性中一部分可以遗传的特性，称作"对宗教的虔诚度"，绝不同于个性中的其他特征。（它与个性的其他量度的相关性极弱，例如外向。）简单的问卷调查就可以帮我们了解到这一点，而这个特性也相当准确地预测了谁最终会成为任何一个社会中虔诚的宗教信徒。

　　请注意，这样一个简单的研究，如何来驳倒行为遗传学的批评者提出的反对意见呢？很多人质疑问卷调查既粗略又不可靠，不能测出人们真实的想法；但其实问卷调查反而使研究结果相对保守。如果可以排除测量误差，显示的效果可能会更明显。很多人又说那些分开的同卵双胞胎并不像声称的那样过得真的是完全分离的生活，而且他们在被考察之前的若干年里就经常重聚。如果他们所言属实，那么这对异卵双胞胎也同样成立。有人还反驳说，布沙尔的研究对象都是他挑选出来的双胞胎，这也有偏颇地吸引了那些更为相似的双胞胎参与其中。[19] 但是，在布沙尔的研究中，最具启示作用的是同卵双胞胎和异卵双胞胎之间的差异，而非两者的绝对相似性。还有一些人说不能将先天与后天分离开，因为二者交互作用。的确如此，但是与一起长大的双胞胎相比，分开养育的双胞胎并没有表现出更大的差异，这说明这种交互作用并没有像人们以为的那样强大。

在为这本书做研究工作时，我了解到一些人对布沙尔的研究持有一种刻薄的观点。他们一定不会满意上一段中的许久前就作为答复的论断，而可能会直截了当地提醒我去了解布沙尔的研究资金来源：先锋基金会。它于1937年由纺织业的一位亿万富翁创立，曾公然支持优生学。基金会章程这样写道："实施或协助实施人类种族中遗传和优生一般问题的研究，有助于解释人类遗传性的动植物研究，尤其是针对美国人的人种改良问题研究。"[20] 该基金会设在纽约，其管理委员会的主要成员是一群年迈的战地英雄和律师。

他们支持布沙尔研究的动机可能是，他们乐于相信基因可以改变行为，因而提供资金给这样一位研究者，他似乎能够带来支持这个结论的研究成果。难道这就意味着布沙尔和他的同事们（更不用提在弗吉尼亚州、澳大利亚、荷兰、瑞典和英国类似的双胞胎研究者了），都在伪造数据来取悦资金赞助者吗？这也太牵强附会了吧。而且，你只要和布沙尔会见几分钟，就会知道他不是个懦夫，更不是个傻子，更别说他会遵循宿命论者的胡言乱语，在全世界煽动一场新的优生运动。他接受先锋基金会的资金，是因为对方无需任何附带条件。"我的原则就是，他们不对我做任何限制——我所想的、我所写的和我所做的，这样我才会接受他们的钱。"[21]

当然，问题还在于如何报道这样的研究。"X 基因"的标题会造成诸多祸害，相当重要的原因就是基因积累起这样的名声，它们会像来势迅猛的推土机一样，把一切挡路的东西一扫而光。然而，后天论的捍卫者必须首先为基因有这样的名声而负责，他们争辩既然行为不是必然性的，那么基因就不该包括在内，于是在争论中基因就成了必然性的东西。他们还反复申明，"X基因"是一个始终并唯一导致某种行为的基因；先天论的捍卫者回应，他们是想说明，相比于同一基因的其他版本，X基因更能增加X行为的发生概率。[22] 1999 年，英国双胞胎研究者塔莉娅·埃利（Thalia Eley）宣布，来自英国和瑞典的 1500 对同卵双胞胎和异卵双胞胎的研究证据表明，基因遗传会强烈影响一个小孩在将来是否成为校园恶霸。如果此时有一个记者将她的结论按照惯用的方式简写为"霸凌行为是遗传的"，那么她对此是会抱怨呢，还是感到抱歉呢？[23] 稍微合理的表述应该是，"西方社会里霸凌行为中的相对差异也许是有遗传性的"。但是很少有记者会希望新闻编辑加上这样的附加说明。

让我们来回顾一下，20 世纪 80 年代，当双胞胎的对照研究首次出现时，它引起了多么大的轰动。直到那时，人们还真的认为，甚至西方中产阶级中的个性差异都是源于经验差异，与基因无关。当时需要得到论证的预设不是"一切都在基因里"，而是"一点儿都不关基因的事"。这句引言来自 1981 年出版的关于个性心理学的一本主要教科书："想象一下，一对有着同样遗传天赋的双胞胎，如果在不同的家庭长大，他们在个性上将会体现多么大的差异。"[24] 当时每个人都这样想，包括布沙尔。"看吧，"他坦然地说，"刚开始的时候，我也不相信这些会受到基因的影响。是证据说服了我。"[25] 在理解人类个性方面，双胞胎研究引发了一场真正的革命。

然而，行为遗传学的成功也成了它垮台的根源。它的结果如此乏味，不用思考便能知道：一切东西都是可遗传的。它并没有像高尔顿所期望的那样，可以将影响人类进化的因素分为基因和环境两类，双胞胎研究只是发现了一切东西都具有同等强度的遗传性。布沙尔着手这项研究时，他期待可以发现个性中有些方面比另一些方面遗传性更强。但是，经过20年来对许多国家里的越来越多分开养育的双胞胎进行研究后，他得到了一个明确的结论。从所有衡量个性的尺度来看，西方社会里的双胞胎遗传度都很高：分开养育的同卵双胞胎比分开养育的异卵双胞胎体现出更多的相似性。[26] 一个人与另一个人之间的差异更多地归因于两者的基因差异，而不是家庭背景。如今，心理学家从五个维度，也就是众所周知的"五大因素"来定义个性——开放性（O）、尽责性（C）、外向性（E）、随和性（A）和情绪稳定性（N），可简称为OCEAN。通过问卷调查，我们可以看到每个人在每一维度的得分，它们是独立变化的。你的个性可以是开明的（O）、吹毛求疵的（C）、外向的（E）、爱嫉妒的（A）和冷静的（N）。在每一案例中，个性差异的40%多一点是源于直接的遗传隐私；不到10%是由于大家都有的环境影响（大多是指家庭的影响）；大约25%受到个体所经历的独有的环境影响（包括个人病史、偶然事故以及在学校结交的伙伴等）；余下的25%归为测量误差。[27]

在一定程度上，双胞胎研究证实了"个性"这个词是有所指代的。当你描述某人有某种个性时，你是在指对方本性中内在的、不受他人影响的东西。借用一个流行的词，这就是一个人的"性格的内在力"。按照定义，你是在指他们所独有的特性。但是，在经历了一个多世纪弗洛伊德观念的洗礼后，我们却发现人们的内在特性很少受到家庭生长环境的影响，这似乎有违常理。[28]

在一些方面，个性就像体重一样，具有遗传性。根据一项研究，兄弟俩或姐妹俩在体重上的相关度为34%；父母与子女之间的相关度稍小一些，是

26%。这样的相似性有多少该归因于他们住在一起，吃着同样的食物；又有多少该归因于他们共享一些同样的基因呢？这是个好问题。同一家庭养育的同卵双胞胎在体重方面的相关性为 80%，而一起养育的异卵双胞胎的相关性只有 43%。这表明基因比共同的饮食习惯更为重要。那被收养者的情况又怎样呢？养子养女和其养父母的体重相关性只有 4%，没有血缘关系的兄弟姐妹的相关性只有 1%。与之大为不同的是，由不同家庭分开养育的同卵双胞胎在体重方面仍有 72% 的相似度。[29]

于是我们有了结论，体重主要归因于基因的作用，而不是饮食习惯。那么，是否我们就可以将饮食建议抛在一边，尽情享用冰激凌了呢？当然不能。以上研究并没有涉及体重多或少的原因，只是揭示出一个特定家庭里成员之间体重差异的原因。给定同样的饮食，有些人的体重会比别人更重。西方社会里的人越来越胖，不是因为他们的基因改变了，而是因为他们吃得越来越多，锻炼也越来越少。但是，如果每个人的饮食都完全一样，那些体重增加最快的人一定是由于基因造成的。因此，体重的相对差异具有遗传性，尽管平均体重的变化归为环境的影响。

什么类型的基因会导致基因变化呢？一个基因相当于合成一个蛋白质分子的一组指令。由这种数字式的简单缩写跳跃到构成个性的复杂层面，似乎是不可能的。然而，现在这个似乎不可能的想象首次实现了。人们正在探索导致个性变化的基因序列中的变化：虽说是大海捞针，毕竟已可以捞到几根了。让我们以构成脑源性神经生长因子这种蛋白质（BDNF）的基因为例，它位于 11 号染色体上，是一个短基因，其 DNA 片段只由 1335 个字母组成——实属巧合，恰好与本段原文的英文字母数一样。该基因组成 4 个字母的遗传密码，指导蛋白质分子的合成。这个蛋白质就像是大脑中的肥料，可以促进神经元的发育,以及其他更多。在大多数动物中,该基因的第192个字母是 G,但在有些人中是 A。人类中大约有 3/4 的人该基因带有 G 版本,余下的带有 A 版本。一个微小的差异,仅仅是一个长段中的一个字母,合成了一个稍有不同的蛋白质——在该蛋白的第 66 个位置上有的是蛋氨酸,有的是缬氨酸。因为每个人体内的每个基因都有两份拷贝,这就意味着有三种情况出现。一些人的 BDNF 中有两个蛋氨酸,一些人的 BDNF 则有两个缬氨酸,余下的人则是各带一个蛋氨酸和一个缬氨酸。如果你发一份问卷调查来测试人们的个性,并同时确定他们带有何种 BDNF,你会得到一个令人大为吃惊的结果。带有两个蛋氨酸的人的神经过敏程度明显弱于各带一个蛋氨酸和一个缬氨酸的人,而后者的神经过敏程度又明显弱于带有两个缬氨酸的人。[30]

抑郁、害羞、焦虑和脆弱,它们构成了心理学家说的"神经过敏症"6 个层面中的 4 个,带有两个缬氨酸的人在这 4 个层面表现得最为强烈,带有两个蛋氨酸的人则症状最轻。在其他关于个性的 12 个层面中,只有一个(感情的开放度)体现出相关性。换一句话说,这个基因尤为影响神经过敏程度。

不要太得意忘形了。这个发现只能够解释人类差异中的很小一部分,大约是 4%。也许它只能证明研究所在地,即密歇根州的蒂卡姆西地区的 257 个家庭所独有的特征。它绝不是什么神经过敏基因。但是,至少在蒂卡姆西地区,该基因的差异解释了个体与个体之间的一些个性差异,而且这种解释与描述个性的标准方式是相符合的。它也是所发现的第一个与抑郁有紧密关系的基因,这给医学界带来了一线希望,也许我们可以应付这一现代生活中最难治疗又最常见的疾病了。我希望大家可以从中得出这样的体会,这个特殊的基因并不是多么意义重大,但它证明了一点,由 DNA 密码中的一个拼写变化就可轻而易举地跳跃至一个真正的个性差异。无论是我,还是任何人,都无法说出这样一个微小的变化是如何或者为什么导致了不同的个性,但它的确做到了。行为遗传学的批评者总喜欢带着质疑的态度:"基因只是用来维持蛋白质合成的,绝不可能成为个性的决定因素。"这样的说法已经行不通了。蛋白质合成中的一个变化确实导致了个性的变化。此外,其他的一些类似基因也呼之欲出。

因此,这样的结论并不是无稽之谈:相比于那些在不同家庭长大的人,拥有不同基因的人体现出的个性差异会更大。赫米娅和海伦娜在一起长大,但她俩的相似程度远不及塞巴斯蒂安(Sebastian)和维奥拉(Viola)之间的相似度,尽管这对孪生兄妹从小就被分开养育了。这似乎是显而易见的发现,丝毫不能让人激动。任何有不止一个孩子的父母都会注意到孩子们个性上的明显差异,而且知道并不是他们造成了这些差异。之后他们也一定会发现孩子们有一些天生的差异,这是由于父母在同一个家庭养育孩子,孩子们的成长环境是相对稳定的。分开养育的双胞胎研究的奇妙发现在于,即使环境有所改变,双胞胎个性的差异仍然大多是天生的。即使家庭环境变了,它也没有给个性的形成留下些许痕迹。双胞胎研究对这个结论做出了最主要的贡献,它也充分获得了其他诸如收养子女研究以及双胞胎与收养子女关系研究的支持。

> 在同一个家庭长大所形成的对心理特征的影响,小到可以忽略不计。[31]

或者,

> 在形成成人个性差异方面，共享的环境所起到的作用极其微小，几乎无关紧要。³²

不知不觉中，这样的表述以迅雷不及掩耳之势变成了一种断言，家庭一点也不重要。这样的逻辑似乎在说，放手向前吧，别在意你的孩子，他们的个性不会因此而受到影响。一些人谴责研究者带给大家这样的想法。可是，稍微读些细节，你会发现书中一直在小心地否定这种谬见。一个快乐的家庭会给你除了个性以外的东西，例如幸福。家庭对个性的形成也很重要；一个孩子绝对需要在家庭中成长，这样才能使个性得到好的发展。只要她可以生活在家庭里，那么无论这个家庭是大还是小，是穷困还是富裕，是群居还是隐居，是成立已久还是新近组成的，这些都无所谓。一个家庭就像是维生素C，你需要它，否则你会生病。但是你一旦拥有了，储备过多也不会使你更健康。

对于那些信奉精英统治的人来说，这是一个鼓舞人心的发现。它意味着，人们没有理由去歧视出生于低层次背景的人；也不必用异样的眼光打量那些来自不寻常家庭的人。一个各方面条件匮乏的童年并不会令一个人形成某种个性。环境决定论和基因决定论一样，都是不合理的，我在整本书中都会谈到这一点。幸运的是，我们不必相信其中任何一种。

双胞胎的个性研究引发这样一种批判意见，我会将它穿插到接下来的论述里，即基因是后天的代理人，其程度至少相当于它们是先天的代理人。该批判依赖这样一个事实，遗传度完全取决于环境。在一群经历同等甚至是相同的培育模式的美国人中，个性的遗传度也许会很高。但是，把几个来自苏丹的孤儿或新几内亚人的后代丢到他们之中去，个性的遗传度就会迅速下降，现在就是环境在起作用了。如果维持环境稳定不变，那就是基因起决定作用。多么神奇啊！"在法庭上我都可以证明，"研究记忆基因却无暇从事双胞胎研究的蒂姆·塔利（Tim Tully）说，"遗传度和生物学毫不相干。"[33] 在某种程度上，双胞胎研究者若是说测量遗传度就是他们的研究目的，那就是在自我欺骗。而且，他们已经得到明显的证据，显示基因的确影响个性，那接下来他们还会做什么，我们无从知晓。在揭示到底哪些基因能发挥影响作用方面，孤立的双胞胎研究一向都爱莫能助。

这里我们来分析一下原因。通常情况下，人性中某些特征的遗传度最高，这些特征由众多基因所决定，而不是受单独几个基因作用的影响。而且，越多的基因参与其中，遗传度就越高，这是由基因的附带影响而非直接影响造成的。例如，犯罪就有相当高的遗传度。一些收养的孩子后来留有犯罪记录，他们的行为更像是其亲生父母的，而非养父母的。为什么呢？这并不是因为他们有特定的犯罪基因，而是因为他们特殊的个性让他们容易违反法律，这些个性是遗传下来的。正如双胞胎研究者埃里克·特克海默（Eric Turkheimer）所言："难道真的有人认为，那些愚笨的、讨人厌的、贪婪的、冲动的、情绪不稳的人或酗酒的人不会比其他人更有可能成为罪犯吗？这些性格特点真的完全不受基因遗传的影响吗？"[34]

智力

尽管双胞胎研究大获成功，但人类行为中的少数特征仍显示出较低的遗传度。幽默感就是一个低遗传度的例子，被收养的、在一起生活的兄弟姐妹有着相似的幽默感，但分开养育的双胞胎的幽默感却相当不一样。人们的饮食偏好也几乎没有遗传度——你的饮食偏好来自早时的经历，而不是由基因决定（老鼠也是如此）。[35] 人们的社会和政治态度也体现了来自共享环境的强烈影响——自由派或保守派父母也会将自己的偏好传给子女。宗教派别也是通过文化而非基因传递的，不过不包括宗教虔诚度。

那智力呢？有关于 IQ 遗传度的争论自从出现以来便饱受争议。最初的 IQ 测试设计粗陋并带有文化偏见。20 世纪 20 年代，由于相信智力具有高遗传度，并担心智商低的人过度生育，美国和一些欧洲国家的政府下令给心智缺陷者做绝育手术，以防止他们将不好的基因遗传下去。之后，20 世纪 60 年代掀起了一场突如其来的革命，其他领域也出现了类似的情况。自此以后，甚至有关 IQ 可遗传的论断都会遭到尖刻的谴责，反对者会抨击提出者的声誉，并强烈要求他们撤销此言论。第一个遭难的便是阿瑟·詹森（Arthur Jensen），他于 1969 年在《哈佛教育评论》(*Harvard Educational Review*) 上发表了一篇文章后，立刻受到不少攻击。[36] 到了 20 世纪 90 年代，理查德·赫恩斯坦（Richard Herrnstein）和查理·默瑞（Charles Murray）在《弧线排序》(*The Bell Curve*) 中宣称，社会正由于人们都按照选型婚配的方式，即按照和自己相符的智力以及种族来选择配偶，而自我割裂、划分出不同阶层。这个论断引起了一大批学者和记者的又一波愤怒抨击。[37]

但是，我怀疑，如果你在普通人中展开一次民意调查，你会发现他们的观点在过去的一个多世纪里几乎没有改变。大多数人相信有"智力"这回事，即是否具有与生俱来的才能来进行脑力活动。他们的孩子越多，就越相信这一点。当然这并不妨碍他们同时相信，可以发掘有天资的孩子的智力，然后将其通过教育的方式传给没天分的孩子。但他们仍然认为有些东西就是天生的。

分开养育的双胞胎研究明确支持以下观点,尽管一些人擅长做这些事,一些人擅长做那些事,但仍然有整体智力这回事。这就是说,智力的大多数测量尺度相互关联。那些在综合测试或词汇测试中得分高的人,通常也擅长抽象推理或数字归纳推理的任务。一个世纪以前,统计学家查尔斯·斯皮尔曼(Charles Spearman)首次发现了这一点。他是高尔顿的追随者,以 g 因素来指代一般智力。如今,不同的相互关联的 IQ 测试中所得到的 g 因素,仍然是一个有力的标尺,可以预测孩子将来在学校的表现。在心理学领域,对 g 因素的研究比其他任何研究都要多。多元智力理论总是来来去去,但智力的关联性研究一直是热点。

什么是 g 因素?它是统计测验中得到的一个真实数据,以大脑中的智力活动的方式体现出来。它关乎思维速度或大脑尺寸吗?或者,它是一种难以察觉的东西吗?首先我要说的是,到目前为止,对 g 基因的寻找只带来了莫大的失望。一些基因在遭到破坏后会造成智障,但它们若只是发生细微的变化,还没有哪个基因能导致智力程度的改变。在智力超凡的人中,研究者随机调查他们的基因,以求发现在哪些方面与常人的基因不同,可迄今为止,他们只发现一个像样的统计相关性(指的是位于 6 号染色体的 IGF2R 基因),以及其他 2000 多个未经证实的相关性。这就像大海捞针,大海太大,针又太小。一些候选基因,例如可能会影响神经元信号传递速度的 PLP 基因,却只能在很小程度上解释反应时间的长短,与 g 因素并没有多少相关性。由此可见,高智力等于高速运行的大脑的说法看来没什么希望。[38]

一个可以清楚预测智力的物理特征是大脑尺寸。脑容量和 IQ 的相关性约为 40%,这个数字为大脑小的天才和大脑大的笨蛋的存在留有很大余地,但这仍是较强的相关性。大脑由白质和灰质组成。2001 年,大脑扫描仪已经可以用来比较人们大脑中的灰质容量。在荷兰和芬兰两地分别展开的独立研究中，研究者发现 g 因素和灰质容量有很强的相关性，尤其是在大脑中一些特定部位。两地的研究还发现，同卵双胞胎的灰质容量相关性高达 95%，而异卵双胞胎的灰质容量相关性只有 50%。这些数据说明有一些东西完全受到基因的控制，它没给环境影响留有多少余地。用荷兰研究者丹尼尔·波斯迪玛（Danielle Posthuma）的话来说，灰质容量"完全归因于基因因素，与环境因素无关"。这些研究虽没有让我们更接近了解哪些属于真正的智力基因，但它们确定了智力基因的存在。灰质由各组神经元组成，这个新发现的相关性说明了，比起普通人，更聪明的人在理论上会有更多的神经元，或者神经元之间有更多的连接。在研究者发现 ASPM 基因可以通过神经元数目决定大脑尺寸以后（见第 1 章），g 因素的某些基因似乎很快也会浮出水面了。[39]

然而，g 因素不是一切。双胞胎研究也揭示了环境对智力的影响作用。和个性不同，智力受到家庭的强烈影响。对双胞胎遗传度的研究、对收养子女遗传度的研究，以及对这两类的综合研究最终汇成同样的结论。IQ 大约有 50% 是"叠加遗传"的，25% 是受共享环境的影响，剩下的 25% 是受个人独有的环境因素影响。因此，智力和个性截然不同，它更容易受到家庭的影响。生活在一个知识分子的家庭的确令你更容易成为一个知识分子。

不过，这些平均数值掩盖了两个更加有趣的特征。首先，你可以找这样一些人组成的样本，与平均值相比，他们的 IQ 相对差异更多受到环境的影响而非基因的影响。埃里克·特克海默发现，IQ 的遗传度很大程度上取决于社会经济地位。在由 350 对双胞胎组成的样本中，有一些人曾在极端穷困的环境中长大，最富有的双胞胎和最贫穷的双胞胎之间体现出一种明显的差异。在最贫穷的孩子们之间，个人的 IQ 分数体现的可变度几乎可完全归因于他们共享的环境，而不是基因类型。在富裕的家庭里，事实恰恰相反。换句话说，每年只有几千块钱的生活会严重降低你的智力。但是，每年有 4 万美元或 40 万美元的生活，则不会造成人们的智力产生多少差别。[40]

这个发现具有显著的政策意义。它暗示，比起减少中产阶级中的不平等，提高贫困人口的安全保障更有助于实现全社会的机会均等。它也强有力地证实了我之前提及的一点：即使个人成就的相对差异可以完全解释为基因的作用，也并不代表环境就不重要。在大多数样本中，你之所以发现基因有强烈的影响，是因为他们都生活在非常幸福、相互关心、富裕满足的家庭里。如果没有这些，那基因也无能为力。这一点对个性也同样成立。你的父母不可能因为对你更严厉一点便改变了你成年以后的个性。但是，有一点可以确定，如果他们曾经把你每天都锁在房间里长达 10 小时，每周如此，那么你的个性一定会有所改变。

我们再来回顾一下体重的遗传度。在西方社会里，人们有充足的食物，那些体重增加更快的人一定带有刺激他们吃得更多的基因。但是在苏丹或缅甸的荒凉之地，极端贫困是普遍现象，人们随时面临饥荒，每个人都深受饥饿之苦，那么那些胖人无疑是那里最富裕的。在这里，体重的相对差异由环境造成，而不是基因。按照科学家的行话来说，环境影响是非线性的。在两个极端之处，它的影响是显著的；但在稍微居中之处，环境的微小变化带来的影响可以忽略不计。

隐藏在那些平均数值中的第二个惊喜就是，随着人们年龄的增长，基因的影响越来越大，而共享环境的影响则越来越小。你的年龄越大，家庭背景对 IQ 值的影响程度就越小，你的基因则起到决定性作用。亲生父母聪明的孤儿，被一对愚钝的父母收养，他也许在学校的时候表现不怎么样，但当到了中年时候，他甚至有可能会成为一位才华横溢的量子力学教授。而一对愚笨父母留下的孤儿，被双双获得诺贝尔奖的父母收养，也许在学校时表现相对出色，但到了中年时候，他可能会从事一份对阅读技能和思维能力要求都不高的工作。

从数字上看，西方社会里 20 岁以下的人之中，"共享环境"对 IQ 相对差异的影响大约为 40%。但在年龄较大的人群中，这个百分比骤降为零。反之，在婴儿时期，基因对 IQ 相对差异的影响为 20%；到了儿童阶段，百分比上升为 40%；在成人阶段，又升为 60%；到中年以后，甚至升为 80%。[41] 换句话说，当你和他人生长在同样的环境里，而且你仍处于这个环境中，那么环境的确有一定的影响力，但它不能持续至你离开共享环境后的阶段。收养子女在童年时期生活在一起时，他们有相似的 IQ 值。但是当成年以后，他们的 IQ 值基本上不相关联。对于成年人来说，智力和个性一样，大多受到遗传的影响，部分程度上受到个人经历中独有的因素影响，极少部分受到家庭成长环境的影响。这是一个有违直觉的观点，它摧毁了以往那种认为基因先起作用，后天影响在后的观点。

这似乎能够反映，孩子的心智经验来自旁人；而成人则自己发起智力上的挑战。"环境"并不是什么僵化的实物，而是由本人主动挑选的一系列独特的影响因素。一个人所拥有的一套固定基因，将预先设定他倾向于经历某种环境。拥有"运动"基因将让你想在体育场上锻炼；拥有"知识性"基因将让你想要参加智力活动。基因是后天的代理人。[42]

类似地，基因又如何影响体重呢？大概是通过控制食欲。在一个富足的社会里，那些最胖的人通常最容易感到饿，因而他们吃得更多。一个因基因而肥胖的西方人和一个因基因而偏瘦的西方人的差别在于，前者更有可能买一个冰激凌吃。到底是基因还是冰激凌导致了他的肥胖呢？当然是二者兼而有之。基因导致一个人外出并置身于某种环境带来的影响中，冰激凌就是这样一个例子。当然，在智力方面，情况也是一样。基因影响的是你的求知欲望，而不是能力。它们不会让你聪明，只会让你更喜欢学习。因为你喜欢学习了，因而会花更多的时间来学习，于是你就更聪明。先天只能通过后天来起作用。它只会刺激人们来寻求满足自己渴望的环境因素。环境则放大了这些微小的基因差异，将喜欢运动的孩子推向会给他们回报的运动，将求知欲强的孩子推向会给他们回报的书本。[43]

行为遗传学得到的主要结论似乎极其不合常理。它告诉你，在决定个性、智力和健康方面，先天起了作用，即基因的确重要。但它并没有说这一定要以牺牲后天为代价。它证明了后天也有同样重要的影响，只不过有一个不可避免的情况，目前研究者还不太能阐明后天是如何起作用的。（环境实验中还没有什么研究能达到先天实验中同卵和异卵双胞胎研究的效果。）在一个重要的方面，高尔顿大错特错。先天并没有主宰后天；它们不是在相互竞争；它们不是对手；先天与后天根本没有相互对立。

矛盾的是，如果西方社会里的智力遗传度已达到很高的程度，那就意味着我们将贴近精英统治这种状态，此时一个人的背景一点儿也不重要。但这也揭示了有关基因的一些令人惊奇的真相。基因变化是在人类行为的正常范围以内。你也许会预想，基因就像是维生素C或维生素家族，只有在其功能失常时才会使人在某方面受限。因而，受到损害的基因可能会导致罕见的心智受损，如同它们可能会导致罕见的疾病。严重的抑郁、精神疾病或智力障碍都可能由罕见的基因变异所导致，但是它们也可能是源于罕见、怪异的养育方式。这样一来，一个完美的乌托邦将会出现，只要你有正常的基因和一个正常的家庭，那大家就会有相同的潜在个性与智力。一些具体的细节就交给偶然事故或环境来决定。

但事实并非如此。行为遗传学十分清楚地揭示了一些基因差异是普遍存在的，它们在正常人的经验范围内影响我们的个性。我们中有些人有两个缬氨酸，有些人有两个蛋氨酸，这不仅位于 BDNF 基因，也位于那些影响个性、智力和心智其他方面的基因。有些人的肌肉力量天生比其他人更强，这是由 17 号染色体上的 ACE 基因版本所决定。[44] 因此，有些人天生就更善于汲取知识，这也是源于某个未知基因的某个版本。这样的基因变异并不罕见，它们很普遍。

从进化生物学家的角度来看，这是一则丑闻。为什么会有这么多"正常"基因的变异呢，或给它一个专有名称：多态性？当然，这些"聪明"的基因变体会逐渐将那些"愚钝"的基因变体推向灭亡，迟钝的基因变体会淘汰那些易兴奋的基因变体。在提供、体现生存和择偶优势方面，一种基因变体一定会优于另一种。这种优越的变体会赋予他的拥有者更强的能力，从而成为繁殖力旺盛的祖先。但是，没有证据说明一些基因会以这种方式灭绝。在全人类中，基因的不同版本似乎可以和谐共存。

令人费解的是，人类中存在的基因变异，要比科学预测的更多。回想一下，行为遗传学并非发现什么决定了行为，而是发现什么在变化。答案就是基因在发生变化。与大众想法相反，大多数科学家喜欢难解之谜。他们的工作就是寻找新的谜题，而不是收集事实。在实验室中穿着白大褂的那些人的人生里总会带着一线希望，去解答一个真正的未解之谜或悖论。这里便有一个机会。

对于这个未解之谜，有大量的理论可以予以解释，但没有哪一个完全令人满意。也许,我们人类已经简单地放宽了自然选择的要求,依赖迅速增生的基因变异而维持生存。但是其他动物为什么有同样的基因变异呢?也许有这样一种精妙的平衡选择,它始终眷顾那些罕见的基因变体,以防止它们灭绝。这个想法肯定地解释了免疫系统中的变异性,因为疾病会攻击基因的常见版本,而不会光顾那些罕有的版本。但是,我们不能立刻明显地了解,为什么个性里要维持多态性。[45] 也许婚配选择鼓励了多样性的存在,或者,将来会出现某个新观点对此现象做出解释。对多态性的各种对立的解释,在20世纪30年代里就已经导致演化论者中出现各个派系,至今仍未有定论。

重视肯定因素

通常在这个时候,一本关于行为遗传学的书会在先天后天争论的两方之间摇摆不定,要么尖刻批评先天论者,要么恶意抨击后天论者。我也许会提出双胞胎研究的动机是含糊的,设计上有缺陷,解释显得愚蠢可笑,而且它可能会鼓动法西斯主义和宿命论;或者我可能会说,这些研究可以适当且合理地矫正白板说疯狂而又武断的观点,这种教条式的理论迫使大众以为天生的个性或心智并不存在,一切都是社会的错误。

我对这两种观点都有些赞同。但是我决不会被诱导而做出此类评论,给先天后天之争火上浇油。哲学家珍妮特·拉德克利夫·理查兹(Janet Radcliffe Richards)准确地抓住了要点:"如果你跟进这场辩论中任何反对一方观点的说法,你会感到很震惊,因为他们会错误地引用对方的言论,常常脱离语境,将对方所说的话做出最坏的阐释。于是误解盛行于世。"[46] 以我的经验来看,当科学家互相批判的时候,也就是他们最常犯错误的时候。当他们断言他们偏好的观点是对的,因而另一种观点是错的时,他们在第一点上是对的,在第二点上即是错的,因为两种观点都可能在部分程度上是对的。就如同探险者争论尼罗河源头位于哪条支流一样,他们漏了一点,即尼罗河可能源于两条支流,否则它只是一条小溪。任何遗传学者如果说他发现了基因的某种影响,因而环境一点也不重要,那么他所说的都是无稽之谈。任何一个营养学家如果说他发现了某种起作用的环境因素,于是基因没有任何作用,那么他说的也是废话。

IQ 的例子就清晰地体现出这种现象。此现象被称为弗林效应,由詹姆斯·弗林(James Flynn)发现,它发现人类的平均 IQ 测试分数在以每十年增加至少 5 分的速度稳步提高。这表示环境的确影响了 IQ;它暗示着,与我们的祖父母相比,我们可称得上全都徘徊于天才的边缘,这似乎难以置信。不过,现代生活中的很多方面,无论是营养、教育还是心理激励,都使得每一代人比其父母获得更高的 IQ 测试分数。因此,有那么一两位营养学家(不是弗林)自信地说,基因的作用比想象中要小。但身高的类推情况表明这并不是一个合乎逻辑的推论。由于营养更好,每一代的身高都比他们的父母高,但没有人会因此提出基因对身高的影响比想象中小。实际上,现在更多的人的身高已充分发挥了其潜能,身高相对差异的遗传度可能会增加。

弗林现在认为,他所理解的这种效应,参考自欲望激发能力的这种观点。在 20 世纪,社会逐渐赋予孩子们更多的奖赏,以激励他们去学校中追求知识上的成就。由于得到了回报,他们的反应便是更多地运用大脑中的一些部分。以此类推,篮球的发明激励了更多的孩子来锻炼篮球技能。结果,每一代人都比上一代人篮球打得更好。同卵双胞胎的篮球技能相似,因为他们在能力上的起跑线一致,又对这项运动有着同样的渴望,于是带来了同样的练习机会。到底是欲望还是能力在起作用,这不是单方面可以决定得了的。同卵双胞胎中的一个孩子和另一个孩子有着相同的基因,因而将来也可能获得同样的经验。[47]

福地乐土

在晚年时期,弗朗西斯·高尔顿终究没能逃过曾俘获很多杰出之士的诱惑。他写了一本乌托邦式的作品。像自柏拉图和托马斯·莫尔(Thomas More)以来所有对于理想社会的描述一样,这部作品中描绘了一个极权主义国家,没有哪个心智正常的人会愿意去那里生活。它有力地提醒了人们一点,这个主题贯穿于整本书中,即人性形成原因的多元论。高尔顿在阐述遗传因素在人性中的强大力量方面是对的,但他认为因此后天培育毫不重要,这是错的。

高尔顿的这本书创作于1910年,他那时已80多岁。书名为《不能说在哪里》(Kantsaywhere),它是以一位名叫多诺霍(Donoghue)的人口统计学教授的日记的形式来叙述的。多诺霍来到了这个"不能说在哪里"的地方,这里由一个完全实行优生政策的委员会所统治。他结识了奥古斯塔·全花哨小姐(Miss Augusta Allfancy),她正打算参加优生学院的一次荣誉测试。

"不能说在哪里"的优生政策由"默默无闻"先生(Mr. Neverwas)创立,他留下所有的钱用于优化人种。那些因拥有遗传天赋而在优生测试中得分突出的人将会得到各种奖赏;那些仅仅考试及格的人只获准少量繁殖后代;而那些没能通过测试的人将被送到劳动营里,虽然任务不是特别繁重,但他们必须永远单身。不合适的人如果进行繁殖,那就是对国家犯罪。多诺霍陪同奥古斯塔参加各类聚会，在聚会上会见那些可能成为她伴侣的人，因为她要在 22 岁结婚。

高尔顿是幸运的。梅休因出版社（Methuen）拒绝出版这本书。高尔顿的侄孙女伊娃（Eva）也尽力不让此书流传于世[48]，她意识到这本书将会给世人带来多少难堪。只不过，她那时没有预料到，高尔顿描述的极权统治社会竟成了对 20 世纪的恐怖预言。

第 4 章
疯狂的原因

"原因"一词是未知之神的祭坛。

——威廉·詹姆斯[1]

在20世纪的大半时间里，"决定论"是一个被滥用的术语，尤其以基因决定论为甚。基因被描绘成为无情的命运之龙，它诡计多端，想要迫害代表自由意志的少女，唯有后天这个高贵的骑士可以解救她。20世纪50年代，在纳粹暴行的余波影响下，这种观点已到了登峰造极的地步。但在哲学探索中的一些角落里，它在更早的时候就已经登上了舞台。在精神病学方面，早在1900年左右，反对生物学解释的观点便已经引领潮流，当时高尔顿赢了那场关于人类一般行为是否具有遗传性的争论。鉴于后来发生的事，这种倒向后天决定论的观点竟然首先在说德语的国度里产生，这真是莫大的讽刺。

在早期的精神病学研究领域里，西格蒙德·弗洛伊德之前的核心人物是埃米尔·克雷佩林。他出生于1856年，于19世纪70年代后期在慕尼黑接受培训，成为一位精神病专家，但他并不喜欢这段培训经历。他的视力不好，很厌恶在显微镜下仔细观察大脑切片。那时，精神病学这门学科为德国所专有，它的创立基于这样的观念，心理疾病的原因可以在大脑中找到。如果心智是大脑的产物，那么心智的混乱可以追溯至大脑中一些部分的功能紊乱，就如同心脏病是源于心脏中某些部分出了问题。精神病学家要像心脏病手术医生一样，来诊断和治疗生理上的缺陷。

克雷佩林完全推翻了这样的推理。在经历一段时间学术上的漂泊以后，他于1890年在海德堡安定下来，开创了一种划分精神病人的新方法，不是基于他们目前的症状，更不是基于大脑的表现，而是基于他们的个人经历。他用不同的卡片来给不同的病人做记录，从而了解他们的过去。他提出，不同的精神病有着互不相同的病情进展过程。只有长期收集每个病人的信息，你才可以区分出每种症状各自的特征。诊断是预后之子，而不是预后之父。

那时候，精神病专家发现越来越多的人遭受一种特殊的精神折磨。患者都很年轻，大多是20多岁，遭受以下的痛苦：妄想、幻觉、情感冷漠和社交麻木。克雷佩林第一个仔细描述了这种疾病，将其称为**早发性痴呆**，或早熟式疯癫。1908年，克雷佩林的追随者尤金·布鲁勒（Eugen Bleuler）把这种病症命名为"精神分裂症"，相比之下这个名字在会意方面略弱一些。当时到底是精神分裂症患者突然之间大量增多，还是研究者首次注意到这些有精神疾患的人，然后带他们离开家庭并送到研究机构，这一点直到今天仍有诸多争议。综合各方面证据，我们得出，尽管仍然存在一些误解，但在19世纪里，精神疾病患者确实大量增加，精神分裂症在这个世纪中叶以前都是一种罕见的病症。

精神分裂症有很多种形式，严重程度不一。但无论怎样，这种病的主题始终保持一致。精神分裂症患者总觉得自己的思想在吵闹。在过去这被叫作幻听，但如今它通常可以理解为，仿佛是美国中央情报局在患者头脑中植入一个窃听装置。他们还会想象其他人可以读出他们的思想，于是倾向于将每件事都拟人化，以至于会以为电视新闻播报者也在给他们传递秘密信息。妄想式精神分裂让患者产生各类稀奇古怪的阴谋论，因而会导致他们拒绝治疗。考虑到大脑功能失调的方式有很多种，这样一个连贯的模式说明精神分裂症是一种单一的疾病，而不是各类相似病症的集合。

克雷佩林将**早发性痴呆**和另外一种病症区分开来，后者的特征是情绪摇摆于狂躁和抑郁之间，他将其称为躁郁症；如今这叫作双相情感障碍。每一种疾病的特点在于其发病过程和结果，而不是目前的病状。它们仍然很难通过大脑中的可见差异得到区分。克雷佩林说，精神病治疗应该放弃剖析大脑结构，并要了解发病原因是未知的。

> 只要我们还不能从临床上按照发病原因来将这些疾病归类，并区分出不同的病因，那么我们对病因学的认识就必然还是模糊和矛盾的。[2]

但到底病因是什么呢？人类经验受到一系列因素的影响，我们可以列举一些最显著的因素：基因、偶然事故、疾病感染、出生年月、老师、父母、环境、机遇和巧合。有时候一个因素的影响会很突出，但并非始终如此。当你感冒了，主要因素是病毒；但当你患上肺炎时，病毒又只算得上是一个机会主义者——你通常由于遭受饥饿、体温过低或压力而使免疫系统变得虚弱后才会患病。那这就是"真正"的原因吗？同样，像亨廷顿氏舞蹈病这样的"遗传病"，确实完全只由一种基因突变所导致；环境因素对这样的结果几乎不起任何作用。但是，苯丙酮酸尿症，一种因不能代谢苯丙氨酸而引起的精神发育迟滞，既可以说是由基因突变所导致，也可以说是由于饮食中的苯丙氨酸所造成的——它既可以理解成是先天疾病，也可以是后天疾病，关键在于你偏向哪一方。当多种基因变化和多种环境因素掺和到一起的时候，可想而知这个模式有多么复杂,精神分裂症的情况便是如此。

因此,在这一章里,通过探索精神分裂症的病因,我希望让"原因"这个概念变得混淆不清。部分原因是,究竟是什么导致了精神分裂症仍是一个开放式问题,许多相互对立的候选解释囊括了一切可能性。你仍然有理由相信,基因,或病毒,或偶然事件是这种精神错乱的首要原因。但是随着有关精神分裂症的科学研究的深入,关于其病因的概念就愈加混乱。我们越是了解这种疾病,就越使病因和症状之间的界限变得模糊。环境影响和基因影响似乎同时起作用,它们彼此需要,直到我们不可以清楚地确定出什么是原因,什么是结果。在先天和后天对立之前,我们先要面对原因和结果之间的两分。

母亲的过错

在解释精神分裂症的病因方面,我想召唤的第一个证人就是精神分析学家。在 20 世纪中叶的大部分时间里,他们主宰了这一研究课题。20 世纪初,克雷佩林的关于精神病因的不可知论直击精神病学,留下了一个真空地带,它注定会由弗洛伊德主义者来填补。克雷佩林显然对精神病的生物学解释不以为然,加上他重视个人经历的重要性,于是他开拓了精神分析之路,强调一个人儿童时期经历的事件是后来患上神经官能症和精神病的一个发病原因。

1920～1970 年,精神分析呈现出燎原之势,这更多地归功于宣传推销,而不是成功的治疗。通过和病人聊他们的童年,精神分析学家们给予他们人性的关怀和同情,这在之前从未有过。这使精神分析学家很受欢迎,因为当时其他的治疗方法如深度巴比妥催眠、胰岛素昏迷、前脑叶白质切除和电击惊厥，都令患者非常痛苦，它们容易成瘾并且危险性高。通过重视患者的潜意识以及童年记忆中被压抑的部分，精神分析学家给了精神病学"一张离开精神病院的票"。的确，它如今服务那些与其说是有病不如说是不开心的人，而那些人也乐于花钱来买一个机会，躺在睡椅上详细讲述自己的生活经历。在美国，私人诊所的发展呈现出一片欣欣向荣的景象，而且它们带来了丰厚的利润。这成了精神分析学家的推动力，激励他们逐渐从事精神病治疗，并开办自己的心理诊所。到了20世纪50年代，即使是精神病医生的培训也以精神分析为主。解决个人的精神问题的关键在于患者的个人经历，尤其这个病因是社会性的或"心理性的"。

比起当时可供选择的其他治疗方式，"谈话"疗法是一个了不起的进步。但是，总会发生这样的事，精神分析走过了头，开始抨击精神疾病的其他解释，指责它们不仅没有必要，还大错特错——不论是在道德上还是事实上。精神病的生物学解释成了异端邪说。如同所有有力的宗教，精神分析巧妙地重新定义了怀疑论，将其作为进一步的证据以支撑自己的论断。如果一位医生给患者开镇静剂，或对精神分析说持有怀疑态度，那么他就会被说成是患有神经官能症。

起初，弗洛伊德的信徒们回避严重的精神病，而聚焦于症状稍轻的神经官能症。西格蒙德·弗洛伊德本人对治疗精神病患者十分谨慎，认为他的方法不足以治愈这些病人。不过，他做出一个大胆的猜测，即偏执型精神分裂症的发病原因是压抑的同性恋冲动。但是，随着精神分析学家信心和能力的增强，尤其在美国，治疗精神病的诱惑无可抵挡。1935年，一位从德国逃难来的分析学家弗瑞达·弗罗姆-瑞茨曼（Frieda Fromm-Reichmann）

来到了马里兰州罗克维尔市的柴斯纳旅舍,当时这是一家致力于弗洛伊德式疗法的研究机构。她很快发展出精神分裂症的一种新的理论,即病因源于患者的母亲。在1948年,她写道:

> 精神分裂症患者充满痛苦地怀疑并憎恨他人,这是由于他们早期遭受到他人严重的偏见和拒绝,这些人对他们的婴儿和童年时期有着重要的影响。按规律来说,这些人主要就是引发患者得上精神分裂症的母亲。[3]

不久以后,一位自成一体的弗洛伊德的继承者布鲁诺·贝特尔海姆(Bruno Bettelheim),由于对自闭症做了一个类似的诊断而一举成名。他是这样表述的,自闭症的病因源于冷漠的"冰箱式母亲",她对孩子的冷酷摧毁了孩子获得社交技能的能力。贝特尔海姆曾被纳粹分子关进达豪集中营和布痕瓦尔德集中营,但他设法买通了监守,没有住在集中营最糟糕的地方,在1939年又通过某种途径获得释放。他如何做到这一点,现在仍然是个谜。他移民到芝加哥,在那里建了一个情感障碍儿童之家。[4] 然而,在他于1990年自杀以后,他之前的声望并没有得以长存。双胞胎研究彻底摧毁了冰箱式母亲理论,后者造成了一代父母的内疚感和耻辱感。自闭症的遗传度高达90%。同卵双胞胎中的一个若患有自闭症,那另一个患病的可能性为65%;但异卵双胞胎患自闭症的一致性为零。[5]

之后,又轮到同性恋理论登上舞台。这一次,责任落在了情感僵化的父亲或喜好支配他人的母亲头上。一些弗洛伊德主义者仍然坚持这些理论。最近有一本书上做出这样的断言:

（一名同性恋男性）的父亲是拒绝的，或孤僻的，或脆弱的，或不在意他——在情感上，在实际生活中，或者在两方面皆是如此。同性恋男性与其父亲的关系是消极的，他们中的一半（异性恋中约为 1/4）对父亲感到愤怒、怨恨和恐惧，于是对父亲表现出冷漠、充满敌意、漠不关心或唯命是从。[6]

这一切都可能是对的。如果大多数不是同性恋的父亲和同性恋的儿子之间不是"负面的关系"，那可真是个奇迹了。但是，到底哪个是先发生的？除了极端的弗洛伊德支持者以外，大多数人早就不再认为是负面关系导致了同性恋，而是持有相反的观点。（相关性并没有告诉你因果关系，更不用说哪个是因，哪个是果。）精神分裂症和自闭症患者的父母论也同样如此。如同同性恋男人的父亲，自闭症患者的母亲也会对孩子的行为感到失望，于是变得冷漠。精神分裂症患者的母亲对孩子的不断加重的病情更会做出消极回应。结果和原因混淆在一起。[7]

对于精神分裂症青少年患者的父母来说，他们本已承受很大的压力，又受到了弗洛伊德式苛责的猛烈一击。倘如有证据可以支撑同性恋理论，这一代父母还可以承受这些痛苦。然而不久以后，任何一个中立的观察者都能看出弗洛伊德式疗法根本不能治愈精神分裂症。事实上，到了 20 世纪 70 年代，一些精神分析学家已勇于承认精神分析法使患者症状更加严重。"仅仅接受精神疗法的患者情况比那些接受常规治疗的患者情况要糟糕得多。"一位精神分析学家无望地说。[8] 到那时为止，已有数万名患者接受过精神分析疗法。

如同 20 世纪中叶常常发生的一样，所谓的"证据"全都基于一个大规模的假设，即后天，而非先天，解释了父母与孩子之间的大多数相似之处。就精神分裂症的情况来看，如果那些分析家没有忽视生物学家的结论，他们就早该知道这样的假设已经得不到保证，因为双胞胎研究已将之彻底推翻。

20世纪20年代和30年代，一个来自俄国的犹太移民阿伦·罗森诺夫（Aaron Rosanoff），收集了加利福尼亚州的双胞胎资料，以此来测查精神病的遗传度。在1000多对其中一个患有精神疾病的双胞胎中，他找出142例精神分裂症。同卵双胞胎中的一个患有精神分裂症，另一个患病率为68%；但是在异卵双胞胎中，这个百分比则只有15%。他发现，患有躁郁症的双胞胎中，存在类似的差异。然而，由于基因并不受精神分析学的欢迎，罗森诺夫一直不被重视。历史学家爱德华·休特（Edward Shorter）这样指出：

> 罗森诺夫的双胞胎研究可以被认为是两次世界大战之间美国人对国际精神病学文献做出的主要贡献，但是美国精神病学的官方史，由于其主导者是以精神分析为定位的作者，对罗森诺夫所做的工作置之不理并报以沉默。[9]

弗朗兹·卡尔曼（Franz Kallmann），于1935年从德国移民到美国，在纽约做了一项类似的基于691对双胞胎精神分裂症患者研究，他得出更为有力的结果。（同卵双胞胎患病的一致率为86%，异卵双胞胎则为15%。）在1950年的世界精神病学大会上，他被一些精神分析学家轰下台。罗森诺夫和卡尔曼都是犹太人，却由于运用双胞胎研究而被指控为纳粹主义分子。20多年里，精神分裂症的母亲理论一直得到庇护，以免被那些令其不安的事实推翻。如今，学界一致认为，即便"心理社会因素"的影响的确存在，也是微乎其微。在芬兰一项对收养子女的研究中的证据表明，精神分裂症患者的后代的养母如果也表现出"交流异常"的委婉说法，那么他们稍微更有可能表现出思想紊乱。但如果这样的养母领养的是正常人的后代，则不会出现这样的效果。因此，如果存在一位"引发精神分裂症"的母亲，那么她只可能影响遗传上易感该病的后代。[10]

基因的过错

我要召唤的第二位证人相信精神分裂症是由基因所导致的。他运用了行为遗传学的一切论断。精神分裂症普遍以家庭传播。如果有个患精神分裂症的表亲，你患病的风险将由1%倍增至2%；如果你有个患此病的同父异母（同母异父）兄弟或姨妈、姑妈，那你患病的风险将再涨到3倍，变成6%；如果你兄弟姐妹中的一个患病，那么你的风险将升为9%；非同卵双胞胎将会使风险上升为16%；父母双方都患病将会使子女患病的风险升至40%；如果同卵双胞胎中的一个患有精神分裂症，那另一个的患病风险可达最高值，大约为50%（在罗森诺夫和卡尔曼的研究中，这个数值会偏低不少，这是由于更加谨慎的诊断所致）。

但是双胞胎同时共享先天遗传和后天培育。从20世纪60年代开始，通过一项逐渐扩展的对丹麦收养子女的研究（丹麦拥有无可比拟的国家数据库，统计了所有的收养子女），西摩·凯蒂（Seymour Kety）渐渐推翻了反对派的观点。他发现，患有精神分裂症的从小便在收养家庭里生活的人中，其有血缘关系的亲属患病的概率要高于收养家庭成员的10倍。而在与之相反的调查中，由精神分裂症患者所收养的正常子女，患病概率几乎为零。[11]

这些数据揭示了两点。第一，西方社会里精神分裂症的遗传度很高，大约为80%；与体重的遗传度大致相同，比个性的遗传度稍高。第二，它们揭示了许多基因涉入其中。否则异卵双胞胎调查中得出的数据会更加接近同卵双胞胎得出的数据。[12]

因此，这个基因派证人十分具有说服力。除了那些由单个基因导致的疾病以外，很少有疾病能体现出如此清楚的遗传证据。在基因组时代，辨别出导致精神分裂症的基因应该是很简单的一件事。20世纪80年代，基因学家们满怀信心地要找出它们。精神分裂症基因成了基因搜寻场上最受欢迎的猎物。通过比较患者和其正常亲属的染色体，遗传学家设法确定出染色体上一直不同的地方，以此大致得出起作用的基因究竟在哪里。到了1988年，通过利用冰岛人记录完好的谱系，一个研究团队得出了一个有力的结果。他们发现，精神分裂者体内的5号染色体中一个片段有明显的异常。差不多与此同时，另一个竞争团队也发现了一个相似的现象：很明显，精神分裂症与5号染色体的一个额外片段相关联。[13]

人们对已经取得成果的赢家表示热烈庆祝。头条新闻大肆宣扬已找到"精神分裂症基因"。除了它以外，这一时期新闻还报道了其他诸多基因，如抑郁基因、酗酒基因以及其他精神问题的基因。但科学家持有非常谨慎的态度，在小范围的出版物上指出结果只得到初步证实，而且这个基因只是导致精神分裂症的基因之一，不能确切地说它就是精神分裂症基因。

尽管如此，很少有人会对之后的失望做好了心理准备。其他人想要重复得到实验结果，最后以失败而告终。到了20世纪90年代后期，大家普遍承认，与5号染色体所谓的关联是"假阳性"的，如同一个幻象。每每涉及影响心智的复杂疾病的基因，便会回到这种模式上来：在过去的10年中，一次又一次，它们被证明是虚无缥缈的，最初的兴奋也消退了。对于宣布心智混乱与染色体片段的关联方面，科学家们更持谨慎态度了。现在已没有任何人会把这样未经重复验证的宣告当回事。

如今，研究者们认为精神分裂症与大多数人类染色体上的标记有所关联。据推定，只有6个染色体（3、7、12、17、19和21）与精神分裂症没有联系。但是，很少有哪个联系是持久的，而且每一次研究都似乎发现了一种不同的联系。有很多好的理由解释这一点。也许不同的人群有着不同的基因突变。在引发人们患上精神分裂症方面，越多的基因涉入其中，就越可能是不同的基因突变引发了相似的效果。想象一下这个例子，如果你卧室的灯灭了，有可能是因为灯泡坏了，或插头里的保险丝坏了，或是开关跳闸；甚至有可能是停电了。上一次是开关跳闸，这一次可能又是灯泡坏了。因为没能重现开关跳闸与灭灯之间的联系，你就愤怒地将此认定为"假阳性"灯泡，而不是开关跳闸，导致了整个卧室一片黑暗。

不过，也有可能是两者共同发挥作用。大脑的复杂程度极高，有时不只是三方面或四方面出问题，而是千千万万个方面的问题。一个基因启动了其他的一些基因，从而又启动了更多的基因，如此下去，即使在最简单的大脑通路中，也有大量基因在起作用。任何一个基因的失常都会使整个通路瘫痪。但是你不能以为，所有的精神分裂症患者体内都是同一个基因失常。导致大脑通路瘫痪的基因越多，就越难复制疾病与某个基因之间的联系。因此，假阳性说法也不一定就会令人灰心，或绝对错误（尽管有时候是测量上的误差）。对那些不能建立联系的研究，也不能像一些人所断言，"神经遗传决定论"背后的概念是完全错误的。精神分裂症中基因所起的作用，可以通过双胞胎研究和收养子女研究得到证实，而并非取决于找到或找不到特殊基因。但是，公平地说，连锁研究对单基因造成的疾病（例如亨廷顿氏舞蹈病）十分有效，但对精神疾病却是一筹莫展。

突触的过错

现在召唤第三个证人。一些科学家没有试图去找精神分裂症患者的基因有什么不同，而是开始了解他们大脑的生物化学过程有何不同。从这一点出发，他们会推断哪些基因操控这一生物化学过程，于是来调查这些"候选基因"。第一站便是多巴胺受体，多巴胺是一种"神经传递素"，即大脑中一些神经元之间的中继系统。一个神经元将多巴胺释放至细胞之间的突触（一个突触是指两个神经元之间的一条狭长的间隙），因而这使得邻近的神经元开始传递电信号。

自1955年以后，把焦点放在多巴胺上似乎是不可避免的。这一年，氯丙嗪首次广泛应用于治疗精神分裂症。精神病专家被迫在残忍的脑叶白质切除术和无用的精神分析学之间做出选择，此时，这种药对于他们来说如同神赐之物。它确实可以让患者恢复神智。精神分裂症患者首次可以离开精神病院，恢复正常的生活。只是后来这种药物带来了可怕的副作用，随之而来的问题是许多病人拒绝服用这种药物。氯丙嗪导致一些病人的行为控制能力逐渐退化，这有些类似于帕金森病。

但如果这种药物不是好的治疗方法，它似乎也为原因提供了一个关键的线索。首先，氯丙嗪和后来的一系列药物都是化学物质，阻断了多巴胺受体，防止这些受体与多巴胺结合。其次，一些可以增加大脑中多巴胺浓度的药物，如苯丙胺，也会引发或加重精神崩溃。最后，大脑成像显示，受到多巴胺刺激的大脑中一些区域在精神分裂症患者那里是反常的。精神分裂症一定是神经传递素的紊乱，尤其是多巴胺的紊乱。

接收神经元上有5种不同的多巴胺受体，其中的两种（D2和D3）被证明在一些精神分裂症患者那里是有缺陷的。但是人们再一次失望了，这个研究结果并不十分确定，而且难以再现。而且，最好的抗精神病药物偏向于阻断D4受体。更糟糕的是，D3基因位于3号染色体，是在连锁研究中从未和精神分裂症有所关联的6条染色体的其中之一。

精神分裂症的多巴胺理论渐渐退出了舞台，尤其此后研究者发现小鼠表达出错误的多巴胺信号，但没有表现出像精神分裂症患者那样的行为。最近人们聚焦于大脑中一种不同的信号系统——谷氨酸系统。精神分裂症患者的一种谷氨酸受体（称为NMDA受体）的活动似乎太少，正如他们的多巴胺太多一样。第三种可能性在于5-羟色胺信号系统。这方面似乎更成功一些，因为其中一个候选基因，5HT2A，似乎在精神分裂症患者体内经常出错，而且它位于13号染色体上，这也是连锁研究中最常指出的一个染色体。但是，研究结果仍然不够有力，令人失望。[14]

随着2000年的到来，无论是基因与疾病的连锁研究，还是搜寻候选基因，都无法告知哪些基因可以决定精神分裂症的遗传度。那时，人类基因组计划的测序工作即将完成，因此所有的基因都得以展现，就待在电脑的内存里，但是如何找出那些少数起决定作用的基因呢？帕特·莱维特（Pat Levitt）和他在匹兹堡市的同事抽选一些死去的精神分裂症患者的前额叶皮层，来找寻哪些基因曾异常活动。他们仔细比较了这些样本的性别、已死亡的时间、年龄和大脑酸度。然后他们用微阵列抽选将近8000个基因，并鉴别出那些在精神病患者体内有着不同表达的基因。他们首先发现了一组涉及"突触前分泌功能"的基因。简单地说,这组基因涉及从神经元发出像多巴胺或谷氨酸这样的化学信号。尤其是其中有两个基因在精神分裂症患者体内活跃度较弱。令人惊奇的是,这些基因位于3号染色体和17号染色体上——它们是连锁研究认为从未和精神分裂症有所关联的6条染色体中的两条。[15]

不过,这次研究中也发现了另外一个基因,它恰好映射到其中一个合适的染色体位点(位于1号染色体上)。这个基因称为RGS4,在突触的下游表现活跃,即在接收化学信号方面表现活跃。在莱维特研究的10例精神分裂症患者中,这个基因的活动大幅减少。在动物体内,急性压力会导致RGS4活动减少。也许这解释了精神分裂症患者的一个普遍特征,即压力拉开了一系列精神病症状的序幕。在普林斯顿大学才华横溢的数学家约翰·纳什(John Nash)的例子中,他由于遭到逮捕而失去工作,外加没能攻克量子力学中的一个难题,这一切使他濒临崩溃。在哈姆雷特的例子里,他目睹自己的母亲嫁给了杀父仇人,这对他产生的沉重压力,足以把任何人逼疯。如果此类压力抑制了RGS4的活动,而且如果RGS4在精神脆弱的人中本来就很弱,那么压力便会触发精神病。但这并不意味着RGS4是精神分裂症的原因,只能说明,它的失效导致了压力之下的精神分裂症患者出现更严重的症状——这更像是一种症状。

然而,甚至对于这样的推测我们也要持谨慎的态度。微阵列技术挑选的是那些回应这种疾病时会改变表达的基因,以及那些诱发疾病的基因。结果可能与原因相混淆。基因表达的程度并非一定具有遗传性。这是整本书中一直出现的一个重要命题。基因并没有谱写蓝图;它们只是发挥各自的作用。

但是,微阵列所提供的证据至少可以支持来自药物治疗中的一些线索,即精神分裂症是一种突触病，尽管它不能区分出原因和结果。在大脑中一些区域里，尤其是在前额叶皮层，神经元的结合部位出了问题。

病毒的过错

现在召唤第四位证人，他相信精神分裂症由某种病毒所导致。他指出，精神分裂症的遗传度很高，但这不是全部。双胞胎研究和收养子女研究留下很多的空间，足以让环境因素占有一席之地。事实上，环境因素的影响还不仅限于此。持有此观点的研究者强调后天的作用。无论遗传学家们最终发现了多少基因，也没有什么可以减少环境的影响。记住，先天不是以牺牲后天为代价；有足够的空间可以容纳两者，而且它们共同起作用。也许我们遗传的一切都只是易感性，就如同一些人遗传了对花粉症的易感性，但引起花粉症的原因当然是花粉。

双胞胎研究揭示，一个精神分裂症患者的同卵双胞胎兄弟或姐妹只有50%的概率患上该病。由于两人拥有同样的基因，那一定有些非基因的东西将这个可能性降至一半。此外，假设两人和不同的人进行婚配，并有了孩子。和之前一样，一个人患了精神分裂症，另一个人则没有。那么他们的孩子将会怎样呢？很显然，精神分裂症患者的孩子会有相当高的患病风险，那双胞胎中那一个正常的孩子会怎样呢？你也许认为他本人已逃过此病，因此他不大可能将其遗传给孩子。但是情况并非如此，他的孩子从未受影响的父母那里继承了同样的风险。这证明，易感基因对于精神紊乱是必要条件，但不是充分条件。[16]

比起寻找导致精神分裂的基因，搜寻对该病非基因影响的因素可以追溯到更为久远的时候。1988年，这类研究有了巨大转变；同年，研究者在冰岛人身上首次发现了基因关联。这里提及的也有关北欧人，当罗宾·谢灵顿（Robin Sherrington）在雷克雅未克测试染色体的时候，萨诺夫·麦德尼克（Sarnoff Mednick）正在赫尔辛基精神病院仔细研究医疗记录。麦德尼克试图解释一个有关精神分裂症众所周知的事实，冬天出生的精神分裂症患者比夏天出生的患者要更多。这对于地球南北半球的人都成立，尽管它们的季节相差6个月。这个影响虽不是很大，但它的确存在；而且无论统计数据如何变化，它始终都不会消失。

麦德尼克凭直觉认为流行感冒大多发生在冬天。也许是流感中的什么东西，预先决定了母亲生出来的孩子带有潜在的患精神分裂症的可能性。于是他查阅赫尔辛基精神病院的医疗记录，找寻1957年一场流行感冒带来的影响。可以确定的是，在流感流行期间，那些处于妊娠期中间3个月的母亲生出的孩子，比那些处于妊娠期前3个月和后3个月的母亲生出的孩子，在将来更容易患上精神分裂症。

之后，麦德尼克又阅读了产科记录，了解1957年流感暴发时一些孕妇的情况，这些孕妇生出的孩子后来患上了精神分裂症。他发现处于妊娠期第二阶段的孕妇，也就是中间3个月，比起处于妊娠期前3个月或后3个月的孕妇，更容易患上流感。与此同时在丹麦，一项历史研究得出的结果也支持以上发现：1911~1950年，流感盛行时期出生的孩子在将来有更多人患上精神分裂症。而且孕妇患流感风险最高的时候即是妊娠期的第6个月，也就是第23周。

因此，精神分裂症源于病毒的假说得以诞生：孕妇在怀孕期间患上流感，尤其处于妊娠期中间3个月时，将会损害胎儿还未发育好的大脑，这些胎儿在若干年后更容易患精神分裂症。这样的结果无疑是取决于基因,一些人天生便容易被病毒感染,或在感染病毒方面更容易受到基因效果的影响,无论从哪方面来看都是一样。[17]

有一个有趣的线索也许可以支撑流感理论,它来源于"单绒毛膜"双胞胎的故事。大约2/3的同卵双胞胎比起其余同卵双胞胎天生便有着更紧密的联系。他们不仅源于同一个受精卵,还在子宫内的同一个外膜或绒毛膜内部发育,共享一个胎盘。(有少数胎儿甚至在同一个内膜中发育,即"单绒毛膜"双胞胎。)分胎发生得越晚,双胞胎就越有可能是单绒毛膜双胞胎。由于他们在母亲怀孕期间被浸泡在同样的羊水中,也许他们会遇到同样的非遗传性影响。他们甚至通过同一个胎盘共享血液,也许会面对同样的病毒。研究者们特别感兴趣的是,单绒毛膜双胞胎比其他同卵双胞胎在患精神分裂症方面是否更具一致性。然而,这样的数据很难收集。你要找的不仅是双胞胎,而且还是患精神分裂症的双胞胎,他们的出生记录可以足够详细地显示出他们是否在同一个羊膜囊里。但是,这样的资料是没有的。

然而,一些征兆仍然存在。至少有一些单绒毛膜双胞胎体现了镜像的关系,他们的头发旋涡和指纹方向彼此相反,而且会用不同的手写字。此外,单绒毛膜双胞胎的指纹细节也更加相似。指纹大约是在妊娠期的第4个月形成,运用这些特征来初步认定单绒毛膜双胞胎的天生标记,密苏里州的詹姆斯·戴维斯(James Davis)发现,与双绒毛膜双胞胎相比,单绒毛膜双胞胎在精神分裂症上体现出更多的一致性。他推测这可能证明了病毒的作用,因为共享羊水的双胞胎也可能共享病毒。单绒毛膜双胞胎在精神分裂症上的一致性也许显示,他们接触各种不同的偶然事件,不仅仅是病毒感染。[18]

其他的病毒感染因子也会触发一系列事件,导致胎儿在将来易感精神分裂症，包括疱疹病毒、弓形虫病，后者是从猫身上传染来的一种原虫病。弓形虫会侵入孕妇胎盘，使胎儿失明或产生智力障碍。将来它也可能导致精神分裂症。很久以来人们一直知道，在胎儿发育过程中，其他的一些入侵因素也可能带来胎儿将来患上精神分裂症的风险，例如产时并发症。有一些事实很难解释，因为患有精神分裂症的母亲生产过程中更容易患产时并发症。胎儿若是由于先兆子痫而在子宫内缺氧，他们将来患精神分裂症的风险是正常情况的 9 倍。医学界同仁小心翼翼地将其称为出生过程中的缺氧性损伤——近乎窒息，这是一个确定的风险因素。再一次声明，它似乎与基因有所关联。如果你有合适的基因，也许你能度过这次缺氧；或者如果你出生顺利，你也可战胜基因带给你的命运。[19]

缺氧可以作为一个理由来说明这个事实，即使双胞胎有着相同的易感基因，也未必有同样的患病风险。在出生前或出生过程中，双胞胎中的一个比另一个更有可能经历缺氧。这可能说明了为何他们在后来没有都患上该病。

然而，还有另一个更加有趣的可能性。引起艾滋病的是一种逆转录病毒，意味着当你感染上艾滋病的时候，带有这个病毒的基因就会融合进你的一些细胞的染色体 DNA 中。因为这是在血液细胞中发生的，而不是在精子或卵子中，所以这样的基因不会遗传给后代。但是在遥远的过去，而且不止一次，一种类似的逆转录病毒曾感染了生殖细胞。我们知道这是因为人类基因组包括完整的逆转录病毒基因组的许多不同复本，它们形成了感染性病毒颗粒。它们被称为人类内源性逆转录病毒，位于我们的基因之中，是寄生性的入侵者，我们会将其遗传给后代。事实上，这些病毒基因组的简化和缩减版，存在于我们基因组中的最普遍的序列中；它们就是所谓的"跳跃基因"，几乎组成了我们 DNA 的 1/4。从 DNA 层面看，我们人类在很大程度上与病毒颇有渊源。

　　幸运的是，病毒 DNA 受到软禁，由一种称为甲基化的机制予以关闭。但是，这样的风险一直存在，一个内源性逆转录病毒逃脱出去，产生病毒并从内部入侵细胞。如果这种情况发生的话，那医疗效果就够糟糕了；但是这有助于考虑，它可能会对先天后天之争造成什么样的哲学上的损害。它是一种传染性疾病，就像其他任何病毒一样，但是它产生于基因内部，并作为一套基因由父母遗传给子女。它更像是一种遗传疾病，但表现得像是传染病。

　　几年前，证据得以显露，这样一个偶然事件还可以准确地解释多发性硬化症（MS）。MS 和精神分裂症的症状完全不同，但两者也有一些巧合之处。它们都暴发于成年早期；它们都更频繁地发生于出生在冬天的人身上。加拿大科学家帕罗米达·德布-林克（Paromita Deb-Rinker），对 3 对同卵双胞胎的 DNA 进行分析，这 3 对双胞胎全是其中一个患精神分裂症，另一个没有患病。通过比较从患者和正常人提取出的 DNA，她发现，在双胞胎患病者的体内，有一种内源性逆转录病毒活动更加频繁，或存在更多的复本。[20] 约翰斯·霍普金斯大学的罗伯特·尤肯（Robert Yolken）和他的同事们也致力于找寻精神分裂症患者体内的内源性逆转录病毒的活动迹象。他们检测了一些人的脑脊髓液，其中 35 例新近诊断为精神分裂症的患者来自德国的海德堡，20 例已患病多年的患者来自爱尔兰，以及 30 个来自两地的健康的人。10 例德国海德堡的患者和 1 例爱尔兰患者体内的内源性逆转录病毒基因活动很活跃，而健康者的体内则没有该病毒基因活动迹象。此外，表现活跃的逆转录病毒和有关 MS 的病毒，都来自同一个内源性逆转录病毒家族。[21]

　　这一切还不足以证明内源性逆转录病毒与疾病具有相关性，更不用说它是引发疾病的原因，但这的确显示出它们之间的一种联系。如果内源性逆转录病毒确实可以引发精神分裂症，那也许是因为它们受到子宫里流感病毒的感染，也可能是因为它们在大脑前额叶皮层发育过程中干扰了其他基因，于是这便可以解释为什么精神分裂既具有很高的遗传度，又在不同人体内与不同的基因有明显关联。

发展的过错

第五位证人呈上一只小鼠。这不是一只普通的小鼠，1951年的某段时间里，它在笼中的行为异常古怪。小鼠以一种"摇摆"的方式移动，似乎在跳舞（但是请不要把它和我在第2章里提及的日本华尔兹鼠混淆）。一位科学家恰好注意到这个现象，并通过回交验证很快证实，它源于这只老鼠从其父母那里遗传的一个单基因。这只摇摆小鼠的大脑有一些混乱，主要是因为一些细胞层本应在内部，却来到了外部。1995年，研究者将这个"摇摆"基因定位在小鼠的5号染色体上；人类中的对等基因很快在1997年得以发现，它位于7号染色体，所合成的蛋白质与老鼠的那种蛋白质有94%的同源性。这个基因非常大，由超过12 000个字母组成，可至少分为65个独立的"基因段落"，即外显子。后续实验显示，该摇摆蛋白对小鼠胎儿和人类胎儿的大脑组织都十分重要。通过指示神经元哪里该长，什么时候该停，它指导大脑中各层结构的形成。

那么这一切与精神分裂症有什么关系呢？1998年，伊利诺伊大学的一个研究团队，测量了一些死亡不久的精神分裂症患者大脑中的摇摆蛋白含量，并发现它是正常死者大脑中该蛋白量的一半。[22] 一个新的潜在嫌疑犯登上了台。精神分裂症的一个特征是神经细胞迁移紊乱，摇摆蛋白便是神经细胞迁移的组织者之一。它还有助于维持突触形成所在的"树突棘"，因而一点儿不足便会导致突触出现问题。对于流感理论的信奉者来说，很显然，导致小鼠大脑中摇摆基因表达暂时减少50%的方式之一，就是用人类的流感病毒对它进行一次产前感染。[23] 换句话说，摇摆基因似乎与精神分裂症的其他理论紧密相连。[24]

可怜的摇摆小鼠立刻成为大家关注的焦点，也许它可以被认为是精神分裂症的动物范例。只有当小鼠从父母双方那里都遗传到这个有问题的基因时，它的摇摆行为才显现出来。如果它只有一个有问题的基因，这只小鼠表面上看起来是正常的。但它并非真的正常。它穿过迷宫的速度明显更慢，在任何任务中均比不上正常的小鼠。与正常小鼠相比，它不太善于交际。

这很难说是啮齿目动物的精神分裂症，但也许有几分相似。然而，在20世纪90年代，认为摇摆蛋白是精神分裂症主要原因的希望开始破灭，因为这时在沙特阿拉伯和英国，在两个没有任何关系的家庭中发现了人类的摇摆舞者。在这两个家庭里表亲通婚，这样的婚姻将摇摆基因的所有出错版本汇合到一起，因而导致了一种无脑回畸形伴小脑发育不全（LCH），它在人出生后的四年内通常是致命的。如果遗传的摇摆基因缺陷是导致精神分裂症的主要原因，那么你会推测，这些不幸孩子的一些未受感染的亲戚将来也会患上该病，因为他们体内的基因产生了突变。但是迄今为止，这两个家庭内还没有任何精神分裂症患者史，尽管研究者对沙特阿拉伯的家庭还没有仔细研究。再一次声明，就如同精神分裂症研究中常出现的那样，一个有前景的开始最后走进了死胡同。摇摆蛋白的减少是精神分裂症的一部分，也许是一个关键的部分，但可能不是它的一个主要原因。[25]

古怪的是，摇摆蛋白减少不仅出现于精神分裂症，它在严重的双相抑郁和自闭症患者那里也很常见。摇摆蛋白的减少似乎会导致不同的大脑问题，究竟是什么问题取决于它在大脑中的位置，或在发育的具体什么时期发生。摇摆蛋白和流感都指向子宫里发生的事件，初看上去令人费解，因为精神分裂症的最典型特征就是成人疾病。虽然回过头来看，后来患上精神分裂症的孩子会表现为焦虑、行动缓慢和语言理解能力差，[26] 但大多数人是在青春期之后才发病的。一种疾病是如何由子宫内的因素导致，却到了成年以后才暴发呢？

神经发育模式试图来解答这个谜题。1987 年，丹尼尔·温伯格（Daniel Weinberger）提出，精神分裂症和其他大脑功能紊乱不同，因为它的症状出现之时原因已经不在那儿了。很早的时候损害便已经发生，但直到后来大脑发育成熟后，病症才得以显现；这就是说，早先影响的"面具"在后来的成年期发育后才得以揭开。与阿尔茨海默病和亨廷顿氏舞蹈症不同，精神分裂症不是脑部功能退化，而是一种大脑发育疾病。[27] 例如，在青少年晚期和成年早期，大脑发生广泛的改变。它的许多线路首次绝缘，许多连接则遭到"修剪"：神经元之间的突触减少，只留下最强的突触。在精神分裂症患者体内，也许由于多年前突触发育不良，结果在前额叶皮层发生了太多的修剪；也许是只有极少的神经元迁移或延伸到目的地。这将会导致很多基因减轻或加重这种效果，或仅仅是对此做出回应，也许它们因而被定名为"精神分裂症基因"，但它们更像是症状而非基因。在影响人类早期发育的基因中，我们必须要找到引发精神分裂症的"真正原因"。[28]（也许这不是巧合，精神分裂症暴发之时，恰逢年轻的男男女女之间展开激烈竞争，以求在一个陌生的成人世界里争到立足之地，并赢得配偶的时候。）

在这层意义上，大多数科学家同意精神分裂症是一种器质型疾病，一种发育疾病，一种第四维度的疾病——时间的维度。这是由于大脑的正常生长过程和分化过程中出了差错。它还有力地提醒人们，和飞机模型不同，身体和大脑不是制造出来的。它们是长成的，这个生长过程受到基因的指导。但是那些基因彼此回应，对环境因素和偶然事件也做出回应。说基因是先天性的，余下的是后天性的，这样的说法肯定是不对的。基因是后天表达自己的手段，就如同基因也是先天表达自己的手段一样。

饮食的过错

当一切意见趋于一致时，没有哪个热爱科学的人会觉得高兴。第六位证人的出现扰乱了这种一致性。他相信基因、发育、病毒和神经传递素对精神分裂症的发作都起了一定作用，但没有哪一个可以解释其根本原因。这一切都是症状而已。他主张，理解精神分裂症的关键在于我们的饮食。尤其是人类大脑发育极其需要一些脂肪，也就是必需脂肪酸；精神分裂症高危人群的大脑比平常人更需要这些脂肪酸。如果他们的饮食中这些脂肪酸的摄入量不足，他们就会患上该病。

1977年2月一个非常寒冷却晴朗的日子里，一位英国医学研究者走在蒙特利尔，忽然灵感一现。大卫·霍罗宾（David Horrobin）一直试图找出有关精神分裂症的一些奇怪事实，将这些碎片组合并拼成这张心理拼图。这些碎片全都涉及该病的一些常被人们所遗忘的而且是非精神性的方面，包括以下几点。第一，精神分裂症患者很少得关节炎；第二，他们对疼痛极度不敏感；第三，他们的精神错乱有时出现暂时性的好转，那是在他们发烧的时候（令人惊讶的是，疟疾曾被用来治疗过精神分裂者。的确有效，但只是暂时的）。在霍罗宾的头脑里，该拼图的第四块碎片是新的。他不久前注意到，一种名为烟酸的化学物质，它被用于治疗高胆固醇。此种物质会引起平常人皮肤发红，但精神分裂症患者身上却不会发生这种情况。[29]

忽然之间，这些碎片各就各位，完成了一幅拼图。皮肤潮红、关节发炎和疼痛反应都取决于从细胞膜释放的脂肪分子，该分子称作花生四烯酸（AA）。它们被转化为前列腺素，从而导致发炎、潮红及疼痛等现象。同样，发烧也可以释放出 AA。因此，也许精神分裂症患者无法从细胞膜释放出正常的 AA，于是这引发了他们的精神问题，同时也对疼痛、发炎和潮红具有抵抗力。只要给患者打一剂发烧药，将他们体内的 AA 浓度提高至和正常人一样，那么他们就可以恢复正常的大脑功能。霍罗宾适时地将这一假说发表在《柳叶刀》（*Lancet*）上，坐等赞美和掌声，结果却鸦雀无声。当时，精神分裂症方面的专家过于沉浸在多巴胺假说里，压根无视任何别的理论，更不用说去思考它是否正确。精神分裂症是一种大脑疾病，那么它与脂肪之类的又能有什么关联呢？

霍罗宾喜欢挑战传统智慧，有着大无畏的勇气。但直到 20 世纪 90 年代，才有一些证据可以用来支持他的预想。很快，精神分裂症患者体内 AA 不足的报道问世，同时报道的还有 AA 氧化速率的提高。具体的细节渐渐从无知之雾中浮现出来，告诉人们，在精神分裂症患者体内，也许是 AA 从细胞膜轻易漏掉了，也许是曾释放出的 AA 难以再次融合到细胞膜里，也许是两者兼而有之。这两种情况都是由于酶出了问题，酶是由基因合成的；因而霍罗宾也乐于给基因安排一个角色，认为它使一些人易于患上精神分裂症。但是在描述该病以及治疗方面，他坚信，饮食发挥了作用。

有必要写一篇冗长的学术专题论文来解释脂肪和脂肪酸的基本性质和功能。但我担心读者不会买这本书,因为读者可能会喜欢上生物化学。因此我打算将有关脂肪的一些重要事实浓缩成简单的几句话。一个人体内的所有细胞都由外膜包裹在一起,这层膜大体上由富含脂肪的分子即磷脂构成。一个磷脂分子就像一只三齿餐叉,每个齿代表一个长链脂肪酸。从饱和脂肪酸到多不饱和脂肪酸,有几千种不同的脂肪酸可供选择,而多不饱和脂肪酸的关键特征就在于它们会形成更灵活的齿。这一点在大脑中尤其重要,因为大脑中每个细胞的外膜不仅形状复杂,而且要随着细胞间连接的增加或减少迅速变化。因而,大脑比其他组织需要更多的多不饱和脂肪酸。大脑干重的大约 1/4 由四种多不饱和脂肪酸构成。它们被称为必需脂肪酸(EFAs),因为我们那粗心大意的祖先从未发展出一种从头制造它们的能力;必需脂肪酸的前体源于食物,由简单的藻类和细菌开始沿着食物链一路上升,这些藻类和细菌知道如何制造出它们。如果一个人的饮食富含饱和脂肪酸,却匮乏多不饱和脂肪酸,最终相比那些食用许多富含脂肪酸的鱼类的人,他的大脑细胞膜会缺乏灵活性(这并不能解释为何挪威人和日本人中的精神分裂症患者也不少,尽管在那里人们的传统饮食以鱼类为主)。

让精神分裂症患者摄入必需脂肪酸可以检测霍罗宾的观点是否正确。他的同事马尔科姆·皮特(Malcolm Peet)和其他人开始着手做这个实验。实验结果虽未造成轰动,但也鼓舞了人心。每天摄入大量鱼油——富含不饱和脂肪酸——的确可以使精神分裂症患者的症状有一定程度的好转。在印度新近诊断的 31 例精神分裂症患者中,让他们摄入 4 种主要必需脂肪酸之一的 EPA,进行的双盲实验效果显著(在实验未结束之前,医生和病人都不知道到底哪些病人服用了药)。这些患者中有 10 个人不再需要服用抗精神病药物来控制疾病了；对照组的 29 个测试对象服用了安慰剂，他们的症状没有任何改善。EPA 抑制了从神经细胞膜中移除花生四烯酸的酶；因而它保留了细胞膜中的 AA。由于大多数抗精神病药物都有许多可怕的副作用，从精神萎靡和体重增加到帕金森病表现出的症状，这个新发现无疑令人兴奋。

脂肪酸理论并不是各种基因假说的竞争对手。精神分裂症的许多神经症状都与脂肪酸有所关联。我们知道，必需脂肪酸用于调节青春期神经元连接的修剪。女性善于从饮食中摄入相关物质来制造必需脂肪酸，因而患精神分裂症的女性比男性少。怀孕过程中的饥饿、胎儿出生过程中的缺氧、压力以及流感传染，都会降低大脑发育所需要的必需脂肪酸摄入量。流感病毒确实抑制了 AA 的形成，也许是因为 AA 是身体防御机制的一部分。

脂肪酸理论还有更多的直接证据，来自涉及精神分裂症的一些实际存在的基因，其中包括磷脂酶 A_2 基因，这种蛋白负责移除磷脂叉中间的齿，它通常是一种必需脂肪酸；还有 apoD 基因，类似于一台运载卡车，将脂肪酸输送到大脑。在精神分裂症患者涉及该病最多的大脑区域即前额叶皮层里，这种基因的活跃程度是正常人的 3 倍，但在大脑的其他区域或身体中却不是这样。似乎是前额叶皮层知道自己缺少脂肪酸，于是刺激 apoD 基因的表达，以求补偿。（顺便提一句，该基因位于 3 号染色体，连锁研究认为该染色体上没有"精神分裂基因"。）氯氮平成为抗精神分裂症有效药物的原因之一在于，它能够激发 apoD 基因的表达。霍罗宾的假说是，若要患上精神分裂症，你需要有两种遗传缺陷：一个减弱了将必需脂肪酸融入细胞膜的能力；另一个则轻易漏掉必需脂肪酸（每种缺陷都需受到若干基因的影响）。即便有了这些遗传缺陷，一个外在的事件也是触发精神崩溃的必要因素；而且其他基因可以改变或禁止它带来的影响。[30]

疯狂自有道理

精神分裂症近乎同样普遍地存在于全世界各地以及各个民族中，大约每100人中就有1例精神分裂症患者。无论是在澳大利亚原住民中还是在因纽特人中，精神分裂症的表现形式都完全相同。[31]这一点并不寻常，许多受到遗传影响的疾病，要么为一些特定民族所特有，要么在一个种群中比另一个种群中更为普遍。因此这意味着，也许预先决定一些人将来患上精神分裂症的基因突变早在远古时期便发生了，远在非非洲人（non-Africans）离开非洲之前，然后扩散至全世界。由于患精神分裂症并不利于生存，更别提成功地养育子女了，因此这样的普遍性才令人困惑：为什么这类基因突变没有消亡呢？

很多人注意到，一些成功并有才识的家庭里会出现精神分裂症患者。（这个论断让与克雷佩林同时期的英国人亨利·莫兹利拒绝优生学，因为他意识到，若要让这些有精神疾病的人绝育，将来也会失去很多天才。）一些精神错乱程度中等的人——有时候称之为"分裂型"的人——通常都很聪明、自信且专注。如同高尔顿所言："我很惊讶地发现，那些能力超凡的人常常却有一些近亲会精神失常。"[32]

这种特立独行的性格可能会帮助他们取得更大的成功。这并非巧合，很多伟大的科学家、领袖和宗教圣人都似乎走在精神错乱这座火山的边缘，而且他们也有一些亲戚患有精神分裂症。[33]詹姆斯·乔伊斯、阿尔伯特·爱因斯坦、卡尔·古斯塔夫·荣格和伯特兰·罗素都有一些近亲患有精神分裂症。艾萨克·牛顿和伊曼努尔·康德都曾被描述成是"分裂型"的人。一项精确的调查研究表明，28%的著名科学家，60%的作曲家，73%的画家，以及高达87%的诗人都表现出不同程度的精神障碍，这些数据的确滑稽。[34] 普林斯顿大学的数学家约翰·纳什，在战胜了30年来伴随他的精神分裂症以及因博弈论获得诺贝尔奖之后说过，他精神错乱期间穿插的一些理性时刻根本没有多美好，"理性的思考阻隔了人与宇宙的亲近"[35]。

密歇根州的精神病专家伦道夫·尼斯（Randolph Nesse）推测，精神分裂症可能是进化中的"悬崖效应"的一个例证。不同基因的突变都是有益的，可它们如果全发生在一个人的体内或演化过快的话，这时它们组合到一起便会导致灾难。痛风便属于此类"悬崖疾病"。关节处的高尿酸浓度防止人们过早衰老，但是少数人的尿酸太多，就会在关节处形成结晶体，令人感到疼痛。也许精神分裂症也是由于太多有益的方面汇集到一起，却产生一个不好的结果；一些遗传因素和环境因素通常有益于大脑功能的发挥，但是过多的因素全汇集到一个人身上，就可能导致精神分裂。这便可以解释为什么这些使人们易于患上该病的基因没有消亡；只要它们没有组合到一起，它们每一个都有益于携带该基因的载体生存下去。

精神错乱

在20世纪，先天与后天两方意识形态力量常常开始围攻疾病，就如同中世纪的军队围攻城堡一样。坏血病和糙皮病被解释为维生素缺乏病，落入后天论一方；而血友病和亨廷顿氏舞蹈病被解释为基因突变所引起的，归入先天论的阵营中。精神分裂症相当于一个重要的边防要塞，大半个世纪以来都由后天论者把守这个弗洛伊德式理论的堡垒。然而，尽管弗洛伊德主义者——那些先天后天之战的圣殿骑士团——早在几十年前便被驱逐出了战场，但遗传学家从未能令人信服地占领这个堡垒，而且后来还不得不宣布停战，欢迎后天论的军队跨过战壕、重返堡垒。

在精神分裂症被辨别出一个世纪以后，人们对于该病症只可以确定两点：第一，认为是母亲冷漠的过错显然是不对的；第二，该病症的某些地方有很高的遗传度。除此以外，几乎任何解释都有可能组合起来。许多基因明显影响了精神分裂症的易感性，一些基因可能对其做出回应以示补偿，但极少有基因能引起该病。子宫内感染也许在很多案例中很关键，但它既不是必要条件，也不是充分条件。饮食可以使症状恶化，甚至也许会触发疾病，但只限于那些有该病遗传易感性的高危人群。

在对待精神疾病方面，无论是先天论，还是后天论，都不能很好地将原因与结果区分开。人类大脑总想要去寻找简单的原因，它习惯回避没有原因的事件而乐于推理；当我们看到 A 与 B 一起时，总会想着要么是 A 导致 B，要么是 B 导致 A。这种倾向性在对精神分裂症的分析中体现最为强烈，研究者们在一些最显而易见的巧合事件中却能找到因果联系。但是，通常情况下 A 和 B 只是两个平行的症状。或者更糟糕的是，A 可以既是 B 的原因，也是 B 的结果。

于是，这里有一个完美的例证，证明先天和后天都很重要。我曾保证过精神分裂症会让这个论题陷入混乱，它的确做到了。克雷佩林很聪明地对原因持无知的态度：即使拿出在他之后的现代科学的全部证据，他的后继者还是未能发现原因。他们甚至不能将结果与原因区分开，因而非常有可能的是，对精神分裂症的最终解释将会同时包括先天论和后天论，任何一方都不能说自己占据首位。

第 5 章

基因的第四维度

> 如果按照某本烹饪书上的一个固定食谱，一字一句照做不误，那么我们最终能从烤炉中得到一个蛋糕。我们不能将这个蛋糕分成若干小块后说：这一小块对应的是食谱的第一个字；那一小块对应的是食谱的第二个字。
>
> ——理查德·道金斯[1]

日内瓦自然历史博物馆软体动物馆负责人的工作是不容小觑的。当让·皮亚杰收到这份工作邀请时，他当之无愧，因为此时他已发表了20多篇关于蜗牛和其亲缘动物的论文。但是他拒绝了，理由是他还没有完成学业。他继续做瑞士软体动物的博士研究，直到他的教父提醒他不要太痴迷于自然历史，他才将注意力从软体动物学转向哲学；他先是在苏黎世，之后又在索邦大学研究哲学。他的第三段职业生涯始于1925年，他开始在日内瓦大学卢梭学院研究儿童心理学，这份工作帮他真正树立了名望。在1926年到1933年之间，还很年轻的皮亚杰出版了5部颇具影响力的著作，都是关于儿童心智研究的。如今的父母都确信自己的小孩将来一定会迎来他们成长中的里程碑，这样的想法都要归功于皮亚杰。

皮亚杰不是第一个把儿童当成动物去观察的人——达尔文早就对自己的孩子们做过类似的事，然而是皮亚杰第一个提出这样的观点，儿童不是人类的学徒，而是属于一个拥有独特心智的群体。在皮亚杰看来，5岁儿童在做智力测试中所犯的"错误"，恰恰体现出他们这种独特却又一致的心智运作方式。在回答"如何增长知识"这个问题时，他发现随着孩子在儿童期对于环境不断做出回应，他们的心智也逐步达成累积性的建构。每个儿童都会经历一系列同样顺序的发展阶段，尽管在速度上有所不同。最早的阶段是感觉运动阶段，这期间婴儿只能做一些反射和反应动作；他们不会明白被藏起来的东西依然存在。接下来便是前运算阶段，在此期间儿童思考问题的方式是以自我为中心的，并对周围世界充满好奇。在这以后便是具体运算阶段。最后一个阶段是与青少年时期之间的过渡期，此时儿童开始进行抽象思维和逻辑推理。

皮亚杰意识到，儿童发展的连贯性远比这四个阶段表现出来的强。但是他也坚称，正如一个孩子要"准备就绪"才会走路或说话一样，所谓智力的各方面要素不仅是从外部世界获取来的，也是当大脑发育到能学习的时候才出现的。皮亚杰认为认知发展不仅是学习，也不仅是发育成熟，而是二者的结合，是正在发展的心智对世界的积极参与。他认为，对智力发展非常必要的大脑结构是由遗传决定的，但逐渐成熟的大脑的发展过程则需要来自经验和社会互动的反馈。反馈有两种形式：同化和顺应。儿童会将预测的经验与旧经验进行同化，再去适应未曾预料到的经验。

就先天后天之争而言，在我提及的那张照片中，皮亚杰是唯一一个不被归类为经验论者或先天论者的人。但是，与他同时期的康拉德·劳伦兹和B. F. 斯金纳则有着非常极端的立场，前者坚定不移地倡导先天论，后者则是后天论的捍卫者。皮亚杰谨慎地选择了一条中间道路。由于强调认知各个阶段的发展，他大致预想出青年时期成长经验的相关概念。他在许多细节方面并不正确。他提出的儿童只能通过抓握物体才能理解其空间属性的假说已被证实是错误的。空间理解力更接近于天生的能力——即使是非常小的婴儿，也能理解从未抓握过的物体的空间属性。无论如何，皮亚杰依然实至名归，他是第一个认真对待人性第四维度——时间维度的人。[2]

天生论的过火

时间维度的概念之后又被动物学家重新提起，并开始在先天后天之争中发挥核心作用，这场极具启发性的争论于 20 世纪 50 年代到 60 年代发生在康拉德·劳伦兹和丹尼尔·莱尔曼（Daniel Lehrman）之间。莱尔曼是一个精力充沛并善于表达的纽约人，热衷于观鸟；他对斑鸠行为的研究发现对人类也有着重要的启发意义。他发现雄性斑鸠的求偶舞蹈可以使雌性斑鸠的荷尔蒙发生变化。因此，一个外在的经验可以经由神经系统，导致有机体内在的生物变化。他当时并不知道，这样的回应受到基因开启和关闭的调节。

1953 年，在斑鸠研究工作达到巅峰之前，莱尔曼决定使用结结巴巴的德语（他在第二次世界大战期间帮助美国情报局破解无线电截获的录音时学会的），将劳伦兹的作品译成英文——目的是要对其展开批判。他强有力的批评影响了一代生态学研究者。甚至连尼科·廷伯根在读了莱尔曼的译著后也对自己之前的观念有所调整。奥地利人劳伦兹竭力主张本能说，认为动物的某些行为是天生的，即使它们自一出生便与其正常环境隔离，这些行为仍然不会改变。劳伦兹说，大多数动物采用精细且复杂的行为模式，这不是由经验决定的，而是由基因决定的。莱尔曼在批评中指责劳伦兹绝口不提发展，即这样的行为是如何形成的。行为并没有在基因形成之时就突然成型；基因确定了大脑结构，再使其汲取经验，之后才表现出行为。在这样一个系统里，"天生"到底从何说起呢？[3]

劳伦兹写了一篇洋洋洒洒的回复，莱尔曼又再次回应，他们二人的角度不同，自然话不投机。莱尔曼提出，某个行为是自然选择的产物，这并不能说明它就是"天生"的，他所理解的天生是指无须经验就会产生。一只斑鸠在其同类里发展起择偶偏好之前，需要有与其父母生活的经验；但这一点并不适用于燕八哥，和布谷鸟一样，燕八哥从未见过自己的父母，因而它的择偶偏好可谓真的是"天生"的。劳伦兹几乎并不关心行为是如何产生的，只要某种行为显然是源于自然选择，在得到正常的经验后，成年动物能够以大致相同的方式表现出来，那就够了。对他来说，天生意味着不可避免。劳伦兹总是对原因更感兴趣，而不是方式。

廷伯根对这个论题的解答令许多人感到满意。他提出，一个动物行为学学生需要对动物的某种特殊行为提出四个问题：是什么机制导致了这个行为？这个行为是如何在个体中发展的（莱尔曼的问题）？这个行为是如何演化的？这个行为的功能和存在价值是什么（劳伦兹的问题）？[4]

这场争论因莱尔曼于1972年去世而中断。然而，近几十年来，莱尔曼对动物行为发展的论断成为某种标准，从而召集起一批人，即那些认为行为遗传学和进化心理学的先天论者有些走火入魔的人。这场"发展论的挑战"有许多种形式，但其批判的核心就是，许多现代生物学家过于轻率地谈论行为"基因"，忽略了基因影响行为机制的不确定性、复杂性和循环性。依哲学家肯·沙夫纳（Ken Schaffner）之见，这场发展论的挑战有五点宣言：基因和其他原因同等重要；它们不是"预成论的"；它们的意义强烈依赖于情景；基因影响和环境影响无缝对接，不可分割；心智在发展过程中出乎意料地"凸显"出来。[5]

动物学家玛丽·简·韦斯特 – 埃伯哈德（Mary Jane West-Eberhard）

提出了最有力的发展论的挑战，声称可以呈现"第二进化合成"，它将会推翻第一进化合成，即 20 世纪 30 年代孟德尔与达尔文思想的综合，因为它将发展机制上升到与基因机制同等重要的地位。[6] 举一个例子，也是我自己的例子，请看一看双手手背上的血管分布模式。尽管两只手上静脉流向的最终目的地相同，但是它们流动的路径却稍有不同。这并不是说不同的基因程序为两只手设置了不同的路径，而是因为基因程序本身是灵活的，它将局部的方向控制交给血管自己来决定。发展是在适应环境，它能够应付不同的情况并仍然达到一个有效的结果。如果不同的发展源于同一套基因，那么不同的基因也能够得到同一个结果。或者用科技术语来说，发展得到"缓冲"，从而应付微小的基因变化。这可以解释两个有趣的现象。第一，野生育种的动物，例如狼，对个体基因突变的敏感度远远比不上同系交配的纯种狗：它们应对遗传变异时进行了缓冲。这又反过来解释了第二个令人困惑的现象。在生物种群里（无论人类还是动物），每一个基因都有许多不同的版本。一些基因以两个稍微不同的版本表现出来，分别位于相对应的染色体上，这种灵活性有助于让身体在各种环境下都能正常地运行。

行为发展的灵活程度和所需的缓冲一定不亚于身体结构的发育。[7] 在其较弱的形式中，发展论的挑战只是提醒了行为遗传学家不要下过于简单的结论，不要鼓励报纸头条作家以"同性恋基因"或"幸福基因"来吸引大众眼球。基因以大型团队的方式运作，有机体和本能的形成并非直接进行，而是要经历一个灵活的发展过程。那些对小鼠、苍蝇和蠕虫展开实际研究的人说，他们已充分意识到过度简单化的危险性，有时候也会对发展论者感到有些恼火。尽管发展论者也强调发展的复杂性和灵活性，但发展本身从根源上说是一个遗传过程。实验能证实系统的复杂性、可塑性和循环性，但也揭示了即使环境影响了发展,也是通过启动和关闭基因的方式进行的,是基因允许人们去适应环境并学习的。研究果蝇求偶行为的先驱者拉尔夫·格林斯潘(Ralph Greenspan)是这样说的:

> 如同基因指导求偶能力一样,基因也指导了从经验中学习的能力。对该现象的研究进一步支持了这种可能性,即行为受到各种交互作用的基因的调节,每一个基因都在身体内履行不同的责任。[8]

厨房里

一旦你开始考虑生物体的第四维度,你会想到好几个有用的寓言故事,它们都十分形象生动。在我看来,隐喻就像是优秀科学文章的命脉,因此接下来我会详尽地叙述其中两个寓言故事。

第一个寓言故事是关于渠化的,由英国胚胎学家康拉德·沃丁顿(Conrad Waddington)于1940年创作。[9]设想山顶有一个球。球从山顶滚下来,一开始接近山顶处还是比较平缓的。但随着球滚了一会儿,这时的山的表面便呈现出许多沟渠;不久后球便滚进了一条狭长的沟渠。在一些山上,这些沟渠会最终汇聚到一条水道;在另外一些山上,它们会分流至不同的水道。球就好比是一个动物。沟渠汇聚的山代表最为"先天性"的行为的发展:无论生物体有着什么样的经验,它们都能取得大致相同的结果;沟渠分流的山代表更多由"环境"决定的行为。这两类行为都需要基因、经验和发展同时发挥作用。因而,举个例子来看,语法就是高度渠化的,词汇却不是。我听到窗外有一只鸫鹆鸣啭,那公式化的旋律的渠化程度要高于一只画眉鸟模仿和发明的曲调，当然我也能听到画眉鸟的歌声。[10]

将先天性的行为等同于渠化发展，这种观点即使有所局限，但仍然是有用的，因为它彻底打破了基因与环境的两分法。一些本归为基因的东西，又由于受到环境的影响而进入另一条水道。如果在大多数社会里个性和IQ都具有高遗传度（见第3章），这便意味着它们的发展被渠化了。这得需要一个完全不同的环境，让球掷得更远足以偏离原来的水道，最后进入一条不同的水道。但这并不是说环境不重要：得有一座山，球才能滚下来。

接下来，我要来详述第二个寓言故事，它是由一位深受莱尔曼影响的英国生态学研究者帕特·贝特森（Pat Bateson）于1976年创作的。这是一个关于厨房的故事。

> 从隐喻的角度来看，行为发展和心理发展的过程与烹饪有着一些相似之处。原料和它们的组合方式都很重要。时间也很关键。在烹饪这个隐喻里，原料代表着诸多基因和环境因素，烹饪过程则指生理和心理的发展过程。[11]

先天后天之争的双方都很欢迎这个关于厨房的类比。理查德·道金斯曾于1981年用烘焙蛋糕的隐喻来强调基因的作用；他的主要批判者史蒂文·罗斯（Steven Rose）三年后也用了同样的隐喻，提出行为"不在我们的基因里"。[12]烹饪的隐喻并不完美，它未能抓住发展的关键之处，即两种原材料如何自发导致第三种材料产生，如此下去。但它如此流行也是实至名归，因为它很好地表达了发展的第四维度。正如皮亚杰所注意到的，人类一些特定行为的发展需要一定的时间，以一定的顺序产生，就像是若想做出好吃的蛋奶酥，不仅需要合适的原料，也需要合适的烹饪时间和依次完成的各道工序。

同样，烹饪的隐喻也即刻解释了少数基因如何创建出一个复杂的生物体。科幻作家道格拉斯·亚当斯（Douglas Adams）在他早逝前不久给我发了一封电邮，批判那种认为3万个基因不足以解释人性的观点。他提出，制作一个蛋糕所需要的蓝图（类似于建筑学家需要的那种），其实是一个极其复杂的文档。它需要精确地给出每一粒葡萄干的排列位置，每一团果酱的形状和大小，等等。如果人类基因组像这张蓝图，那么3万个基因绝不足以确定一个身体，更别说心智了。但是另一方面，制作蛋糕的食谱只有一个简单的段落。如果人类基因组像是食谱——说明如何花一定的时间以一定的方式来"烹饪"原料，那么3万个基因足够了。我们不仅可以想象出四肢成长的过程，也可以在科学文献中看到许多细节，了解一个基因接着一个基因是如何运作的。

但你能想象行为也是这样的吗？大多数人退缩了，不敢想象这些由基因形成的分子竟可以生成儿童心智中的本能。于是，他们放弃了，认为这是不可理喻的想法。现在我就来给自己一个巨大的挑战：解释基因如何导致行为的发展。在本书中，写到这里时我已试图表述，后叶催产素受体如何体现出配对本能，或 BDNF 基因如何影响个性。这些都是可供分析的有用系统。但是它们引发了一个巨大的疑问：大脑最初时是如何长成这样的。可以这样说，内侧杏仁核表达出的后叶催产素受体触发了多巴胺系统，从而对自己所爱的人有了一种上瘾般的感觉。但是，谁创造了这个神奇的机器，又是怎样创造的呢？

我们可以把基因组上帝看成一个技巧娴熟的大厨，负责烹饪出大脑这盘佳肴。那么，它该如何完成这个任务呢？

心智中的指示标

我们首先来考虑嗅觉。从感官的层次来说,嗅觉是遗传决定的感觉:一个基因,一种气味。小鼠的鼻子里有 1036 种不同的嗅觉感受器,每一个都表达了一个稍有不同的嗅觉受体基因。人们在这方面,就如同他们在某些方面一样,非常贫乏。人只有 347 个完好的嗅觉受体基因,外加上一些生锈的老基因的残骸(称为假基因)。[13] 在老鼠体内,每一个神经细胞都会发出一根神经纤维(即轴突),送至大脑嗅球内的一个不同的嗅小球。值得注意的是,表达某一种受体基因的细胞,会将它们的轴突全部发送到一个或两个嗅小球。

因此,小鼠鼻子中的好几百个 P2 神经元都表达同样的受体基因,并提供所有的电输出信号,来刺激大脑中的两个位点。新神经元会定期替换旧神经元,每个神经元的存活期只有 90 天。新的神经元在大脑中生长,并准确抵达其前任所在的位置。哥伦比亚大学理查德·阿克塞尔(Richard Axel)实验室的一个研究团队提出一个可怕、惊人的设想,即杀死所有的 P2 细胞(方法是令它们而且只有它们表达白喉毒素),然后看它们的替代者在没有"同事"手把手的带领下,是否可以找到正确的路线。结果是替代者可以。[14]

这也许解释了为何气味可以唤起回忆。嗅觉神经元一直忠诚于大脑中相应的位点,即使儿童时期的神经元早已消失,成年时期的替代者们仍在大脑中沿用完全一样的路线。阿克塞尔和他的同事们移除 P2 神经元上的嗅觉受体基因后,神经元便不再生长至原来的目的地,而是在大脑中漫无目标地游荡。阿克塞尔用 P3 上的一个嗅觉受体基因替换 P2 的受体基因,轴突便直达 P3 神经元上该受体基因相对应的目的地。[15] 这证明,某种特定嗅觉的发展需要鼻子中某个基因得到表达，大脑中也要有某个基因表达与之匹配，轴突生长出来后便可形成这种联系。

和 12 个蓄胡子的人同时期的一个浪漫的人，首次对此产生洞察力，想要解释这是如何发生的。圣地亚哥·拉蒙·卡哈尔（Santiago Ramón y Cajal, 1852—1934）拥有一个西班牙英雄应该有的一切：有艺术天分，招摇，张扬，不安分，且体格强健有力。卡哈尔让整个世界都信服，大脑不是由互相连接的神经纤维网络所组成，而是由许多独立的细胞构成，每个细胞与其他细胞有接触，但不会融合进去。他由于这个发现而得到的声誉比应得的更多，因为这个想法至少还应与其他五位科学家共享，其中有挪威探险家和政治家弗里乔夫·南森（Fridtjof Nansen）。不过，南森已足够有名望了，因此就把这一份给卡哈尔吧。然而，这里我感兴趣的是卡哈尔对其他方面的直觉知识。卡哈尔提出，神经向着吸引它们的化学物质的方向生长，从而构成神经系统。他怀疑，通过一些特殊物质的梯度，神经被诱至它们的目的地。他在这方面完全正确。

像麦克白的巫师一样，我现在给我的食谱加上一只青蛙眼睛。青蛙具有双目视觉，它们可以用两只眼睛看前方，尤其是可以在大范围里搜寻飞过的苍蝇。然而，蝌蚪的眼睛长在头部两侧。蝌蚪长成了青蛙，其眼睛在生命成长的过程中挪到了新的位置。问题是，现在两只眼睛的视野重叠，因此看到的景象完全相同。青蛙的大脑从每只眼睛的左半部接受信号输入，然后将其输送到大脑的同一部位进行共同处理。同时，每只眼睛视野的右半部分在大脑的另一部位接受分析。为了实现这一点，基因组上帝必须要改变青蛙眼睛到大脑的线路。每只眼睛半边的神经细胞交叉至大脑的对侧，而另一边的神经细胞则待在同一侧。这真是难以置信，多亏了克里斯汀·霍尔特

(Christine Holt)和中川真一(Shin-ichi Nakagawa),现在才可以准确地解释这是如何实现的。[16]

眼睛视网膜里的每个细胞都生长出一个轴突,指向大脑中的"视顶盖"。轴突的尖端是"生长锥",像是轴突的火车头一样,可以将轴突末端拉成一条直线,或者转向,或者停止。生长锥的每一次操作都是在回应吸引它或排斥它的化学物质。源自蝌蚪眼睛的生长锥抵达视神经交叉(可以说是交叉路口或交叉点),这些生长锥彼此交叉,蝌蚪大脑的右半边对左眼做出回应,反之亦然。但是一旦蝌蚪变成了青蛙,视神经交叉处就会发生一些变化。此时,青蛙右眼的左半边和左眼的左半边的神经都必须抵达大脑中同样的位置,而两眼右半边的神经则抵至另一位置,于是青蛙便有了立体视觉,能更好地判断苍蝇飞过的距离。新神经元自视网膜生长至大脑,但这一次,其中一半越过视神经交叉处,另一半继续留在大脑原来的一侧。霍尔特和中川发现了这种变化是如何发生的。视神经交叉处内一个基因得以开启:该基因合成一种叫作ephrin B的蛋白,排斥生长锥。它只排斥来自每只眼睛半边的生长锥,因为只有一半的细胞表达ephrin B受体基因。被排斥的生长锥继续留在和眼睛一侧的大脑同一边。眼睛另一半的细胞没有表达该受体基因,忽略来自ephrin B的信号,并跨越至大脑的对侧。因而,青蛙有了双目视觉,于是它可以大范围搜寻飞过的苍蝇。

只要这两个基因——ephrin B和ephrin B受体,在合适的地点和时间以合适的方式加以表达,青蛙便可以形成这样的神经线路,从而以双目视觉的方式来看世界。同样的基因也在小鼠胎儿大脑中相应的位置得到表达,而鱼或鸡体内的这种基因却保持沉默,因而它们没有双目视觉。这样也好,因为鱼和鸡的眼睛长在头的两侧,而不是头的前部。

ephrin B 是一个"轴突导向",是这类少得惊人的蛋白质中的一种。有 4 个普遍的轴突导向蛋白质家族:netrins, ephrins, semaphorins 和 slits。netrins 一般吸引轴突,其他几种则排斥轴突。一些其他的分子也承担了轴突导向的作用,但是为数不多。然而,现在看来,这些幸运的少数基因几乎是大脑形成所需的全部,因为这四种轴突导向存在于科学家们所能探测到的任何位置,或是排斥生长锥,或是吸引生长锥;而且它们存在于所有的动物体内,包括最低级的蠕虫。这个系统简单到令人难以置信,但它却能生成一个带有数万亿个神经元的人类大脑,每个神经元又可形成上千个连接。[17]

请容许我再来举个轴突导向的分子生物学研究个例吧,之后我将带领你们返回心理学的空间畅快呼吸。果蝇和青蛙一样,它的一些轴突需要跨过中线抵达大脑的另一侧。为了实现这一点,它们得压制自己对"Slit"蛋白的敏感度,后者是位于中线的排斥型轴突导向。一个轴突若想要越过中线,就得压抑它对 Robo 基因的表达,该基因可以编码 Slit 受体。这样的压抑导致轴突对 Slit 不敏感,允许它自由越过中线处所设的关卡。轴突一旦穿越中线,Robo 基因就会重新启动,以阻止轴突再次穿越回来。之后轴突会关闭多余的 Robo 基因(称为 Robo2 和 Robo3),这两个基因可以决定轴突距离中线多远。它关闭越多的 Robo 基因,就会离中线越远。

尽管这些基因是在果蝇里发现的,但你不要以为这是它独有的,之后研究者们发现了一种突变斑马鱼,其体内与 Robo3 对等的基因完全不起作用,中线神经交叉处也出现问题。接下来,研究者又在小鼠体内发现三种 Slit 蛋白和两种 Robo 基因,它们履行着同样的职责,即在前脑形成过程中疏导中线处的交通。在小鼠中,Slit 蛋白做得更多,它们实际上可以将轴突引导至大脑中特定的区域。[18] 看来,在啮齿目动物出生很长一段时间以后,其大脑中不同部位的 Slit 和 Robo 基因不停地开启和关闭，将轴突引向目的地。[19] 从这些基因的角度来看，人类就像是硕大的鼠，因此这是一个真正的突破，帮助我们理解人类的心智网络是如何建成的。

你也许认为这距离解释行为还有一段长长的路，的确如此。迄今为止，我的目的仅仅是要大致表达，基因可能会按照一个非常复杂的配方来建成一个大脑，同时也会采用少许简单的规则；另外，我还要提出遗传学的第四维度，即时间维度。我的意思不是说大脑发展已完全获得理解，科学家只是在补充细节。其实还差得很远。科学总是这样，科学家了解得越多，他就会意识到他不知道的更多。直到现在，迷雾还一直遮挡着我们的视线。现在所发生的一切，都只是对那令人眩晕的无知深渊的一瞥。例如，我目前还不能告诉你，netrin 和 ephrin 是如何受到经验影响的，也无法解释布谷鸟的脑袋是怎样配备了这些轴突导向，让它们本能地唱出"布谷"。但是，开始的步伐已经迈出去了，我不禁要说这个开端是经由基因还原论而产生的。若要理解心智的构成，却不考虑涉及轴突导向的个别基因，就如同想要建造一个森林却不种树一样。

合众为一

这些轴突导向坚守在路标处，给经过的生长锥按照它们的受体指示方向；这只是故事的一部分。它们可以解释神经如何到达它们想要去的地方，却解释不了神经在抵达目的地时如何建立起正确的连接。我再来说个寓言故事吧。假设一个来自伦敦的女人得到了一份在纽约的债券交易工作。她前往纽约，一路上在各个路标处对相应信号都予以回应（火车站、站台、前台、大门、入境大厅、出租车站、旅馆、地铁等），直到她抵达新雇主的办公室。在这里，忽然之间，她又启动一种新的导向系统。她与新老板和未来同事建立联系，其中一些同事也是不远万里来到这儿。她接触到这些人便不是通过方向指引，而是通过个人指引：姓名和工作。和这种方式一样，基因组上帝将一个轴突引导至其目的地，轴突抵达后必然要与合适的神经元建立联系。此时的线索不再是指示信号，而是身份标记。

20 世纪 80 年代后期，科学家偶然发现了第一个这样的基因，该基因可以告诉正在移动的轴突它已在何时抵达目的地。故事开始于 1856 年，一位西班牙医生奥雷利亚诺·梅斯特里·圣胡安（Aureliano Maestre de San Juan）对一个 40 岁的男人进行尸体解剖，这个男人没有嗅觉，阴茎短小，睾丸也很小。圣胡安发现这个男人的大脑中没有嗅球。几年以后，类似的一个例子在奥地利出现，于是医生开始问那些阴茎短小的男人是否有嗅觉。兴奋的性学家将这些例子作为证据，说明人们能从看得见的鼻子对其阴茎做出推断。1944 年，弗朗兹·卡尔曼，我曾在第 4 章里提到这位心理学家，将这种生殖腺短小和无嗅觉的综合征描述为一种罕见的遗传紊乱，一种家族遗传病，但主要影响男性。有些不公平的是，该综合征目前以卡尔曼的名字命名，而不是那个名字字数过多的西班牙人，这就是名字太长的悲哀。

对涉及卡尔曼综合征的基因的搜寻，聚焦在 X 染色体上。（男人没有该染色体的备用拷贝，因为它是从母亲那儿遗传的。）很快，研究者精确地定位到 KAL_{-1} 基因。其他染色体上大约还有两种其他基因也可以导致卡尔曼综合征，但它们还没能被鉴别出来。近些年来，研究者弄清楚了 KAL_{-1} 基因是如何运作的，当它遭到破坏时又会带来什么影响。该基因在卵子受精 5 周后得到开启，但既不是在鼻子里，也不是在生殖腺里，而是在胚胎大脑中后来成为嗅球的那个部分被打开。它产生一种失嗅蛋白，作为一种细胞黏附分子，它可以导致细胞相互黏附。失嗅蛋白对向着嗅球移动的嗅觉轴突的生长锥有着极大的影响。在生命形成的第 6 周，这些生长锥抵达大脑，失嗅蛋白的存在会导致这些生长锥扩张和"解束"，也就是脱轨的时髦说法。每一个轴突脱离它之前的轨道，停下来与附近的细胞连接。在那些没有 KAL_{-1} 基因工作拷贝并且没有失嗅蛋白的人体内，轴突从不会和嗅球形成联系。大概是觉得不被需要，它们会萎缩直至消失。[20]

因此，有卡尔曼综合征的人缺失嗅觉。但是为什么阴茎也会短小呢？令人惊讶的是，似乎触发性发育所必需的细胞诞生自鼻子，位于一个称作犁鼻器的古老的信息素感受器里。嗅觉神经元仅仅是将轴突发送至大脑，与之不同，这些神经元会自行前往大脑。它们沿着嗅觉神经元形成的神经束也就是轨道移动。在缺乏失嗅蛋白的情况下，它们不能抵达目的地，也不能开始做自己的主要工作，即分泌一种叫作促性腺激素释放激素。如果没有这种激素，脑下垂体就得不到指令向血液中释放促黄体激素；没有了促黄体激素，生殖腺便不能发育成熟。因此这类男人的睾酮浓度较低，性欲也低，即便在青春期后在性方面对女人也毫无兴趣。[21]

最后，我找到了一种方法，可以追踪一个基因经过大脑中某部分的构建，表达出一种行为的路径。帕特·贝特森引用卡尔曼综合征来强调，尽管基因的确可以影响行为，但是它们之间的联系是曲折而间接的。把 KAL_{-1} 基因称作性功能障碍基因这种说法有误导作用，相当重要的原因在于这种基因只有不工作时才会造成性功能障碍。此外，失嗅蛋白在体内还有许多其他功能，它对于性发育的影响是间接的。而且其他许多出错的基因也会导致该综合征的部分或全部症状，它们可能会在延伸的因果关系链中的其他位置发挥作用。事实上，大多数遗传的卡尔曼综合征病例都是由其他基因的突变所导致，而不是 KAL$_{-1}$ 基因的出错。[22]

尽管基因和行为之间没有一一对应的关系（多个基因对应多个行为的情况还是有的），但是带着既谨慎又允许偶然性存在的态度，我们要知道 KAL$_{-1}$ 基因仍是负责部分性行为的"基因之一"。正如莱尔曼和皮亚杰所提出的，基因通过神经系统的发育表现出其行为效果。基因规定了神经如何发育，继而再决定行为的方式。科学家逐渐领悟了一个不可思议的道理，即可以把行为看作发展的一种极端形式。鸟巢和鸟的翅膀一样，都是基因的产物。在我的花园里，乃至整个英国，歌鸫用泥筑巢，乌鸫用草筑巢，知更鸟用毛发筑巢，苍头燕雀用羽毛筑巢，代代如此，因为巢的筑造是基因的表达。理查德·道金斯为这个观点创造了一个短语"延伸的表现型"。[23]

我曾提到，失嗅蛋白是一个细胞黏附分子，这一点让它成为基因组上帝的基因产品集中最有趣的方面之一。理解细胞黏附分子的作用还处于初期阶段，但是有一种观点越来越值得相信，这些分子作为标记，在大脑线路构成过程中，帮助神经元确认它们的同伴。它们是神经细胞找到彼此的关键。我支持这种具有很强推测性的断言，这基于以下的实验，它是我迄今了解的有关基因和大脑研究中最精妙绝伦的实验。

该实验的操作者是拉里·齐普斯基（Larry Zipursky），实验对象是一只果蝇。果蝇有着复眼，也就是说，它们的眼睛可分为 6400 个微小的六角管状器官，每个都聚焦于景象中一个很小的部分。每个管状器官都精确地发送 8 个轴突至大脑，从而报告它所见到的东西——以运动图像为主。其中 6 个轴突对绿光反应最好；第 7 个轴突报告紫外线；第 8 个轴突回应蓝光。前 6 个轴突在大脑稍浅一层便停止前行了；第 7 个和第 8 个轴突则穿进大脑更深一些的区域,第 7 个轴突是最深的。[24] 齐普斯基首次提出,可以肯定的是,若要这 8 个细胞抵达目的地,合成神经性钙黏蛋白(一种细胞黏附分子)的基因,就必须在这 8 个细胞以及它们的目标细胞里得到开启。之后他的团队所做的工作几乎让人难以置信,他们运用基因工程改造出一只果蝇,让第 7 个轴突中的少数细胞只表达神经性钙黏蛋白基因的突变版本;并让这些细胞,而且只有它们,变为荧光绿,这样实验者便可以区分开同一个动物体内突变细胞的发育和正常细胞的发育。实现这一目标的细节简直不可思议:它们证明了科学仍是一个可以表现聪明才智和精湛技艺的场所。没有神经性钙黏蛋白,第 7 个轴突仍然可以正常发展,到达目的地,可随后却不能与其他神经细胞建立联系,于是它开始后退,似乎迷失了方向。齐普斯基又对前 6 个轴突做了同样的实验,在神经性钙黏蛋白基因停止运行的情况下,那 6 个轴突也无法找到自己的目标。他之后又做了一个类似的实验,这次他考察的是另外一种细胞黏附基因,即 LAR 基因。在此以后,他总结出,一个轴突若要识别出大脑中的目的地,必须要有神经性钙黏蛋白和 LAR 基因发挥作用。[25]

钙黏蛋白和它的同类,已跻身于生物界中最富有魅力的分子之列。它们有此声誉,完全归功于科学家们对它们作用的认可,即它们可以在大脑连线过程中促使神经元找到彼此。它们从细胞表面伸出来,就像海床上的叶状海带一样。在有钙的情况下,它们会硬化成杆,抓住邻近细胞伸出的类似钙黏蛋白;它们的职责似乎是将两个神经元捆绑起来。但只有当它们的末端相容时,才会彼此捆绑,而且基因组上帝似乎会尽全力来改变不同细胞间的带状末端。一部分是因为有许多不同的钙黏蛋白基因,另一部分则在于一个完全不同的现象,称为选择性剪接。请耐心跟着我去了解基因的运行方式吧。一个基因相当于一个由 DNA 字母组成的片段,解码合成一个蛋白质。然而,在大多数情况下，一个基因被打断为许多有意义的短片段，之间被一些无意义的长片段所间隔。有意义的部分被称为外显子，无意义的部分被称为内含子。在基因被转录为 RNA 组成的工作拷贝之后，在它被合成为蛋白质之前，内含子在剪接的过程中被移除。

1977 年，理查德·罗伯茨（Richard Roberts）和菲利普·夏普（Philip Sharp）由于发现了这一点而获得诺贝尔奖。之后，沃尔特·吉尔伯特（Walter Gilbert）意识到，剪接不仅仅是移除无意义片段。在一些基因里，每一个外显子都有许多可选择的版本，从头到尾都有，最终只有一个被选中；其他的版本则全被忽略。依照选择出的版本，同一个基因会合成差别细微的蛋白质。然而，直到近几年来，这个发现的全部意义才得以显示。选择性剪接并不是罕见或偶然的事件，它大约发生在将近一半的人类基因中；[26] 它甚至涉及剪接来自其他基因的外显子；在一些情况下，同一个基因所合成的蛋白质变体，不是一个或两个，而是数百个或数千个。

2000 年 2 月，拉里·齐普斯基让他的一个研究生舒惠迪（Huidy Shu）观察一种叫作 Dscam 的分子。这是一个基因的产物，最近由吉姆·克莱门斯（Jim Clemens）从果蝇中提取出，迪特马·舒马克（Detmar Schmucker）指出该分子是引导果蝇神经元抵达大脑中目的地所必需的。令人失望的是，果蝇体内这种基因的一段不同于它在人体内的对等基因，人类的这种基因可能导致唐氏综合征的一些症状，但其作用机制仍不得而知（Dscam 即唐氏综合征细胞黏附分子）。舒惠迪开始寻找 Dscam 的其他形式，也许它们含有与人类基因相似的序列区。尽管含有这样的序列区的 Dscam 没有被找到，但舒惠迪通过测序找到了大约 30 种形式的 Dscam，令人惊奇的是，每一种都不同。后来，忽然之间，完整的果蝇基因组首次可以从赛莱拉公司的网页上获取。那个周末，舒惠迪和克莱门斯运用果蝇基因组数据库来读取 Dscam 基因。在研究结果出现的那一刹那，他们简直不敢相信自己的眼睛。可供选择的外显子并非少数，而是有 95 个。在该基因中的 24 个外显子里，其中 4 个有可供选择的版本：4 号外显子有 12 个不同的版本，6 号外显子有 48 个版本，9 号有 33 个版本，17 号有 2 个版本。这意味着，如果基因被剪接成各个可能的外显子组合，那么它可以合成 38 016 种不同的蛋白质——全部出自一个基因！[27]

发现 Dscam 的消息如野火蔓延般在遗传学界不胫而走。许多基因组专家感到十分沮丧，因为这使情况更为复杂化了。如果单个基因可以合成数千种蛋白质，那么列举人类基因相对于列举出基因合成的蛋白质数目的任务来说，只能算是刚刚起步。另一方面，这样的复杂性嘲讽了之前的一种观点，即人类基因组中相对较少的基因意味着基因组过于简单，无法解释人类本性，因此人类一定是经验的产物。刹那间，那些主张此观点的人搬起石头砸了自己的脚。他们提出 30 000 个基因太少了，无法决定人性的细节；但他们也必须得承认这个基因组可以合成成千上万个，甚至数百万个不同的蛋白质，它们可以轻易地形成各种组合，足以决定人性各方面细致入微的细节，压根不用劳烦后天来帮忙。

但是请不要得意忘形。只有极少数选择性剪接基因才能表现出潜在的多样性。在我写这本书时，还没有任何 Dscam 基因的人类版本可以被选择性剪接（有几个版本有待证明），更不要说达到上述程度了。而且果蝇是否用 Dscam 基因制造出了所有 38 016 种蛋白质，这一点也未有定论。有可能的情况是，6 号外显子的 48 个版本在功能上可以互相替换。但是，齐普斯基已经知道，9 号外显子不同的替代版带有倾向性地出现在不同的组织里；于是他怀疑，其他外显子也会有类似的情况。科学家们普遍认为，这个课题的研究意味着他们已摸到了密室的大门。基因如何自我剪接，RNA 在细胞中如何运作，这都是理解某些全新的基础性生物学原理的关键。

在任何情况下，齐普斯基都希望他能发现细胞识别的分子基础，即神经元如何在拥挤的大脑中找到彼此。Dscam 在结构上类似于免疫球蛋白，这是免疫系统中一种高度变异的蛋白，可识别许多不同的病原体。识别病原体与识别大脑中的神经元十分相似。[28] 钙黏蛋白和另一种细胞黏附分子——原钙黏蛋白也表现出类似免疫球蛋白的功能。它们运用选择性剪接，让自己带有高辨识度的身份标记。此外，它们生成的蛋白黏附在细胞表面，摇晃着可变异的尾部，通过尾部的配对彼此连接在一起。当一个蛋白一旦与来自另一个细胞的类似蛋白相连，尾部就会形成一个坚固的桥梁。这看起来越来越像是两个相似者互相识别彼此的系统，即表达相同外显子的细胞可以结合，并建立突触连接。

原钙黏蛋白尤其耐人寻味。它们的基因从头到尾全部位于 5 号染色体上，分为 3 个基因簇，包括将近 60 个基因。每个基因都包括一串可变的外显子可供选择，每个外显子受到一个独立的启动子控制。[29] 它们可以通过选择性剪接来重排基因信息，不是在一个基因转录本里剪接，而是在不同的基因转录本之间剪接。这可能给大脑带来的就不只是成千上万个不同的原钙黏蛋白了，而将会是数十亿个。大脑中类似类型的邻近细胞最终会表达差别细微的原钙黏蛋白。"因此原钙黏蛋白可以提供黏附多样性和分子编码，以指定大脑中的神经元连接。"哈佛的两个倡导该观点的人这样写道。[30]

40 多年以前，神经学家罗杰·斯佩里（Roger Sperry）试图推翻当时普遍流行的一致看法，获得了他导师的支持。当时普遍认为，大脑由来自未分化的、几乎随机的神经元网络的学习和经验所创造。与之相反，他发现神经在早期的发展中便得以确定，不能轻易被重编。通过切断并恢复火蜥蜴的神经，他证实每个神经元都会抵达其前任所在的位置。他对小鼠和青蛙的大脑进行重新连线，以此证明动物心智的可塑性是有限的：一只小鼠的大脑被重连，右足连到了来自左边的神经，它会在右足受到刺激时仍迈出左足。通过强调神经系统中的决定论，斯佩里发起一场神经学领域的天生论革命，可以与乔姆斯基在心理学领域的天生论革命相媲美。他甚至肯定地认为，每一个神经元对其目标都有一种化学亲和性，大脑是由大量可变的识别分子所建构的。在这一方面，斯佩里远远领先于他所在的时代。（他获得诺贝尔奖是由于另一项成就，但其意义远不如这项成就。）

新的神经元

于是，发育的故事似乎起初就指向一个与皮亚杰和莱尔曼预期的相当不同的结论。双胞胎研究原本预期要揭示环境的影响大而基因的作用小，可最终却得出相反的结论；与之类似，发育研究本来是要证明它是一个由基因规划和设计的确定的过程。那么此时我是否要下这样的结论，先天赢了这场特殊的论战，因而发展论者的挑战失败了呢？

不。首先，确定构造的机器仍然可以接受修改。我的电脑有着繁复精细的电路，但当对一个新的程序做出回应时，它还是会修改其连接活动。此外，自斯佩里的时代以来，神经有可塑性的观点又卷土重来。这部分是因为常见的先天后天之争再次反弹：如今的科学家们对他们认为过火的先天论做出反击，就如同斯佩里回击在他看来过火的经验论。不过，还远远不止这些。许多年来，由神经学家帕斯克·拉基克（Pasco Rakic）所证实的一个正统观念认为，动物在成年期以后，大脑皮层里将不会长出新的神经元。后来，费尔南多·诺特博姆（Fernando Nottebohm）发现，金丝雀学习新歌曲时会长出新的神经元。拉基克说，无论鸟类如何，哺乳动物绝对不可能长出新神经元。之后伊丽莎白·古尔德（Elizabeth Gould）发现小鼠可以。于是拉基克又把不可能的范围限制在灵长目动物内。古尔德又发现了树鼩体内的新神经元。拉基克回应树鼩是属于古时的灵长目动物。可古尔德发现猕猴也可以长出新的神经元。如今，我们可以确定，所有的灵长目动物，包括人类，都会因丰富的经验而长出新的皮层神经元，也会失去某些从未活动过的神经元。[31] 这样的证据越来越充分并不断增多，即使大脑中最初的线路是由基因决定的，经验在重新界定大脑连线方面也是至关重要的。在卡尔曼综合征患者那儿，嗅球因缺乏运用而逐渐萎缩。对于如何处理一笔政府资助金，有这样一个古老的公认会计原理——"使用它，否则你会失去它"，这在心智运行中也同样成立。

请注意这种强调否定面的倾向。证明经验重要性的最好办法是，剥夺一个动物的经验。在视觉皮层中，如果一只眼睛出生后很快就盲了的话，那么它就失去了其在大脑中的感受域，另一只眼睛会占领这个位置（我将会在下一章对此做更多的阐述）。然而，在我写这本书时，霍利斯·克莱因（Hollis Cline）刚有了首批实验证据，证明了经验是如何正面影响大脑发育的。她研究了眼睛发出的神经元在接近大脑中目的地时的行为是怎样的。该神经元不是按照预先决定的方式直奔目的地，而是抛出一整套"探头"，其中许多会迅速撤回。它似乎是在寻找"有效"的连接——那些一起激发的相似神经元的连接。克莱因比较了一只发育中的蝌蚪在经过4小时亮光刺激后和4小时黑暗刺激后的视觉系统的神经元情况，发现蝌蚪在光亮处会抛出更多的触角来寻觅接触点。"我受到了一种刺激，"神经元嚷嚷，"我想要分享这个消息。"这大概说明了经验如何对大脑发育产生实际的影响，正如皮亚杰提出的一样。克莱因的同事卡雷尔·斯沃博达（Karel Svoboda）透过小鼠头骨的一个洞口，观察到大脑细胞之间的突触如何形成，又如何因回应经验而逐渐消失。[32]

教育的全部意义就在于训练生活中所需要的那些大脑回路，而不是给心智填充事实。经过训练以后，那些回路生长旺盛。令人惊奇的是，这不是人类所独有的，连极微小的线虫都有这样的情况。秀丽隐杆线虫是基因还原论者的至爱。它没有大脑，体内共有302个神经元，以严格的程序连接到一起。它看起来是无法进行哪怕最简单形式的学习的候选者之一，更别提发育的可塑性和社会行为了。它所有的行为就只是向前蠕动和向后蠕动。然而，如果这样的一只线虫能在合适的温度下反复找到食物，它便会记录这个事实，于是便会偏爱这种温度；如果在这样的温度下它不再获得回报，于是它又会渐渐失去这种偏好。这样灵活的学习是受到了NCS_{-1}基因的影响。[33]

线虫不仅可以学习，还会根据幼年期的社会经验发展出不同的成年"个性"。卡西·兰金（Cathy Rankin）将一些线虫送至"学校"（即将它们放在一个培养皿里培养），将其他一些线虫留在家里（即单独放在一个培养皿中）。然后她敲击每个器皿的一边，让这些线虫改变它们的移动方向。相比于独居的线虫，群居的线虫由于习惯了撞到彼此，会对敲击更为敏感。

兰金将一些基因人工植入线虫体内，这样她可以更好地研究哪些神经元之间的突触可以导致群居线虫和独居线虫之间的差异。实验结果解释，导致差异的原因是某些感觉神经元和"中间神经元"之间的谷氨酸突触弱化。有趣的是，她发现在线虫学习的过程中，同样的突触也发生了改变。在敲击

80次后，两种类型的线虫已适应了生活在一个震荡的世界里，于是它们渐渐不再逆转移动方向：它们已经学会了。通过改变相同基因的表达，学习和训练也对同样的突触产生影响。[34]

证明一只低等线虫的行为发展在这方面具有环境可塑性，这无疑壮大了发展论者的挑战。如果一个没有大脑、只有302个神经元的生物都可以从训练中获益，那么人类培养过程中这类偶发事件的作用该有多大啊！非常明确的是，早期的社会经验会对哺乳动物的行为产生持久且不可逆的影响。在20世纪50年代，哈利·哈洛（Harry Harlow）（第7章会对他进行更详细的介绍）偶然发现，一只雌性猴子如果在一个空笼子里养大，只有一个金属丝做的模型母亲做伴，没有同伴与之玩耍，那么它成年以后也会是一个对自己孩子疏于照顾的母亲。它会像对待大跳蚤般对待自己的幼儿。某种程度上，它那缺乏关爱的幼时经历给它留下了烙印，它将此传递了下去。[35]

同样，婴儿期的小鼠若是与其母亲分离，或是由人类养大，也会永久地受到经验的影响。孤单的小鼠长大后会变得易于焦躁并具有攻击性，对药物更容易上瘾。一只在婴儿期常被自己母亲舔舐的小鼠也会常常舔舐自己的幼儿，而且交叉养育揭示这并非遗传决定的，因为一只被收养的小鼠的行为会更像自己的养母而非生母。但是毫无疑问，这些影响受到了婴儿期小鼠体内基因的斡旋。[36]

给一只雌性小鼠一只幼仔，刚开始雌鼠会忽视它们，但逐渐会对它们表露出母性。这个反应速度在不同种类的鼠之间差别很大，而且同样，在婴儿期常被舔舐的小鼠会更快做出这种反应。迈克尔·米尼（Michael Meaney）的研究表明，这里所涉及的基因是后叶催产素受体基因，它们在常被舔舐的小鼠体内更易于被开启。在某种程度上，幼时被舔舐的经历改变了这些基因对雌激素的敏感度。这到底是如何运作的，我们不得而知。但它可能涉及大脑中的多巴胺系统，多巴胺与雌激素极其相似。情况更加复杂了，因为幼时受到母亲忽视的经历确实改变了多巴胺系统中相关基因的表达，这显然可以解释这样的事实，即幼时缺乏母爱的动物更容易对药物上瘾，药物可以通过多巴胺系统让它们的心智保持愉悦。[37]

汤姆·英赛尔实验室的达琳·弗朗西斯（Darlene Francis）对两个种系的小鼠进行实验，将它们在出生前与出生后进行互换。C57 种系的小鼠的受精卵形成以后，就被植入其本种系母鼠以及 BALB 种系的母鼠的子宫里，然后再由 BALB 种系母鼠和本种系母鼠养育。经过这样的交叉抚养后，实验者将通过各式各样的标准测验来测查这些小鼠的技能，所有生活在实验室里的小鼠都常常接受此类测验。有一个测验是，在一个乳白色的泳池边，小鼠须找到一处可以站立的隐匿的平台，然后记住该位置。另一个测验是，当小鼠掉进一个空旷之处的中间位置时，它可以鼓起勇气来探索。第三个测验是，小鼠去探索一个十字形的迷宫，迷宫通道两处关闭，两处开启。自交种系的小鼠在这些测验中的表现呈现出前后一致的差别，这说明基因规划了它们的行为。相比 C57 种系的小鼠，BALB 种系的小鼠在空旷地中间逗留的时间较短，在迷宫两个闭合的通道中停留的时间较长，回想出隐匿的平台位置的速度更快。在交叉抚养实验中，在出生前和出生后由同种系母鼠交叉抚养的 C57 种系小鼠，行为和正常 C57 种系小鼠完全相同。但是，出生前和出生后由 BALB 种系母鼠交叉抚养的 C57 种系小鼠，行为上则像是 BALB 种系小鼠。像米尼研究的小鼠一样，BALB 种系母鼠对幼子的舔舐不及 C57 种系的母鼠多，于是也改变了它们幼子的本性。然而，这种母性行为能否带来影响，取决于其幼鼠胎儿是否在 BALB 种系母鼠子宫里成长。若是 C57 小鼠一直在C57种系母鼠的子宫里生长，出生后由BALB种系母鼠养大，那么该小鼠的行为会和其他C57种系小鼠一样，一点儿也不像BALB种系小鼠。正如英赛尔所说，这是先天之母与后天之母之间的较量。[38]

这些发现令人震惊。它们暗示，哺乳动物的大脑发育对它在子宫里的遭遇以及出生后的经历具有高度敏感性，但它们也说明这些影响受到了动物基因的调控。这个例子也验证了莱尔曼的观点，即发育对成年之后的影响极为重要。事实上，这比莱尔曼更深入地揭示了基因如何听任环境中其他动物尤其是其父母行为的摆布。像往常一样，它既不支持极端的后天论（因为这种现象是由于基因的运作才得以出现的），也不支持极端的先天论（因为它显示出基因表达的可塑性）。它再次巩固了我的观点，基因既服务于后天，也服务于先天。它是一个完美的例证，说明基因组上帝在对基因进行职位描述时，也提出了以下告诫：在发育过程中，你得随时准备好汲取在父母影响以外各方面的环境信息，并对你之后的活动做出相应调整。

孵化出的乌托邦

"难道你就没有想到，一个爱扑塞隆（Epsilon）胚胎必须要有爱扑塞隆环境和爱扑塞隆遗传吗？"奥尔德斯·赫胥黎（Aldous Huxley）于1932年出版的《美丽新世界》（*Brave New World*）中的孵化与条件设置中心主任这样说道。他当时正在带领学生参观孵化中心的孕育室和换瓶车间。在这里，人工授精的人类胚胎被养育在不同的条件下，以产生不同的社会阶层：从才华出众的阿尔法人到工厂最底层的爱扑塞隆人。

很少有哪一本书会比《美丽新世界》遭受的误解更大。如今，人们几乎会自发式地将其认定为对极端遗传科学的讽刺：对先天的一次攻击。事实上，它完全是有关于后天的。在赫胥黎想象的未来里，人类胚胎是人工授精后形成的，有一些胚胎还会经受克隆（即波坎诺夫斯基程序），再接受特别设定的营养、药物和配额氧气的输入，成长为社会不同阶层的成员。继而在童年期，他们要接受持续不断的睡眠教育（睡眠时被洗脑），和新巴甫洛夫式条件反射训练，直到每个人都实实在在爱上孵化中心给自己设定好的生活。那些将在热带工作的人经过训练后会适应高热，那些将驾驶火箭飞机的人经过训练后会适应运动。

身材极具诱惑力的女主人公列宁娜喜欢飞行，常常与预先规定的助手约会，性行为随便，擅长打障碍高尔夫，并常服用幸福药物"索玛"。这些都是由孵化中心和学校所设定的，而不是由她的基因所决定的。她的仰慕者马克斯反抗这种服从式的生活，因为在他出生之前，孵化中心工作人员误将酒精加入他的代血剂中。他带列宁娜来到新墨西哥州的野蛮人居留地度假，在这里，他们认识了一个白种"野蛮人"琳达和她的儿子约翰。之后，马克斯和列宁娜把约翰带回伦敦见约翰的亲生父亲，原来他就是孵化与条件设置中心主任。约翰受到莎士比亚作品的熏陶和教化，一直渴望见到文明世界，可是他很快就对这个所谓的文明世界失去幻想，退隐到萨里的一个灯塔屋里独居，后来被一个电影制片人找到。由于被咄咄逼人的参观者激怒，他上吊自杀了。[39]

尽管这里有药物让人维持快乐的感受，但是这种注定的命运、孵化中心的操作细节和特点让这个**美丽新世界**成为一个如此恐怖的居住之地。但这些都属于环境施加给居住者身体和大脑发育的影响。这是一个后天生成，而非先天注定的地狱。

第 6 章
成长岁月

从童年看成年,犹如早晨可预示一天。

——约翰·弥尔顿,《复乐园》[1]

后天是可以逆转的，而先天则不能。这解释了为什么一个世纪以来有责任心的知识分子都偏爱振奋人心的环境改良论，而反感阴郁严苛的加尔文主义的基因论。但是，如果有这么一个情况完全相反的星球，又将会怎样呢？假设科学家们发现了这样的一个世界，许多有智慧的生物居住于此，它们不能改变后天的一切，但它们的基因却对其生存的世界具有高敏感度。

不要再假设了。在这一章里，我的目的就是要你相信，你就是生活在这个颠倒的星球上。若说人类在多大程度上是后天的产物，这里所指的是狭义的父母养育，那他们就会在同样的程度上受到早期不可逆事件的影响。若说人类在多大程度上是基因的产物，那他们也会在同样的程度上在成年以后表现出新的特征，而这些全都是他们的生活方式所带来的。这是科学家乐于传播的出人意料的发现之一，也是近些年来最少得到认可却最具重大意义的发现之一。即使是它的发现者，在先天后天那冗长的争论中沉浸已久，也只能模糊地察觉到这些发现具有革命性的意义。

1909年，在奥地利东部阿尔滕堡附近的多瑙河湿地，一个叫康拉德的六岁小男孩和他的朋友格蕾特从一个邻居那儿得到了两只新孵出的小鸭子。这两只鸭子对两个孩子产生印刻效应，一直跟随他们到各处，误把他们当成自己的父母。"我们当时没有注意到，"64 年后康拉德说，"鸭子对我形成了印刻……一个持续一生的行为源于幼年时期一个具有决定性意义的经验。"[2] 1935 年，已经和格蕾特结婚的康拉德·劳伦兹以更加科学的方式描述了一只出壳不久的雏鹅，如何把所看到的第一个移动的东西作为追逐的对象，并一直跟随对方。这个移动的东西通常情况下是其母亲，但偶尔也会是一个留着山羊胡子的教授。劳伦兹意识到，发生印刻效应的时间要求极为严苛，似乎只有一个很窄的时间窗口。如果这只雏鹅出壳后不足 15 个小时，或已经超过 3 天，它都不会产生印刻效应。可它一旦对什么形成印刻以后，就会坚持下去，绝不会跟随另一个不同的养育者。[3]

事实上劳伦兹不是第一个描述印刻效应的人。60 多年前，英国自然学家道格拉斯·亚历山大·斯波尔丁（Douglas Alexander Spalding）曾提到，动物幼时的经历会给其心智"盖上印章"，这基本上用了同一个隐喻。我们对斯波尔丁知之甚少，不过仅了解的那点事也足够新鲜奇特了。约翰·穆勒在阿维尼翁遇见了斯波尔丁，给他介绍了一份给伯特兰·罗素的哥哥当家教的工作。罗素的父母安伯利子爵夫妇认为，斯波尔丁患有肺痨，不应该繁衍后代；但他们也觉得若是剥夺一个男人天生就有的性欲望是不公平的。于是他们想了个办法来解决这个难题，即由安伯利夫人亲自代劳。她的确履行了这个职责，但是她于 1874 年去世；两年后她的丈夫也去世了。安伯利子爵去世前曾提出让斯波尔丁成为伯特兰·罗素的监护人之一。这件事情被揭露后，伯特兰年迈的祖父厄尔·罗素大为震惊，他立刻接管了年幼的伯特兰的监护权，直到 1878 年过世。斯波尔丁于 1877 年死于肺痨。

这个希腊式悲剧般不为人知的男主角在他为数不多的作品中，预先提出了 20 世纪心理学研究领域里的许多重大主题，包括行为主义。他也描述过一只新孵出的小鸡会"跟随任何移动的目标。而且，当只受到视觉引导时，它跟随一只母鸡的倾向性，和跟随一只鸭子或一个人的倾向性在程度上并无差别……是本能促使它跟随；耳朵，优先于经验，吸引它们去找合适的目标"。斯波尔丁还观察到，如果一只出壳四天的小鸡一直戴着头罩，当他将它的头罩掀开后，小鸡会立刻从他身边跑开；而如果在前一天他掀开它的头罩，小鸡则会一直跟随他。[4]

然而，斯波尔丁的研究从未获得注意；是劳伦兹将印刻效应（德语是 Pragung）绘进了科学地图。劳伦兹还创立了关键期的概念，即环境对行为发展产生不可逆影响的时间段。劳伦兹认为，印刻效应的重要性在于它本身就是一种本能。对于新孵出的雏鹅来说，对其母亲产生的印刻是天生的。这种行为不可能是学会的，因为这是幼禽的第一个经验。在行为研究以条件反射和联结理论为主导的那段时间里，劳伦兹明白他的任务是要重树天生论的权威。1937 年的整个春天，尼科·廷伯根都与劳伦兹待在阿尔滕堡，两人一起创立了动物行为学，即对动物本能的研究。一些概念得以诞生，如转移行为（在做想做之事受阻时，转而去做另一件事）；释放物（诱发动物本能的环境刺激物）；固定行为模式（本能的子项目）。廷伯根和劳伦兹由于那个春天开始进行的研究而获得了 1973 年的诺贝尔奖。

但是，还有另一种方式来看待印刻效应，视其为环境的产物。毕竟，除非有东西可跟随，要不雏鹅也不会跟随。它一旦跟随自己认定的"母亲"，就会偏向于跟随与之相似的东西。但是在那之前，它对"母亲"的模样没有什么先入为主的想法。从另一个角度出发，劳伦兹发现外部环境对行为的塑造作用，绝不亚于内部动机的作用。印刻效应既可归入先天之营，也可归为后天之营：我们可以教会一只雏鹅去跟随任何移动的物体。[5]

然而，小鸭子就不同了。尽管劳伦兹在孩提时代成功地让鸭子对他形成了印刻，但成年以后的他却无法轻易地让绿头小鸭对他产生印刻效应。直到他模仿发出绿头鸭的声音，那些小鸭子才兴高采烈地跟着他走。小鸭子需要看到并听到它们的母亲。20世纪60年代早期，吉尔伯特·戈特利布（Gilbert Gottlieb）做了一系列实验来探知这是怎样运作的。他发现，无论是新出壳的绿头小鸭，还是新出壳的小木鸭，都会对其同类的叫声有选择偏向。这就是说，尽管之前从未听过自己同类的叫声，它们在听到时仍会知道这是正确的声音。但是之后，戈特利布试图把情况复杂化，并得到一个令人惊奇的结果。他对还未完全孵化出的小鸭的声带做了手术，使它们无法发出声音。这样一来，出壳的小鸭便不再对其同类的母亲有选择偏好了。戈特利布总结出小鸭子能识别正确的声音，是因为它们在孵出前就已听到自己的声音。他认为这推翻了本能的整个概念，因为这体现了一种出生前的环境触发因素。[6]

妊娠的伤痕

如果环境的影响有一部分是发生于出生前的，那么环境听起来就不太像是一种可塑的力量，而更像是命运。这到底是小鸭子和小鹅的好奇心所致呢，或者是否人类也会对早期环境形成印刻，从而留下不会改变的特征呢？让我们从医学线索入手。1989年，医学专家大卫·巴克（David Barker）调查研究了5600多位男性的命运，他们都是于1911～1930年出生于英格兰南部赫特福德郡的 6 个区。那些出生时以及 1 岁时体重最轻的人后来死于缺血性心脏病的概率最高。体重偏轻的婴儿的死亡风险几乎是体重偏重的婴儿的 3 倍。[7]

巴克的研究结果引来了许多关注。体重偏重的婴儿会更加健康，这一点不足为奇，可是奇怪的是，他们患一种老年病的可能性也较小，对于该病病因，我们早已经充分了解。这证明了，患心脏病并不是因为一个人在成年后吃了太多奶油，而是因为他 1 岁时过于瘦弱。巴克继而收集世界其他地方关于心脏病、中风和糖尿病的资料，来证实同样的研究结果。例如，1934～1944 年在赫尔辛基大学医院出生的 4600 位男性中，那些出生和 1 岁时偏瘦和体重偏轻的人后来死于冠心病的概率相当高。巴克这样说道，如果这些人在婴儿时没有偏瘦的话，那么后来他们中只会有一半人患上冠心病，这对于公众健康研究来说是了不起的潜在改善。

巴克提出，心脏病不能被视为人一生中各方面环境影响累积的产物。"相反，一些影响因素，包括儿时体重过高，取决于发育早期关键阶段中发生的事件。这体现出以下概念，环境触发了发育的'开关'。"[8] 根据由这项研究发展而来的节约基表型假说，巴克发现了婴儿对于营养不良的适应。一个缺乏营养、发育不良的婴儿，由于之前对出生前的经历形成印刻，出生后便"预料"自己一生中都生活在食物匮乏的状态里。他的整个新陈代谢都调整为适应体型偏小的身体，储存热量，以及避免过度运动。然而，当婴儿发现在自己处于一个各方面物质都很充足的环境里，他便会通过快速生长来予以补偿。但这样一来，就会给其心脏带来较大负荷。

这个饥荒假说也许有更奇特的暗示，如在第二次世界大战期间一次大规模的"偶然实验"所揭示的一样。该实验始于 1944 年 9 月，康拉德·劳伦兹和尼科·廷伯根这两位之前的合作者这时都身陷囹圄。劳伦兹被捕不久，待在一个苏联战犯营；廷伯根即将获得释放，他已在德国战俘营里被扣为人质长达两年时间，以其生命来威胁荷兰的抵抗运动。1944年9月17日，英国的空降部队抵达荷兰的阿纳姆市，攻占莱茵河上被纳粹控制的一座具有战略意义的桥梁。8天以后，在击退前来救援的地面部队以后，德军迫使他们投降。至此，盟军放弃了解放荷兰的尝试，一直到当年冬天结束以后。

荷兰铁路工人发起了一场罢工运动，以阻止德军的增援部队来到阿纳姆。为了报复，纳粹德国特派员阿图尔·赛易斯－英夸特（Arthur Seyss-Inquart）发布一条禁令，禁止荷兰国内的所有民间运输。结果，荷兰迎来一场持续7个月的毁灭性饥荒，人们将其称为"饥饿的冬天"。但是后来引起医学研究者们重视的是，这场突如其来的饥荒给未出生的胎儿带来的影响。在饥荒持续期间，荷兰大约有40 000个胎儿，它们的出生体重和之后的健康状况均有记录。20世纪60年代，哥伦比亚的一个研究团队对于这些数据进行了研究。他们所预料的母亲营养不良会引起的一切后果均得到证实：畸形婴儿、婴儿的高死亡率和高比率死胎。但他们也发现，那些在妊娠期最后3个月的胎儿受到的不良影响仅体现在出生时体重偏轻。这些婴儿生长正常，但后来却易患糖尿病，这也许源于他们的节约基表型与战后充足的食物环境的不相称。

在饥荒时处于妊娠期前6个月的胎儿之后出生体重正常，但当他们成年以后，生出的婴儿则体型偏小。这种奇特的隔代影响很难用节约基表型假说予以解释，尽管帕特·贝特森注意到，蝗虫历经几代才由害羞、独居及有特定饮食习惯转变为密集群居和有多样化饮食习惯，再历经几代以后转变为之前的模式。如果人类也要花上几代时间才能在节约表现型和富足表现型之间转换，这就可以解释为什么芬兰人死于心脏病的概率几乎是法国人的 4 倍。自 19 世纪 70 年代的普法战争以后，法国政府便开始增加本国孕妇的食物配给。直到 50 年前，芬兰人一直生活在贫困中。也许，正是由于有了充足食物，前两代才会易患心脏病。也许，这也解释了为什么如今美国人的心脏病死亡率急速下降。然而在英国，人们享有充足食物的时间还不够长，于是在这方面落后了。[9]

指长与生命

出生前的一次事件可能会有着深远的影响，绝不可能在日后的生活中被抵消。即便是健康人之间的细微差别，我们都可以将其归为出生前的印刻效应。手指长度便是一个例子。大多男人的无名指比食指要长；而大多数女人的无名指和食指长度通常一样。约翰·曼宁（John Manning）意识到，这体现了胎儿在子宫时接触的产前睾酮浓度。一个人在子宫时接触的睾酮越多，他的无名指就会更长。这种联系可以通过一个生物学理论予以解释。支配外生殖器生长的同源框基因也控制了手指的生长，子宫里各个事件发生次序的一个细微差别就会导致手指长度稍有不同。

曼宁的无名指测量大致说明了人们出生前接触的睾酮素的多少，你也许会说那又怎样呢？好吧，让我们忘记手相说，这是真正的科学预测。无名指比正常人的长（睾酮素多）的男人患上自闭症、阅读障碍症、口吃和免疫功能障碍的风险较高。[10] 而无名指过短的男人则更易患有心脏病和不育症。而且，男性的肌肉也部分受到睾酮的影响，因而曼宁曾在电视上贸然预言，在一群赛跑选手之中，那个无名指最长的选手会赢得比赛。结果那个人真的赢了。[11]

无名指的长度，事实上还有它的指纹，都是在子宫时便被印刻下来的。它们是后天的产物——显然子宫就是后天的化身。但这并没有令它们具备可塑性。后天比先天更具可塑性这种安慰人的说法，部分程度上依赖一个谬论：后天是出生后发生的一切，先天是出生前发生的一切。

也许你现在可以隐约理解第3章提及的悖论解释：行为遗传学既揭示了基因的作用，也揭示了非共用环境的作用，但它却无法揭示公用环境的影响。兄弟姐妹没出生前的环境是非共享性的（除双胞胎以外）；每一个婴儿在子宫中的经历都是独一无二的；它们在子宫里的遭遇，如营养不良、流感或睾酮素，取决于当时母亲身上发生的事件，而不是整个家庭发生的事。出生前的后天环境越重要，后天在出生后就越难以发挥作用。

性与子宫

整个印刻效应有点儿弗洛伊德理论的色彩。年迈时的西格蒙德相信，人类心智带有其早年经验的印记，尽管其中许多一直在深藏在潜意识中，但它们依然存在。重新发现它们是精神分析的目的之一。弗洛伊德继而提出，通过重新发现这一过程，患者可以治愈自己的各种神经症。一个世纪以后，人们对于这个提议有了明确的判定：很好的诊断，糟糕的疗效。精神分析在改变人方面带来了灾难性的后果。这也是它可以谋取高额利润的原因——"下周见"。但是，它存在的前提是正确的，人类的确有"成长经验"，这些经验形成得很早；它们依然存在于成人的潜意识里，并有很强的影响力。由此类推，如果它们仍然存在，具有影响力，那么它们一定很难被逆转。如果成长经验一直存在，那么它们一定是不可改变的。

弗洛伊德并不是第一个考虑到婴儿期性欲的人，但他在这方面一定是最具影响力的人物。他背道而驰，自持一套理念。某个客观冷静的旁观者会认为，性开始于青春期是最明显不过的事。在12岁以前，人类对于裸体并无特别感觉，对浪漫故事感到无趣，对生活的事实表现出轻度怀疑。到了20岁，人们开始受到性的吸引，甚至到了着迷的地步。毫无疑问，有一些事情发生了改变。然而，弗洛伊德相信，早在此之前，儿童的心智里，甚至婴儿的心智里，已发生了一些与性相关的事。

让我们回到雏鹅的故事。劳伦兹注意到形成印刻的雏鹅（以及其他禽类）不仅将他视为母亲，之后在性对象的选择方面也会将目标对准他。它们会忽略自己的同类，而向人类示爱。（我和姐姐同时发现了一件事，孩提时代的我们养了一只灰斑鸠，将刚孵化出的雏鸟一直养到成年。结果它狂热地爱上了姐姐的手指和脚趾，可能是因为它从睁开眼睛那一刻起，这些手指就给它喂食。但是，它将我的手指和脚趾则视为情敌。）这一点相当有趣，它暗示了至少在鸟类中，性吸引的对象是在其出壳后不久便确定的，而且这个对象可以是任何有生命的物体。对家禽和野禽所做的一系列实验显示，在许多鸟中，一只由不同物种的母亲养大的雄鸟，会在性方面对其他物种形成印刻。而且存在一个关键时期，鸟就是在此期间形成性偏好的。[12]

令人感到不安的是，人类也会如此吗？在20世纪，人们会给自己一个放心的答案：不可能。人们没有本能，这种情况根本不可能发生。但是，现在看看这将会让你陷入多么混乱的境地。如果本能如此灵活，一只鹅都可以迷恋上一个人，那么人类会有灵活度稍差的本能吗？或者他们是否需要费尽心力地学习爱上谁？无论是哪种情况，人类自诩我们没有本能，因此我们很灵活，这种说法在今日听起来未免有些空洞。

无论如何，很久以前我们从同性恋的经历中就清楚地了解，人类的性偏好不仅难以改变，而且是在其年幼时便固定下来的。如今科学领域里没有任何人相信，性取向是由于青少年时期发生的事所导致的。青少年时期只是冲洗出了一张之前就已曝光的底片。显而易见，若要理解为何大多数男人会爱上女人，而一些男人却被男人所吸引，你就得进一步追溯其童年时期，甚至可能要追溯到他们在子宫里的时候。

20世纪90年代，一系列的研究复兴了之前的观点，即同性恋是"生理"状态而非心理状态，是命运所定而非自我选择。一些研究表明，将来可能成为同性恋的人在童年时就表现出了不同于常人的个性；另一些研究表明同性恋男性和异性恋男性的大脑结构不同；许多双胞胎研究显示，西方社会里同性恋的遗传度很高；一些有关同性恋男性的轶事报道反映，他们在幼年时期就能感觉到自己"与别人不同"。[13] 单独看每一项研究，我们并不会觉得它们有多少震撼力。可是将这些研究放在一起，再对照几十年以来许多疗法都无法"治愈"他们的同性恋本能这一事实（至此人们已尝试过厌恶疗法、药物疗法以及偏见纠正），我们可以发现这些研究是非常明确的。同性恋是一种早期的，可能是出生前就有的而且是不可逆的性取向。青少年时期只不过像是在火上浇了点油。[14]

那么到底什么是同性恋呢？简单来说，它指一整套不同的行为特征。在一些方面，同性恋男人似乎更像女人：他们喜欢男性，更注重穿着打扮，他们对人比对足球之类更感兴趣。然而在另外一些方面，他们和异性恋男人并没有区别：他们会购买色情杂志，性行为随便，等等。（《花花女郎》里的男性裸体折叠插页原本想要吸引女性注意，不料吸引的主要是男同性恋。）[15]

和所有的哺乳动物一样，若非发生了雄性化，人类胚胎将自动发育成雌性。女性是"默认性别"（鸟类的情况相反），位于Y染色体上的SRY的单基因，在正在发育的胚胎中发起了一连串事件，让其发展出男性化的样貌和行为。如果没有该基因，则胚胎将会发育成女性。因此，这样的假设是合理的，即男同性恋是由于出生前大脑中（而非身体里）未能完成雄性化所导致的（见第9章）。

迄今为止，有关同性恋原因的最可靠的发现，来自雷·布兰查德（Ray Blanchard）的兄弟出生顺序理论。在20世纪90年代中期，布兰查德统计了男同性恋者的哥哥和姐姐的数量，并将其与人口平均水平进行了比较。他发现，比起同性恋女性或异性恋男性，男同性恋者往往会有不止一个哥哥（而不是姐姐）。从那以后，他在许多不同地方抽取的14个不同的样本也证实了这一点。每多一个哥哥，一个男人成为同性恋的可能性会增加1/3。（这并不意味着有很多哥哥的男人就注定会是同性恋，这种可能性的增加指的是人口的3%增至4%，这样算出来是增加了1/3。）[16]

布兰查德估计，7个男同性恋者中至少有1个（也许会有更多）可以将其性取向归因为兄弟出生顺序带来的影响。[17]这不仅是出生顺序的问题，因为有姐姐就不会有此影响。一定是一些有关哥哥的事情导致男性成为同性恋。他相信，这个作用机制应该发生在子宫里，而非在家庭里。那些后来成为同性恋的男孩出生时的体重提供了一条线索。正常情况下，同一性别的第二个孩子会比第一个孩子更重。如果之前已有一个或多个姐姐，这样的男婴会更重一些。但是，在第一个哥哥之后出生的男婴体重只会比其哥哥出生时稍重一些，而在两个或更多的哥哥之后出生的男婴体型则比他两个哥哥出生时的体型要小。通过分析男同性恋和正常男人以及他们父母所做的问卷调查，布兰查德得到以下结论，日后成为男同性恋的弟弟在出生时比日后是异性恋的男性出生时要轻170克。[18] 他证实了同样的结果,在一个由250个男孩组成的样本里(平均年龄为7岁),出生顺序靠后、体重较轻的那些男孩表现出强烈的"跨性别"愿望,足以引起精神分析学家的重视。我们已经知道,一个人儿时的跨性别行为将会预示日后的同性恋行为。[19]

和巴克一样,布兰查德相信,子宫里的条件对婴儿的一生至关重要。就同性恋的情况,他提出,一个已经孕育过其他男孩的子宫一定会发生一些事,偶然导致之后孕育的男孩的出生体重较轻,胎盘较大(大概是为了补偿胎儿发育过程中经历的困难),以及成为同性恋的可能性变大。他怀疑,子宫里发生的一些事应该是母体的免疫反应。母亲的这种免疫反应在孕育第一个男性胎儿时得以运作,之后每再孕育一个男胎,该反应就会再增强一些。如果反应较为温和,那只会导致胎儿出生时体重稍微减轻;如果反应强烈,就会导致胎儿出生体重大为减轻,而且日后成为同性恋的可能性增加。

母亲是对什么做出反应呢?人类有若干基因只在男性体内得到表达,而且如今已知其中的一些会引起母亲的免疫反应。一些基因在出生前的胎儿大脑中就已经被表达。我们需要注意新发现的一种可能性,PCDH22基因位于Y染色体上,因而为男性所特有,而它很可能涉及大脑的形成。[20] 它用以合成原钙黏附蛋白(是的,又提到了它们)。是不是这个基因在男性所独有的大脑区域中连线的呢?母亲的免疫反应,也许足以阻止大脑中该部分的连线活动,从而本该对女性身体产生的迷恋也不会有了。

显然,并不是所有的同性恋都是这样造成的。有一些也许直接由同性恋者体内的基因所致,并没有受到母亲免疫反应的影响。布兰查德的理论也许解释了,为什么确定"同性恋基因"如此困难。寻找这种基因的主要方法在于,比较同性恋的染色体和他们异性恋兄弟的染色体的差异。然而,对那些有着非同性恋哥哥的男同性恋来说，这种方法就不管用了。此外，基因差异的关键在母亲的染色体上，是它导致了免疫反应。这也许可以解释为什么同性恋看起来是由母亲一方遗传的：引起母亲更强免疫反应的基因可以被视为"同性恋基因"，即使它们并不表现在男同性恋者的体内，而是在母亲体内得到表达。

但是请注意，这与先天后天之争有什么关系呢？如果说后天在出生顺序的幌子下导致一些人成为同性恋，那么它也是通过引起母亲免疫反应来实现的，而这一过程则直接由基因来调控。那么这到底属于环境影响还是基因影响呢？这并不重要，因为对可逆后天和不可逆先天的荒唐划分如今已被彻底推翻。在这个方面，后天和先天一样不可逆转，甚至有过之而无不及。

从政治上看，这场混乱更严重。大多数同性恋者欢迎 20 世纪 90 年代中期的说法，即他们的性取向看来是"生理性的"。他们希望将此视为命运所定，而不是自我选择，因为这可以摧毁反同性恋者的观点，即同性恋是个人选择，因而在道德上应受质疑。如果同性恋是天生的，那它又有何错呢？他们的反应是可以理解的，但也很危险。男性更大的暴力倾向也是天生的，但这并不是对的。自然主义谬误就在于，"实然"可以推理出"应然"，这从定义上来看就是不可靠的。若要把任何道德立场建立在自然事实的基础上，无论该事实源于先天还是后天，你都是在自找麻烦。在我的道德观念中，希望你们的也是如此，有一些东西不好但却是天生的，比如欺骗和暴力；另一些东西是好的，但并非天生的，比如慷慨和忠诚。

大脑中的启闭开关

我们很容易推测出，性格初步形成的过程中存在关键期，但是构想它们如何运作却很困难。一只雏鹅在出壳不久后对一位教授形成印刻，这只鹅的大脑中会发生什么呢？即便只是问这样的问题，也会有人说这反映出我是一个还原论者，而还原论是**非常不好的**。依他们之见，我们应该以整体经验为荣，而不应该将其拆分。对此我想要说，一块微芯片的电路设计或一台精良的真空吸尘器的运行原理，要比一个到处都体现着概念艺术的房间更富有美感、诗意和神秘气息。然而，我不想别人说我庸俗、没品位，所以我只会声明，还原论并没有剥夺整体的任何东西；它反而给经验增加了新的、充满惊喜的层面。无论各个部分的设计者是人还是基因组上帝，这一点都成立。

因此，一个雏鹅的大脑是如何对教授产生印刻效应的？直到最近，这仍是一个难解之谜。在过去几年中，曾有人尝试掀开这个谜的面纱，却只发现面纱之下还有新的面纱。第一层面纱涉及大脑中哪个区域与印刻相关。实验表明，一只小鸡对父母形成印刻时，它的记忆首先并最快存入大脑中的左侧IMHV区域（中间内侧上纹状体腹核）。在大脑的这个区域中，而且只在左侧区域，伴随印刻发生了一连串的改变：神经元的形状改变了，突触形成，基因得到开启。如果左侧IMHV区域受到损害，那么小鸡便不能对其母亲产生印刻效应。

揭开的第二层面纱显示，哪种化学物质是"子代"的印刻行为所必需的。通过研究那些对某物形成或者没有形成印刻的小鸡大脑，布莱恩·麦克凯（Brian McCabe）发现，在发生印刻的过程中，左侧IMHV区域的大脑细胞分泌出一种叫作GABA的神经传递素。他之前注意到，小鸡在接受训练，对某物形成印刻大约10个小时后，它体内的GABA受体基因便关闭了。[21]

因此在印刻过程中，小鸡大脑左侧的一个区域发生了一些事，先是分泌GABA，之后在关键期的末尾再降低对GABA的敏感度。为了进一步解释其来龙去脉，我们先把雏鸟搁到一边，来研究一种不同的关键期，即双眼视力形成时期，这样研究起来稍微容易一些。一些婴儿出生时偶有双眼出现白内障的情况，这会使他们失明。直到1930年，外科医生提出，孩子最好在10岁后再接受去除白内障手术，因为幼小的孩子做手术所面临的风险过大。但是这样一来，这些孩子即使做过手术以后，也无法通过视力来正常感知深度和形状。视觉系统这时再来学习"怎么看"实在是太晚了。同样，在出生后头6个月里生活在黑暗中的猴子，需要花上数月时间才能学会区分圆形和方形，而正常猴子只需几天时间就能学会。如果在出生后最初的几个月里没有视觉经验，大脑便不能理解眼睛所看到的东西，因为它已经错过了关键期。

初级视觉皮层中有一个4C层，接收来自双眼的信息输入，并将其分成左眼信息流和右眼信息流。首先，信息输入是随机分布的，但在出生前大致归为两支信息流，每支信息流主要回应一只眼睛。在出生后的最初几个月里，这种分化变得愈加清晰，因此所有回应右眼的细胞全都聚集到右眼条带，而所有回应左眼的细胞全都聚集于左眼条带。这些条带称为眼优势柱。令人惊讶的是，在出生后最初几个月失明的动物大脑中，这些眼优势柱并没有划分出来。

大卫·休伯尔（David Hubel）和托尔斯滕·韦塞尔（Torsten Wiesel）通过把染色氨基酸注入一只眼睛里，发现了如何给眼优势柱着色。这样他们便能看出，当一只眼睛被缝合以后，究竟会发生什么。对于成年动物来说，这种做法对眼优势柱没有任何影响。但如果对于一只在出生后头6个月里的猴子，即使它的一只眼睛只被缝合一周时间，这只失去视觉的眼睛里的眼优势柱会几乎完全消失，这只眼睛实际上也就失明了，因为大脑中已没有它可以报告的区域。而且这种影响是不可逆的。这就像是来自双眼的神经元在4C层竞争以获得空间,那些活跃的神经元最终会赢。

20世纪60年代的这些实验,首次演示了出生后关键期里大脑发育的"可塑性"。这就是说,在出生后的头几周内,大脑欣然接受经验的调整,之后便会固定下来。只有通过视力体验过世界以后,一个动物才可以将所有的信息输入归为不同的眼优势柱。事实上,似乎是经验开启了某些基因,它们又转而启动其他基因。[22]

到了20世纪90年代后期,许多人想要从分子层面找到视觉可塑性的关键期的关键所在。他们选择基因工程这个方法,创造多几个基因或少几个基因的小鼠。和猫与猴子一样,小鼠也有一个视觉关键期,在此期间,来自两只眼睛的信息输入在大脑中竞争报告空间,尽管它们还未分成不同的眼优势柱。在波士顿利根川进的实验室里,黄乔什(Josh Huang)猜测它们竞争的目标是得到脑源性神经营养因子,即BDNF。该基因的一个版本也可以预示神经过敏的个性(见第3章)。BDNF如同大脑食粮,鼓励神经元的生长。根据黄乔什的推断,也许眼睛里载有信息的那些细胞比那些沉睡细胞得到的BDNF要多,因此来自睁开眼睛的信息输入取代了来自闭合眼睛的信息输入。在一个没有足够BDNF运行的世界里,只有那些最饥饿的神经元才能生存下去。

黄乔什做了一个效果明显的实验,他创造了一种能从其基因产出额外BDNF的小鼠,并指望这种BDNF可以提供营养给所有的神经元,从而使来自双眼的神经输入可以存储下来。令他惊喜的是,他得到了一个不同的惊人结果。带有额外BDNF的小鼠可以更快地度过关键期。它们的大脑在出生后两周后便可固定下来,正常小鼠则需要三周。这首次展示了关键期是可以被人工调整的。[23]

在一年之后的 2000 年，日本科学家大泽·汉希（Takao Hensch）的实验室取得了另一个突破。汉希发现，体内没有 GAD65 基因的老鼠不能将其应对视觉刺激时产生的眼睛信息输入进行分类。但如果给这些小鼠注射安定药，它们就又可以对信息输入进行分类整理了。事实上，就像 BDNF 一样，安定药似乎也导致了较早的印刻。过了关键期以后注射安定药则不能完全恢复大脑的可塑性。在 GAD65 基因被去除的小鼠中，科学家可以在任何时候，哪怕是成年时期也可以，用安定药来引发可塑性。但是，只有一次。在由安定药引发大脑重组后，这个系统便完全失去了敏感度。这就像是一种休眠程序，用来重新给大脑连线，这样的重连可以被触发一次，而且仅此一次。[24]

让我们回到波士顿，黄乔什的发现又一次让自己感到震惊。与来自比萨的拉姆贝托·马菲（Lamberto Maffei）一起，在黑暗中饲养这种转基因小鼠——带有额外 BDNF 的小鼠。如果正常的小鼠在睁开眼睛后连续三周生活在黑暗中，那么它们将终身失明。它们需要受光经验来使视觉系统发育成熟。坦白地说，它们的大脑既需要先天，也需要后天。但值得注意的是，带有额外 BDNF 的小鼠即使在黑暗中长大，它们来到光照区之后对视觉刺激仍能做出正常反应。这说明它们尽管在关键期没有接触光线，但它们的视力仍然正常。黄乔什和马菲无意中发现了一个不同寻常的事实：这种基因可替代部分经验。经验的其中一个作用显然不是微调大脑，而是仅启动 BDNF 基因，之后这个基因再去微调大脑。如果你让小鼠的眼睛闭上，半小时以内小鼠视觉皮层的 BDNF 产量就会迅速下降。[25]

尽管得出了这样的结果，黄乔什仍然没有真的相信经验是可有可无的。他指出，这个系统似乎被设计用来推迟大脑成熟，直到动物获得经验。BDNF 基因、GAD65 基因和安定药这三种可以影响关键期的东西究竟有何共同之处呢？答案在于神经传递素 GABA：GAD65 基因合成它，安定药仿效它，BDNF 基因则调控它。由于 GABA 涉及小鸡的子代印刻行为，因而合理的看法便是 GABA 系统在各个类型的关键期里起到核心作用。GABA 是神经元的捣乱者：它抑制邻近神经元的放电。由于觉得自己不受欢迎，那些被抑制的神经元逐渐枯萎死亡。因为 GABA 系统的成熟依赖于视觉经验并受到 BDNF 的驱动，因而它们之间的联系是真实存在的。

虽然距离完善还很遥远，但 GABA 理论是一个很好的例子，说明我们现在已可以开始理解印刻效应之类事情背后的分子机制，这在以前是绝无可能的。它表明，指责还原论剥夺生活中诗意的说法是多么不公平。如果人们都拒绝掀开大脑之盖，不去了解里面的一切，又有谁能构想出一个设计如此精妙的机制呢？只有通过给大脑配备 BDNF 和 GAD65 基因，基因组上帝才能够创造出一个可以吸收视觉经验的大脑。如果你愿意，你也可以将其称为后天的基因。

幼年期的语言

关键期发生的印刻效应无处不在。人类在成年以前有 1000 种方式来塑造自己，但一旦进入成年期，一切便固定下来。如同雏鹅可以在出壳数小时里印刻母亲的形象，一个孩子也会对任何事情产生印刻效应，从身上汗腺的数量到对某些事物的喜好，再到对他所在文化里各种礼仪和形式的鉴赏。无论是雏鹅印刻的母亲形象，还是孩子的文化鉴赏，这些都不能说是天生的。

然而，吸收它们的能力却是天生的。

口音便是一个明显的例子。人们在青少年时期可以轻易改变自己的口音，大致采用所在社会里周围同龄人的口音。但是，在15岁到25岁之间，这种灵活度就会消失。从那以后，即便一个人移民到另外一个国家并生活许多年，他的口音变化程度也很小。他也许会从新的语言环境中习得一些语调和习惯表达，但也不会很多。这种情况对于地区口音和国家口音都成立：成年人会保持自己年少时的口音；年少者采用周围环境里的口音。来看看亨利·基辛格（Henry Kissinger）和他的弟弟瓦尔特（Walter）的例子吧。亨利出生于1923年5月27日，而瓦尔特出生于1924年6月21日。1938年，他俩都从德国逃难到美国。如今，瓦尔特的口音听起来像美国人，而亨利则有着典型的欧洲口音。一个记者曾问过瓦尔特，为什么亨利有德国口音，而他却没有。"因为亨利没有听美国人说话。"瓦尔特开玩笑般地回答道。似乎更可能的解释是，当他们来到美国以后，亨利的年纪已过了语言关键期，他失去了用周围口音来印刻自己口音的灵活性。

1967年，哈佛的心理学家埃里克·伦纳伯格（Eric Lenneberg）出版了一本书，在书中提出一个人学习语言的能力本身依赖于关键期，该关键期会突然结束于青春期。如今支持伦纳伯格理论的证据在各方面都很充足，尤其存在于克里奥尔语和洋泾浜语现象中。洋泾浜语是许多来自不同语言背景下的成年人相互交流时使用的语言，语法上缺乏连贯性和精确性。但是一旦处于关键期的孩子们学习了这种语言，它就会转化为克里奥尔语——带有全套语法的一门新语言。尼加拉瓜有一个例子，被一起送进新办的聋哑学校的一群聋儿，在1979年首次发明了一种相当复杂的手语式克里奥尔语。[26]

然而，有一种对语言学习中关键期的最直接的检测，即不让一个孩子在13岁以前学习任何语言，然后再教他说话。谢天谢地，这样蓄意的实验很罕见，不过至少历史上有三位君主——公元前7世纪埃及国王萨姆提克（Psamtik）、公元13世纪的神圣罗马帝国皇帝腓特烈二世（Frederick II）和15世纪的苏格兰国王詹姆斯四世（James IV），据说他们都曾试图剥夺新出生婴儿与任何人接触的机会，只让一个不会说话的养母来照顾他们，以此看这些婴儿长大后是说希伯来语、阿拉伯语、拉丁语，还是希腊语。在腓特烈二世的实验中，所有的孩子都死了。这种做法还有一个不同的版本。据说莫卧儿帝国皇帝阿克巴（Akbar）也曾做过类似的实验，想要证明人是否是天生的印度教徒、穆斯林或基督教徒。然而他得到的结果是，那些孩子都成了聋哑人。在那样的年代里，基因决定论者都很冷酷无情。

到了19世纪，人们将注意力转向"野孩子"这种形式的自然剥夺实验。两个例子似乎都是真实存在的。第一个是来自法国阿韦龙的12岁的维克托（Victor），于1800年在朗格多克被发现，显然他在12年的大多数时间里都生活在野外。尽管经过多年的努力，老师还是教不会他说话，只好"放任学生处于不可治愈的聋哑状态里"。[27] 第二个是卡斯帕·豪泽（Kaspar Hauser），这个年轻人于1828年在纽伦堡被人们发现，他在16年生命中一直被关在一个单间里，从未接触过任何人。即使经过数年的悉心教导，卡斯帕的句法仍然处于"一种可悲的混乱状态"。[28]

这两个例子颇具启发意义，但很难说它们可以作为证据。在伦纳伯格的作品出版四年以后，忽然之间，第三个例子出现了，这是第一个度过青春期后才被发现的野孩子。这个名叫吉妮（Genie）的13岁女孩，在洛杉矶被人们发现。她的童年时代充满了难以想象的恐惧。她的母亲双目失明，受人虐待；父亲是个偏执狂，而且后来愈加自闭。她一直被关在一个单间里，生活在一片沉寂中。大多数时候她要么被拴在便盆椅子上，要么被绑在四周有围栏的床上。她大小便失禁，身体发育畸形，几乎全哑。她所有的词汇就只有两个词："停止"和"不要"。

让吉妮康复的尝试和她的童年一样充满悲剧性。随着她辗转于科学家、养父母、政府官员和其亲生母亲（父亲在她被人发现后自杀了）之间，那些关心她的人最初的乐观情绪渐渐被法律诉讼和她的现状带来的失望消磨殆尽。如今她生活在一家智障成人收容所里。她学会了很多东西，智商较高，非语言交流能力超乎寻常的强，而且她解决空间难题的能力要超过同龄人许多。

但是她学不会说话。她有了一定的词汇量，但对初级语法一筹莫展，词语顺序的句法更是令她迷惑不解。她不能掌握如何通过改变词序来构成问句，也不知道在回答中将人称代词由"你"改成"我"（卡斯帕也有同样的问题）。尽管研究她的心理学家起初相信她可以证明伦纳伯格的关键期理论是错的，但最终他们承认，吉妮的例子其实证实了该理论。由于没能接受对话的训练，她的大脑语言模块完全没有发育，而现在为时已晚。[29]

维克托、卡斯帕和吉妮（还有其他一些例子，包括一个直到 30 岁才被诊断出双耳失聪的个例）都表明语言的发展不仅仅取决于基因程序。语言也不仅仅是吸取外部世界的东西。它是被印刻下来的。它是一种通过环境中所获经验学习的短暂的天生能力，也是一种习得后天培育的自然本能。想把它极端化地归为先天或后天，你敢吗？

虽然吉妮在适应世界时遇到的最大难题是语言，但这并不是唯一的难题。在被解救出来以后，她着迷于收集彩色塑料物品。她多年来也很怕狗。这两个特征可以尝试去追溯她儿时的"成长经验"。她当时唯一的玩具就是两件塑料雨衣。至于狗可能是这样的,当她发出声音时,她的父亲会在门外以吼叫和咆哮来吓唬她。一个人的喜好、恐惧和习惯究竟有多少是在幼时便形成印刻的呢?我们中大多数人可以回忆起早年时期去过的地方和见过的人,对细节的记忆详细得令人惊讶;然而,我们却遗忘了成年以后的很多经历。记忆并不全依赖于关键期——它不会在某个年龄关闭。但是"三岁定终身"这句古谚语还是有些许道理的。弗洛伊德强调成长岁月的重要性是对的,即使有时他会过于随意地将其广义化。

熟悉导致冷淡

人类印刻效应中最具争议性的理论之一是乱伦。性取向发展过程中的关键期显然促成了年轻人受到异性的吸引(除了让有些人受到同性吸引以外)。它也可能在某些更具体的方面决定了你的伴侣的"类型"。那么,它也会决定你绝对不会向哪些人示爱吗?

法律禁止兄弟姐妹之间的婚配,这个理由正确而充分。近亲婚配会将罕见的隐性基因聚集到一起,会导致可怕的遗传疾病。但是,假如某个国家撤销该法律并宣布,从现在开始兄弟姐妹之间婚配不仅合法,还是件好事,那将会发生什么呢?什么也不会发生。尽管兄弟姐妹之间相处融洽,彼此是最好的朋友,但大多数女性就是不会对她们的兄弟产生"那方面"的感觉。1891年,芬兰的一位社会学先驱者爱德华·韦斯特马克(Edward Westermarck)出版了《人类婚姻史》(*The History of Human Marriage*)。在该书中,他提出人类避免乱伦是受到本能的驱使,而不是因为服从法律。他们天生就厌恶与其至亲发生性关系。他聪明地发现这并没有要求人们生来便有辨别真正的兄弟姐妹的能力。相反,人们只有一种粗略的认知,会把那些在儿时熟知的人归入至亲的范畴。他预测,那些一起度过童年的男女在成年以后会本能地排斥睡在一起。

20年里,韦斯特马克的观点一直未受到重视。弗洛伊德批判他的理论,并提出人类受到乱伦的吸引;他们之所以没有实践,是因为文化上的禁令禁止他们那样做。俄狄浦斯若没有乱伦欲望,就如同哈姆雷特没有疯一样,这都是绝不可能的。但如果人们反感乱伦,他们就不会有乱伦欲望。而且如果他们需要禁令,这就意味着他们有此欲望。韦斯特马克徒劳地反驳说,社会学习的理论"暗示由于受到法律、习俗和教育的影响,家庭避免了乱伦性交。然而,即使社会禁令可能会阻止血缘最近的亲属之间的婚配,但禁令却无法阻挠他们对彼此的性欲望。性本能很难被禁令改变"。[30]

1939年,韦斯特马克去世,当时弗洛伊德的理论仍占主流,而生理学解释则已成为过时的观点。又过了40年,终于有人重新看到了这些事实。这个人便是汉学家阿瑟·沃尔夫(Arthur Wolf),他分析了日本侵略者持有的19世纪里中国台湾的详细人口记录。沃尔夫注意到,这些过世已久的中国人曾实行两种形式的包办婚姻。一种是新郎与新娘结婚当天才首次见面,尽管他们的婚约早在多年以前便定下了。在另一种情况下,新娘早在其婴儿时便被新郎家庭收养,婆家将她养大。沃尔夫意识到这可以准确地检测韦斯特马克假说是否合理,因为这些"童养媳"会经历一种像是嫁给兄弟的幻觉。如果依照韦斯特马克所言,一起度过童年的男女会排斥与对方发生性关系,那么这些婚姻应该不会美满。

沃尔夫收集了14 000位中国女性的资料,并把那些曾为童养媳的女人和结婚当天才见到丈夫的女人做了比较。令人惊讶的是,那些和儿时玩伴结婚的女性，离婚率竟是嫁给陌生对象的女性的离婚率的 2.65 倍。相比那些婚前从未碰面的男女，儿时便一直熟知对方的男女维持婚姻的可能性要小得多。缔结童养媳式婚姻的男女通常子女较少，也更易发生通奸行为。沃尔夫已排除了其他一些明显的解释，例如收养过程导致女性健康不佳和不能生育。将一对夫妻从小一起养育的习俗非但没能拉近这对男女，反而抑制他们受到彼此的性吸引。但这只对在三岁或三岁前被男方作为童养媳收养的女性成立；如果她们在四岁及之后被收养的话，她们将和成年后才遇见丈夫的女人一样，拥有幸福的婚姻。[31]

自那以后，许多研究证实了同样的现象。生活在同一个基布兹社区的以色列人之间很少婚配。[32] 儿时睡在同一个房间的摩洛哥男女拒绝接受包办婚姻，[33] 而且女性的反感程度要高于男性。即使是在小说里，这种反感的声音也在反复回响：玛丽·雪莱（Mary Shelly）的小说里，科学怪人维克托·弗兰肯斯坦（Victor Frankenstein）发现，人们期待他和儿时一起长大的表妹结婚，但是，（象征意义上）他所创造的怪物会在他们完婚之前出来阻挠，并要杀死他的未婚妻。[34]

乱伦禁令的确存在，但进一步观察，我们会发现它们和至亲婚姻关系不大。它们全有关于调解表亲之间的婚姻。[35] 事实上，人们似乎受到乱伦的吸引，这在中世纪小说、维多利亚时代的丑闻和现代城市传奇中屡次成为素材。然而，人们总是容易着迷于那些让他们畏惧的事：他们对蛇感兴趣的程度，和他们害怕蛇的程度一样。同样，出生时便分离的兄弟姐妹，成年以后找到彼此后会受到对方的强烈吸引。[36] 但即使发生这种情况，这仍然可以支持韦斯特马克效应。

显然，韦斯特马克效应并不具普遍有效性。无论在文化层面，还是个人层面，例外情况都有发生。一些曾是童养媳的新娘成功地克服了性反感，拥有幸福的婚姻：一种更强烈的生育本能战胜了乱伦避忌的本能。也有一些证据表明，一起长大的兄弟姐妹之间会有"玩闹行为"，而那些幼时分离一年以上的兄弟姐妹则更有可能发生真正的性行为。换句话说，儿时的伙伴并不会对相互吸引产生反感情绪，也不会厌恶彼此之间发生性关系。[37]

无论如何，在同一家庭里长大的兄弟姐妹对乱伦嫌恶，和语言一样，都是一个清楚的例证，说明这是早年关键期中印刻在心智的一种习惯。从某种层面来看，它完全属于后天——既然他们是儿时的玩伴，心智不会预料到将来他们会厌恶彼此。在另一种层面上，它又可归为先天，因为这种在某个特定年龄段必然的发展是由一些基因组程序预先决定的。笔者的观点是：你的先天本性可以让你吸收后天的培育。

类似于劳伦兹的雏鹅，只不过我们印刻的是嫌恶而不是依恋。因而，有趣的事情发生了：康拉德·劳伦兹娶了儿时的伙伴格蕾特。在康拉德六岁那年，鸭子对他形成印刻时，他俩就在一起玩。格蕾特是邻村一个蔬菜种植者的女儿。为什么他们没有嫌恶对方呢？也许，答案在于这样一个事实，她比他大三岁。这意味着与康拉德认识时，她已经度过了产生韦斯特马克效应的关键期。或者，康拉德·劳伦兹也许正是他所定规则的一个例外者。有人曾经说过，生物学是一门充满例外而非规则的科学。

纳粹的乌托邦

劳伦兹的印刻效应是一个伟大的见解，经受住了时间的考验。它是先天与后天交互作用组合拼图中的一个关键部分，也是先天与后天的巧妙结合。

印刻效应的出现确保本能可以得到灵活的调整，实属自然选择的一件杰作。倘若没有印刻效应，只会出现两种情况：我们生来便拥有一种自石器时代以来便固定的僵化语言，或者我们要费心费力重新学习每一条语法规则。然而，在劳伦兹的其他观点中，有一条却得不到历史肯定的好评。尽管这个故事与印刻效应关系不大，但它却能够让我们了解，和许多人一样，劳伦兹也陷入了20世纪常常浮现的乌托邦的陷阱中。

1937年，劳伦兹失业了。当时由天主教主宰的维也纳大学以神学的理由禁止他研究动物本能，于是劳伦兹回到阿尔滕堡，自费继续从事鸟类研究工作。之后他申请一项在德国工作的研究资助金。一位纳粹官员在审议其申请时写道，"来自奥地利的所有审核意见都赞成，劳伦兹博士的政治态度在各方面都是无懈可击的。他在政治上并不活跃，但在奥地利，他也从未隐瞒他赞同纳粹国家社会主义的事实……他是雅利安人的后裔，这一点也确定无疑"。1938年7月，劳伦兹加入纳粹党，成为种族政策办公室的一员。他即刻开始演讲和写作，宣扬他对动物行为的研究与纳粹的意识形态是相契合的；1940年，他被任命为哥尼斯堡大学的教授。在接下来的几年里，直到1944年他在苏联前线被捕之前，他一直宣称自己赞同一种乌托邦式的理念，即"以科学为基础的种族政策""对国民和种族的改良"，以及"消灭劣等种族"。

劳伦兹于第二次世界大战末期在苏联战犯营饱受四年牢狱之苦后，回到了奥地利。他设法掩饰自己的纳粹行为说自己容易上当受骗，并声明他不是政治活跃分子。他说自己其实是在调整科学研究以适应当时新兴的政治力量，而不是真的相信纳粹。在他活着的时候，这样的说法基本上被大家接受了。然而他过世以后，人们渐渐发现其实他已吸收了太多纳粹主义的思想。1942 年，在波兰担任军事心理专家时，劳伦兹参与一项由心理学家鲁道夫·希皮乌斯（Rudolf Hippius）领头的研究，该研究受到党卫军的资助。该研究的目的是要制定出区分"混血德国人"和"混血波兰人"的标准，从而有助于党卫军确定选择哪些人来实行"重新德意志化"。没有证据表明劳伦兹亲自参与战争犯罪，但他可能知道他们犯了罪。[38]

在纳粹时期，他论证的中心是驯化问题。劳伦兹对于驯养动物有着莫名的鄙视，认为它们与其野生同类相比要更贪婪、愚蠢而且性欲更强烈。他拒绝接受产生印刻效应的疣鼻栖鸭在性方面存在的过激举动，并称它们为"丑陋的巨型怪物"。[39] 撇开其贬义色彩，他的观点有道理，即按定义来说，家养动物的选择性繁殖就是为了饲养出肉质肥美、繁殖能力强、温顺和迟钝的品种。奶牛和家猪的大脑比其野生同类的要小 1/3。母狗的繁殖能力是狼的两倍。而且众所周知，家猪比野猪的生长速度更快。

劳伦兹开始将这些理念应用于人类。在 1940 年发表的一篇题为《驯化物种特异行为引发的混乱》（Disorders Caused by the Domestication of Species-Specific Behaviour）的论文中，他提出，人类实行自我驯化，这导致他们的体力、道德和基因各方面都趋于退化。"我们这个物种所特有的对同类美丑的敏感度，与由驯化而导致的退化症状密切相关，这威胁了我们的种族……作为我们国家基础的种族理念在这方面已取得不少成果。"事实上，劳伦兹的驯化论为优生学的争论开辟出一个新战场，又提供了一个理由来支持生育国有化、灭绝劣等个体和种族。劳伦兹似乎并没有发现他的论据里有一个很大的漏洞，即经过几代自然选择后繁殖的疣鼻栖鸭的基因库已减小，然而文明给人类的影响却恰恰相反：它放宽了自然选择，允许基因库中出现更多的突变。

这一点对纳粹主义是否有影响，我们无据可循。况且纳粹主义已有足够多的理由用以支持其种族主义和人种灭绝的政策，其中一些甚至更具"科学性"。纳粹政党忽略甚至还怀疑劳伦兹的观点。值得注意的是，劳伦兹的驯化论在战后保留了下来。在1973年出版的《文明人类的八大罪孽》(*Civilized Man's Eight Deadly Sins*) 中，他以较为缓和的口气重申了这一点。该书汇合了劳伦兹过去对自然选择的放松所导致的人类退化的担忧，以及近期他对国家环境的关注。除了基因退化以外，这八大罪孽还包括人口过多、环境破坏、过度竞争、追求及时行乐、行为主义教条、代沟和核灭绝。

劳伦兹的清单上没有种族灭绝。

第 7 章
学习经验

"无论在灵魂上还是身体上,所有的人都是相似的。我们每个人都有着结构相似的大脑、脾脏、心脏和肺部;所谓的道德品质在我们所有人中也是一样的——细微的差别并无大碍……道德病是由于错误的教育所导致的。自童年时起,人们的头脑里便被塞入各种垃圾,简言之,社会的混乱状态导致了这一切。实行社会改革,那些道德病便会销声匿迹……无论如何,在一个井然有序的社会里,一个人是聪明还是愚钝,是好还是坏,一点儿都不重要。"

"是的,我明白了。他们有相同的恶意。"

"确实如此,夫人。"

——巴扎罗夫与奥金左娃夫人
摘自《父与子》
伊凡·屠格涅夫[1]

1893年，炸药的发明者瑞典人阿尔弗雷德·诺贝尔（Alfred Nobel），开始意识到自己已过年迈之年。他已年过六旬，身体状态不佳。他听到有传言说，人体输入长颈鹿血，可有返老还童之神效。当富翁有了这样的心态后，精明的科学家立刻想到了发财之道。诺贝尔听说后也心动了，当下便拨款10 000卢布给圣彼得堡郊外的俄国皇家实验医学研究所，想让自己的生理机能焕然一新。然而，诺贝尔还是在1896年去世了，实验室从未买过长颈鹿，但该研究所却在不断壮大。它的员工超过100人，按照企业的模式运营，可谓是一个科学工厂。研究所的负责人是伊万·彼得罗维奇·巴甫洛夫，他雄心勃勃，自信非凡。[2]

巴甫洛夫是伊万·米哈洛维奇·谢切诺夫（Ivan Mikhailovich Sechenov）的学徒，此人痴迷于反射，甚至相信思想只不过就是对已发生行为的一种反射。他献身于后天培育事业，其程度相当于同时代的高尔顿对先天所做的贡献：他相信，"每个行为的真正原因都独立于人之外"，而且"心智所含的99.9%内容都取决于广义上的教育，而只有0.1%取决于个人"。[3]

谢切诺夫的哲学引领了一股实验研究工作的潮流,在之后的 30 多年里,由巴甫洛夫的实验室席卷至世界各地。这些实验里的牺牲品大多是狗,或者如他们冷酷说出的"狗训练"。起初,巴甫洛夫集中研究狗的消化腺;之后,他又将研究重心转移到狗的大脑。1903 年,在马德里的一次会议上,他宣布其最著名实验的研究成果。如许多伟大的科学一样,该成果也属意外收获。他原本试图研究狗对食物的唾液分泌反射,于是他将唾液管接到一只狗的唾液腺上,打算测量狗的唾液量。但是,这只狗一听到食物正在准备的声音,或仅是被带到喂食装置中,它就开始分泌唾液——因为它预料到要吃食物了。

巴甫洛夫本没有探求这种"心理反射",但他即刻意识到其重要性,并将研究重心转到这方面。现在,经过训练后的这只狗,只要听到铃响或节拍器的声音,就可以吃到食物。很快,狗一听到铃响便开始分泌唾液。巴甫洛夫在其唾液腺上装了一个漏斗状容器,这样他便可以准确数出狗对每次铃声回应时流了多少滴唾液。之后,他证明了一只没有大脑皮层的狗,在被喂食时仍可反射式地分泌唾液,但是听到铃声时则不会有此反射。因而,对铃声的"条件反射"存在于大脑皮层中。[4]

巴甫洛夫似乎发现了一种机制,即条件作用或联想。通过这种机制,大脑可以获取它对世界各种规律的认识。这是个伟大的发现,它是正确的,尽管还不全面。但是按照惯例,巴甫洛夫的一些追随者走过头了。他们开始断言,大脑仅仅是一个通过条件反射来学习的装置。这种说法开始传入美国,归为行为主义并遍地开花。它的主要拥护者是约翰·布鲁德斯·华生,我稍后会提到他。

现代学习的理论家已将巴甫洛夫理论中关键一点做了修改。他们提出,主动式学习并非在刺激和奖励持续一起出现时发生，而是发生在预期的巧合和实际发生的事情不相符的时候。如果心智发生了"预测误差"，即在某种刺激后期待回报，却没有实现，或者反过来，那么心智就必须更改之前的期待：它必须学习。因此，例如铃响后不再有食物，而闪烁的光预示有食物，那么狗就得从它的预测与新现实的不相符中学习。无论是愉悦的还是痛苦的，意外比预测所含的信息更多。

对于预测误差的强调，既在大脑中以生理形式存在，也在心智中以心理形式存在。在对猴子做的一系列实验中，沃尔夫勒姆·舒尔茨（Wolfram Schultz）发现，位于大脑中特定区域（黑质和腹侧被盖区）分泌多巴胺的神经元对意外情况做出回应，但不会回应预测的结果。这些神经元在猴子获得奖励时会更加活跃，在没预料到的情况下被剥夺奖励时则不太活跃。换句话说，这些多巴胺细胞本身所编码的学习规则，实际上和如今工程师努力在机器人体内设置的学习规则是相同的。[5]

作为一个孜孜不倦的狗解剖者，巴甫洛夫应该乐于看到这种还原论式的研究结果。但是，这个结果将会导致一个哲学讽刺，可能会让他感到不安。他打算证明狗的大脑从外部世界学习经验，而舒尔茨的原话却是，"真正的原因……独立于人之外"。他立足于经验主义的一个悠久认知传统，可由穆勒和休谟追溯至洛克。该传统认为：人类本性大致是经验在心智这张白纸上的涂鸦。然而，若要在心智的白纸上涂鸦，多巴胺神经元一定要经过特别设定以便对意外情况产生回应。那么它们是如何被设定的呢？答案是通过基因。如今，在世界顶尖的基因实验室里，研究者仍在例行做着类似于巴甫洛夫所做过的各类实验，因为巴甫洛夫的后继者都在忙于证明基因在学习中发挥的作用。这里，本书的主题也得到证明：基因不仅与先天相关，与后天也有着密切的联系。

现代的巴甫洛夫式实验的对象通常是果蝇，但实验原理和过去相同。实验者将味道难闻的化学物质注入果蝇所在的试管，再立即对果蝇的脚施以电击。很快果蝇就学到闻到怪味后会紧跟着电击，于是之后它一闻到怪味时，在电击来到之前，它便会立即飞离：它已经将这两种现象形成关联（起初是意外情况）。该实验最早是在20世纪70年代里由加州理工学院的奇普·奎因（Chip Quinn）和西摩·本泽（Seymour Benzer）实施的。它证明了一个令所有人颇为震惊的事实，即果蝇可以学会并记住气味与电击之间的关联。

该实验也证明，只有果蝇有某些特定的基因，才能实现这一点。如果果蝇发生了基因突变，缺失了一个关键基因，那么就不会有这种关联。在储存新的记忆方面，果蝇体内至少有17种基因是至关重要的。人们给这些基因取的名字都含有贬义色彩：笨蛋、健忘、植物人、丑陋等。这有点儿不公平，因为果蝇只有缺少这个基因才会变成笨蛋，如果有这个基因的话就不笨了。一般认为，所有的动物包括人类都拥有同一组CREB基因。它们在学习过程中必须处于开启状态——这就是说，它们在此期间必须要合成一种蛋白质。

这是一个极为震撼的发现，由于太过震撼，很少有人可以接受。1914年，约翰B.华生对联想学习如此说道：

> 大多数心理学家对大脑中新通路的形成总是夸夸其谈，就像是有一群伏尔甘的小仆人，拿着锤子和凿子跑过神经系统，挖掘新的沟壑，并将旧的沟壑挖深。[6]

华生对该观点嗤之以鼻。但是，该被嘲笑的是他自己。心理关联的形成，也就是神经元之间形成新的强化连接。创建这些关联的"伏尔甘的仆人"当然存在，它们叫作基因。基因！这些毫不留情的木偶的命运之主本应该在构造大脑以后，便离开让大脑自己运行。但是它们没有，它们实际上在做学习的活儿。此时此刻，在你大脑中的某个地方，一个基因开启了，于是一系列蛋白质开始运作，改变了大脑细胞之间的突触，这样一来，也许你会永远将阅读这一段文字与厨房飘出的咖啡香关联起来……

接下来的这一句话，我怎么强调都不过分。这些基因受到我们的行为的支配，而不是行为听命于基因。那些形成巴甫洛夫关联的物质和携带遗传性染色体的物质是相同的。记忆"在基因里"，说明它是在使用基因，而不是人可以遗传记忆。后天和先天一样，受到基因影响的程度是相同的。

接下来我们就来看这类基因的一个例子。2001 年，乔什·杜布劳（Josh Dubnau）和蒂姆·塔利合作，对一只果蝇做了一次精细复杂的实验。请尽情感受实验方法的各种细节，好好欣赏一下现代分子生物学所用工具的复杂精妙性。（然后请停下来想一想，在几年以后，工具又将变得多么复杂。）首先，他在果蝇的 shibire 基因里制造出一种对温度敏感的突变，该基因合成一种叫动力素的马达蛋白。这意味着，在 30℃时，果蝇处于麻木状态，而在 20℃时，果蝇又会完全恢复。接下来，他运用基因工程制造出一只果蝇，其体内的这种变异基因只会在来自大脑中某部分的信息输出时才会活跃，这个部分称为蘑菇体，对于学习气味和电击的关联是必不可少的。该果蝇在 30℃时不会麻木，但它不能提取记忆。当这样一只果蝇经过训练以后，在温度高时可以将气味与危险关联，在温度低时可以提取之前的记忆，它在这方面做得很好。在相反的情况下，实验者要求果蝇在温度低时形成记忆，在温度高时再提取记忆，可是它做不到这一点。[7]

结论如下：习得记忆与提取记忆完全不同；它们发生在大脑中不同的部分，需要不同的基因。来自蘑菇体的信息输出对提取记忆来说是必不可少的，但对记忆习得来说却是无关紧要的，而信息输出则需要相关基因的开启。巴甫洛夫可能有过这样的梦想，在将来某个时候，有人可以理解大脑中的哪些连线可以解释关联学习理论，但是他应该没想过会有人向前更进一步，分析大脑中的分子。他更不会想象到，一步步通往这个过程的关键就在于格雷戈尔·孟德尔的遗传微粒。

这门科学尚才刚刚起步。那些研究与学习和记忆相关的基因的人，开采出未知领域里的富饶之矿。例如，塔利如今给自己布置了个巨大的任务，即理解这些与记忆相关的基因是如何改变它们的主神经元与邻近神经元之间的一些突触，却又不触及其他突触的。每个神经元都有大约 70 个突触与其他细胞相连。在细胞核里，1 号染色体上的 CREB 基因负责开启一组其他基因，而那些基因必须要把信号发送至正确的突触。在这些突触上，信号可以改变连接的强度。塔利最终找到了一种方法，可以理解这一切是如何实现的。[8]

然而，CREB 基因只是其中的一部分。塞斯·格兰特（Seth Grant）找到证据表明，与学习和记忆密不可分的许多基因与其说是时序网络的组成部分，不如说它们共同组建了一台机器，他将其称为赫布机（这样称呼的缘由稍后会加以说明）。这样一台赫布机包含至少 75 种不同的蛋白质，也就是 75 种基因的合成物，它们在一起运作，就像一台精密复杂的机器在运行。[9]

让婴儿啼哭

我曾说过会再次提到约翰 B. 华生。华生在南卡罗来纳州一个贫困荒凉的乡村长大，母亲一心为家，但父亲却喜欢拈花惹草，在华生13岁时离家而去。无论是基于基因还是经验，这样的背景都让他形成了坚强而又好斗的性格。他是个暴力青年，是对妻子不忠实的丈夫，而且还是个专制的父亲，曾迫使一个儿子自杀，又迫使一个孙女喝酒。他退休以后悲苦地隐居于世。他也曾掀起了人类行为学的一场新革命。由于对心理学的无稽之谈深感失望，他于1913年在一次讲座中，拟就一篇题为《行为主义者视角下的心理学》的改革宣言。[10]

他宣布，必须停止自我反省。有传言说，曾有人让华生去想象一只小鼠穿越迷宫时，它的头脑中发生了什么，华生非常厌恶这样的问题。他有物理学崇拜心理。他认为心理学必须要建在客观基础上。真正重要的是行为，而非思想。"人类心理的主题是人类行为。"换句话说，心理学家应该研究有什么进入生物体，又有什么可以通过生物体表现出来，而不是两者之间的过程。支配学习的各种原则应该可以从动物那儿推理出，又可运用于人类。

华生的观点来自三种主要思潮。威廉·詹姆斯虽然是一个先天论者，但他也强调习惯形成在人类行为中的作用。爱德华·桑代克更进一步，提出了"效果定律"，即动物会重复带来愉悦效果的动作，而不再做那些带来不愉快结果的动作。这种观点也可称为强化学习、试误学习、工具性条件反射或操作性条件反射（心理学家各自喜欢使用的行话）。在桑代克的实验中，经过试误学习，猫找到拉杆、打开笼子的门；只需经过几次试验，它便清楚地知道如何打开门。尽管在1927年以前巴甫洛夫的作品还没有翻译成英文，但是华生从朋友那儿了解到一些，并立即意识到巴甫洛夫式或经典条件反射是学习的核心重点。最终，这里出现了一位和物理学家一样严谨的心理学家，"我看到了巴甫洛夫做出的卓越贡献，明白条件性反应可以很容易被看成是我们一直所说的**习惯**的一个部分"。[11]

1920 年,华生和其助手罗莎莉·雷纳(Rosalie Rayner)做了一个实验,让他相信情感反应也是条件式的,人类可以被看作无毛的大型鼠。这个实验产生了巨大的影响力。这里也大致介绍下雷纳吧。她当时 19 岁,**舅舅**是一位著名的参议员,曾因主持泰坦尼克号沉没的听证会而广为人知。她美丽而又富有,开着一辆斯图兹跑车在巴尔的摩市到处兜风。华生与她坠入爱河。华生的妻子在他的外套里发现雷纳给他写的情书,但她的律师建议她找华生当面对质之前,最好能找一封华生写给对方的情书,而不是他收到的情书。于是她来到雷纳家,说要喝杯咖啡。她装作头痛并提出要躺一会儿,于是她来到楼上罗莎莉的卧室里,将房门反锁,在里面搜寻到丈夫写给罗莎莉的 14 封情书。接踵而至的丑闻断送了华生的学术生涯。他与妻子离了婚,娶了雷纳,放弃了心理学,转向广告业。他加入智威汤逊公司(J. Walter Thompson),为强生的婴儿爽身粉设计了一个成功的推广企划案,并说服罗马尼亚女王支持旁氏面霜。

自 1920 年起,这对情侣所做实验的对象是一个名叫艾伯特 B(Albert B)的小孩,他从出生起便一直在医院里生活(有传闻说他是华生和一个护士的私生子,但我并未找到相关证据)。艾伯特 11 个月大时,华生和雷纳给他看了一系列东西,包括一只白色小鼠。艾伯特对这些东西毫无畏惧;他甚至喜欢和那只小鼠玩耍。然而,当他们忽然用锤子敲打钢筋时,艾伯特吓哭了,这也是合乎情理的。这以后,每当艾伯特触摸小鼠时,两位心理学家就开始敲打钢条。短短几天后,艾伯塔一看到小鼠就会开始啼哭,这是一种条件式的害怕反应。现在他对白色兔子也表现出恐惧,甚至看到白色的海豹皮大衣都会害怕。很显然,他已将恐惧转移到任何白色的、毛茸茸的物体上。带着

他所特有的讥讽口气,华生宣布了这个故事的寓意:

> 自现在起 20 年后,弗洛伊德主义者除非改变了他们的假设,否则当他们来研究艾伯特对海豹皮大衣的恐惧时,他们很可能会从他口中套出一个梦境。根据他们的研究,这个梦境表明艾伯特在 3 岁时曾试图玩母亲的阴毛,结果被狠狠地呵斥了一顿。[12]

(如果你问我的看法,我想说华生才应该受到责怪。)

到了 20 世纪 20 年代中期,华生已经确信,条件反射不是人类对世界的学习的一部分,而是其最关键的主题。他的学术热情渐涨,坚信后天胜于先天,并发表了这个令人震撼的声明:

> 给我一打健全的婴儿,并让他们在我设定的特定环境里成长。我敢保证,随意挑选出其中一个,我都可以将其训练为我所选择的任何一类专家——医生、律师、艺术家、巨商,甚至是乞丐或小偷,无论他的天资、爱好、脾气、才能以及他祖先的职业和种族是怎样的。[13]

重新设计人

颇具讽刺意味的是,在华生发表此声明的五年前,列宁也有着同样的想法。和巴甫洛夫一样,列宁受到谢切诺夫环境主义的影响,他通过阅读尼古拉·车尔尼雪夫斯基(Nikolai Chernyshevsky)的著作了解到了这些。在俄国革命爆发两年后,据说列宁曾悄悄参观过巴甫洛夫的心理研究所,并问他是否可以设计人类本性。¹⁴ 这次会面没有任何记录保存下来,所以我们无从知晓巴甫洛夫对此事的看法。也许他得去关注更为紧要的事:内战导致饥荒,研究所的狗都处于饥饿状态;研究者为了让狗存活下去,只能将自己为数不多的口粮与它们共享。巴甫洛夫开始在研究所里培育一块菜地,以身作则带领学生收获园艺的果实,就如同带领他们收获科学成果一样。¹⁵ 我们无法了解列宁是否从巴甫洛夫那里得到了政治鼓励。巴甫洛夫曾对革命做出直言不讳的批评,不过当人民委员们对他表示支持时,他的态度也会稍有缓和。

毫无疑问,列宁认为,人性可以接受训练而获得一套新系统。"人可以被矫正,"他说,"一个人可以被塑造为我们想要的样子。"¹⁶ 但是这个国家在将理论付诸实践方面的步伐却很缓慢。在纳粹主义统治德国以后,一个拒绝优生学的理由出现了:人类遗传学研究等同于法西斯主义信条。苏联的优生论者很快由于其遗传论信念而遭到批评,因为他们没能"握住社会的杠杆"。¹⁷

那个能握住社会杠杆的人来自一个意想不到的地方。20世纪20年代,苏联陷于饥荒之苦,政府发现了一个年迈并且偏执的怪人在科兹洛夫附近培育苹果,他是伊万·弗拉基米罗维奇·米丘林(Ivan Vladimirovich Michurin)。米丘林曾提出许多荒谬的主意,例如他可以给梨树浇糖水从而使第二代的梨子更甜,或者通过嫁接来培育一个杂交品种。忽然间,政府给予的荣誉和资助金铺天盖地向他涌来,因为此时政府急切想要得到快速提高粮食产量的方法。米丘林主义被推广成一门新兴的科学,取代了孟德尔主义。

这为一场科学政变铺设好了舞台。一个名叫特罗菲姆·邓尼索维奇·李森科（Trofim Denisovich Lysenko）的年轻人想方设法得到了《真理报》的注意，因为他用米丘林主义的方式培育出一种生长期更短的小麦。那时，除了苏联最南方以外，冬天播种的小麦全都因霜降而冻死，而春天播种的小麦常因抽穗过迟而死于干旱。起初，李森科声称，他已通过"训练"的方式培育出了耐寒的小麦品种。到了1928年和1929年，700万公顷的土地里全用了他的技术，可是种植的小麦全死了。李森科没有气馁，又转向春季小麦，提出在种植前将种子浸泡，进行春化处理，可以让小麦更快吐穗。但这只是再一次加剧了饥荒。到1933年，春化育种已被彻底放弃。

然而，李森科在政治上比科学上更有作为。他的权势不断壮大，不久后他开始吹捧自己的想法是一门新科学，可以否定基因论和摧毁达尔文信条。他说，进化的关键是互相帮助，而不是互相竞争。基因论是形而上学的虚构；还原论则是一个错误。"在一个生物体中，没有什么特殊的物质可以与身体分离……我们否定微小碎片，否认遗传细胞。"（1961年以后，苏联科学家获准可以研究DNA，但李森科仍保有他那种混乱的思维，并提出双螺旋是个愚昧的概念，"它处理的是事物的倍增，而不是将一个事物分裂成两个对立面；也就是说，它在重复，在增加，但没有发展"。）[18] 李森科主义是一种有机的、"整体性"的科学，也是一首"歌颂人与生存环境自然联合的赞歌"。李森科压根不理会别人提出用数据来证明观点的要求，其实他的观点更像是具有田园风味的民间智慧。

在整个20世纪20年代，李森科主义的追随者为了在苏联生物学领域里凌驾于基因论者之上，进行了一场日渐艰苦的战斗。他们逐渐占了上风，而且在1948年，李森科最终获得了国家的支持。基因论受到压制，基因学家遭到逮捕，死了许多人。1953年斯大林的去世并没有改变什么，上台的赫鲁晓夫是李森科的老朋友和支持者。然而，对于苏联科学家来说（尽管对一些继续维护李森科的外国生物学家来说并非如此），有一点愈加明显，这人是个疯子。他信口开河地说自己已培育出可以结榛子的角树，还有长出黑麦粒的小麦，还说自己看见莺的蛋里孵出了杜鹃。

1964年，李森科随赫鲁晓夫一起下台。事实上，他在部分程度上造成了赫鲁晓夫的垮台。李森科主义被列入罢免赫鲁晓夫的中央委员会的会议议程；自1958年以来，农业生产一直停滞不前，这成了反对者对这位领导人的主要控诉。李森科名誉扫地，但许多年来他并未遭受大肆批评。他的科学研究彻底消隐，没有留下任何痕迹。[19]

别无他说

这个农业上的故事似乎与人类本性的关联不大。毕竟如研究李森科主义的历史学家大卫·乔瑞夫斯基（David Joravsky）所言，"它若与真正的科学思想有任何相似之处，那全是出于偶然"。然而，它提供了苏联一切生物学研究的背景。极端的后天论早在俄国革命以前就始于谢切诺夫，在李森科的带领下登上巅峰，它奠定了苏联20世纪大部分时间里一切事情的基调。而且，无论出于有意还是无意，它也回响在整个西方世界里。巴甫洛夫和华生对学习如何发生的见解，在某种程度上被人们当作证据，说明人所做的一切不过就是学习而已。到了20世纪40年代后期，有人提出一种双胞胎式的观点，即人类是后天与文化的产物，与动物截然不同；这既具备道德必然性，也具备科学必然性。这样的观点在整个西方世界以及社会主义国家里都广为流传。

"如果基因决定论是正确的,"史蒂文·杰伊·古尔德(Stephen Jay Gould)这样写道,"我们就要学会与之共处。但是我想重申一个目前没有证据支持的声明,过去数世纪中那些粗略的基因决定论版本都已明确遭到否定,而这种观点继续流行,只是因为那些从现状中获益最多的人持有的社会偏见仍在发挥影响作用。"[20] 这样的推理引来了麻烦。从恩斯特·迈尔(Ernst Mayr)到史蒂芬·平克,生物学家纷纷提出,将道德和政策建立在人性可塑这种假设的基础上,不仅是错误的,更是危险的。生物学家一旦开始发现行为在一定程度上有天生的遗传因素,那么一定有人会为道德找到相关支撑论据。如平克所言:

> 一旦(社会科学家)押注在这个荒谬的论断上,即种族主义、性别歧视、战争和政治不公平之所以不合逻辑或不符合事实,是因为压根不存在人性这回事(与道德卑劣相对,无论人性的细节是怎样的)。那么通过他们的推理,一切有关人性的发现都相当于在说,种族主义、性别歧视、战争和政治不公平其实也没有那么糟糕。[21]

我再重复说明一下,以求更清楚地表达。提出人类能够学习,对关联刺激产生条件反射,对奖赏和惩罚做出回应,以及学习理论中的任何其他要点,事实上这些并没有错。它们全都属实,也是我正建造的人性之墙上关键的砖块。然而,这并不能推理出,人类因此没有本能,更不能说人类如果有本能就不能学习。两者可以同时成立。错误在于非得要在这两者中做出非此即彼的选择,也就是沉溺于玛丽·米奇利所称的"别无他说"。

"别无他说"的权威捍卫者是伯尔赫斯·弗雷德里克·斯金纳,他是华生的追随者，将行为主义推向教条主义的新高度。斯金纳说，有机体就像是一个无须打开的黑匣子：它只需将来自境中的信号加工成为合适的回应，在此过程中没有添加任何天生的知识。比起华生，斯金纳更倾向于用与人性不符的东西来定义心理学：人类没有本能。即使在晚年时，他承认人类行为中包含天生的成分，他也是将其等同于命运——"（天生的特征）在个体孕育出以后便不再受到控制"。这再一次证明了我的观点，即比起支持天生论的人，天生论的批判者构建的基因模型更具有决定论色彩。后天论者比先天论者在对待基因方面更像是宿命论者。

当阅读斯金纳的作品时，我努力保持积极的心态。毋庸置疑，他所做的操作性条件反射实验非常出色；他设计了斯金纳箱，箱内的鸽子可根据实验的设置受到奖赏或惩罚；这可谓是一个技术奇迹。他在学术上的正直也是无可挑剔的。和许多行为学家不同，他从未佯称环境主义不是决定论。在生活中，我常常遵循他的信条。当我用飞钓式钓鱼的时候，我就像是斯金纳箱里的那只鸽子在活动。正是斯金纳学派的人发现了一种非预测式的随机奖励机制，于是鸽子可以极其准确地啄某个标志，就像渔夫不断将网抛入水流中。每当我试图通过奖励和惩罚机制培养孩子的餐桌礼仪时，我本人就像是一个斯金纳箱。

然而，我无法敬佩一个将自己的女儿黛比（Debby）在两岁前常常放入斯金纳箱的男人。这个"空中摇篮"是一个隔音的箱子，带有一扇窗户，提供过滤后的湿润空气。小女孩只能在安排好的玩耍时间内和吃饭时才能从箱子里出来。斯金纳还出版过一部作品，抨击自由和尊严已是过时的概念。1948年，也就是乔治·奥威尔（George Orwell）的《1984》问世那一年，斯金纳出版的作品中虚构了一个乌托邦，这个乌托邦简直与奥威尔描述的地狱一样恐怖。我之后还会谈到这本书。此处我只想叙述斯金纳主义的衰退和消亡，因为它在学习研究史中掀开了一个崭新而又激动人心的篇章。这一切都要从威斯康星州的一只幼猴说起。

哈利·哈洛是美国中西部一位快乐、爱交际的心理学家，他对双关语和押韵十分着迷，有点儿讨厌自己在行为主义培训中所受到的限制。他出生时的名字是哈利·以色列。后来他在斯坦福大学师从心理学权威专家刘易斯·特尔曼（Lewis Terman）。（特尔曼建议哈利把名字中的以色列改为哈洛，因为这听起来不太像犹太人的名字，这会增加他找到工作的机会。）哈利从来都不相信，只有奖励和惩罚便能决定心智。由于没能建成小鼠实验室，1930年他搬到威斯康星大学麦迪逊分校，开始在一个自制的实验室里饲养幼猴。然而不久后，他发现自己饲养的这些幼猴，如果自小与其父母分离，生活在一个非常整洁、没有疾病感染的隔离环境中，成年后就会变得畏畏缩缩、不爱交际以及郁郁寡欢。它们会紧抓着布，像是在海里抓着救生筏一样。20世纪50年代后期的一天，哈洛坐在从底特律飞往麦迪逊的飞机上。他看着密歇根湖上空蓬松的白色云朵，想起了他那些紧紧抓着布的小猴子们，于是他突然想到了一个新的实验。为什么不让一只幼猴在没有奖励的布偶母亲模型和有牛奶作为奖励的铁丝母亲模型之间做出选择呢？它会选哪一个？

哈洛的学生和同事对这个想法大感震惊。对于行为学这样的硬科学来说，这是一个过于空泛的假设。最终，哈洛说服罗伯特·齐默曼（Robert Zimmerman）来做这个实验，因为他承诺罗伯特之后可以留下这些小猴子做更有用的研究。于是，8只幼猴被放入8个独立的笼子里，每个笼子里都有一个铁丝猴妈妈模型和一个布偶猴妈妈模型。后来这些模型还被装上了栅栩如生的木制脑袋,这主要是为了让人类观察者感觉舒服一些。在4个笼子里,每只布偶母猴拿着一瓶牛奶和一个奶嘴。在另外4个笼子里,牛奶则在铁丝母猴那里。如果这4只幼猴阅读过华生或斯金纳的作品,它们一定会迅速将铁丝模型与食物相关联,于是爱上铁丝猴妈妈。它们的铁丝猴妈妈给它们丰厚的奖赏,但布偶猴妈妈却无视它们。然而,这些幼猴在几乎所有的时间里都和布偶猴妈妈待在一起;它们只有在从铁丝母猴那儿喝牛奶时,才会离开给它们安全感的布偶母猴。在一张著名的照片上,一只幼猴用自己的后腿缠着布偶猴妈妈,倾斜着身子去喝铁丝猴妈妈那里的牛奶。[22]

许多相似的实验接踵而至——摇晃的母亲模型比静止的母亲模型更受喜爱;温暖的母亲模型比冰冷的母亲模型更受喜爱。1958年,在美国心理学会的年会上做报告时,哈洛宣布了这些研究结果,并煽情地将自己的演说标题定为"爱的本性"。他给了斯金纳主义致命一击,因为后者持有一个荒唐的立场,认为婴儿对母亲的爱完全是因为母亲是其营养的来源。然而,爱不只是奖励和惩罚;一个婴儿喜爱柔软和温暖的母亲,是由于一些天生的因素和自我奖励决定的。"人类不能仅靠牛奶生存,"哈洛诙谐地说,"爱是一种情感,无须用瓶子或勺子喂养。"[23]

关联的能力是有限的,这个限制来自天生的喜好。这些结果在如今看来是再明显不过了,而且任何一个读过廷伯根的讨论海鸥和刺鱼行为触发因素的作品的人,当时就会对此一清二楚。但是,心理学家没有接纳动物行为学,行为主义对心理学的掌控过大,以至于许多人对这些研究结果大感吃惊。行为主义的大厦上出现了一道裂缝,而且这个裂缝还将继续扩展。

在整个20世纪60年代里,心理学家一直在勤勤恳恳地研究,重新发现了这个常识,即由于天生的构造等因素,人类和各种动物会分别对不同的事情信手拈来。斯金纳箱子里的鸽子擅长啄标志物品,小鼠则擅长穿越迷宫。到了20世纪60年代后期,马丁·塞利格曼(Martin Seligman)创立了"先备学习"(prepared learning)的概念,这与印刻效应的意思恰恰相反。在印刻效应中,雏鹅会把目标锁定在它所见到的第一个移动物体的身上,无论对方是鹅妈妈还是教授。这种学习是自发式的而且不可逆的,可指向各种各样的目标。而在先备学习里,动物可以很容易就学会对蛇产生畏惧感,但却很难学会害怕花朵。这种学习只能指向一个狭小范围里的目标,没有这些固定目标的话,学习便无法进行。

继哈洛之后的一代人在威斯康星州饲养的另一群猴子证明了同样的事实。苏珊·米尼卡(Susan Mineka)是塞利格曼的学生。在1980年搬到威斯康星州后,她设计了一个实验来检验先备学习的观点。时至如今,她仍将当初的录像带保存在她办公室的一个纸板盒里。她追寻的线索是一个自1964年以来便众所周知的事实:实验室里饲养的猴子不会惧怕蛇,而所有野生长大的猴子看到蛇就会感到无比惊恐。不过,不可能每一只野生猴子都与蛇有过一种糟糕的巴甫洛夫式的经验,因为蛇带来的危险通常是致命性的;你没有多少机会通过条件反射学习到,被蛇咬是会中毒的。米尼卡猜测,猴子通过观察其他猴子对蛇的反应,间接习得对蛇的畏惧感。实验室里养大的猴子没有这种经验,因为没有习得这种惧怕。

她先将圈养状态下出生的6只幼猴放在野生的猴妈妈跟前;当母猴不在的时候,她让它们看到蛇。这些幼猴并不是十分害怕。当有机会越过蛇去拿食物时,饥饿的幼猴很快就伸出爪子。之后,当猴妈妈在场时,她再让这些幼猴看到蛇。幼猴立刻学会了猴妈妈恐惧的反应——爬到笼顶、咂嘴、扇动耳朵和做鬼脸。自此以后,即使是看到一只塑料模型蛇,它们也会惧怕万分。(从那之后,米尼卡一直用玩具蛇来做实验,因为这更容易控制。)

接下来,她表明,从一只陌生猴子那里学到经验,就如同从父母那里学到经验一样容易,而且可以轻易传递下去:一只猴子可以从另一只用同样方式学会怕蛇的猴子那里习得对蛇的畏惧感。米尼卡的下一个任务就是,了解一只猴子教会另一只没经验的猴子害怕其他一些东西,例如花朵,是否同样容易。问题在于如何让第一只猴子对花朵产生畏惧反应。米尼卡的同事查克·斯诺登(Chuck Snowdon)建议她使用新发明的录像带技术。如果猴子可以观看录像带并从中学习,那么录像可以修改成这样的假象,那只"示范"猴子表现出惧怕花的反应,其实那是它对蛇产生的反应。

这个方法是有效的。猴子在观看录像方面毫无困难,它们对录像里猴子的反应和对真猴子的反应一样。因此,米尼卡准备了一些录像带,后半部分的录像剪接自另外一个场景。这些录像展示,一只猴子平静地伸出爪子,越过蛇的模型来获取一些食物;或者,一只猴子对花朵十分惧怕。米尼卡让那些实验室里养大的、无经验的猴子观看修改后的录像带。当看到"真"录像带里猴子的反应(对蛇非常畏惧,对花无动于衷)时,实验室猴子迅速并坚定地得出结论:蛇是可怕的。而当看到"假"录像带里猴子的反应时,实验室猴子仅得出这样的结论:有些猴子疯了。而且,它们也不会因此而惧怕花朵。[24]

在我看来,这是心理学实验中的一个伟大时刻,可以与哈洛的铁丝母亲模型相媲美。人们用各种不同的方式反复去做这个实验,每次都能明确得出同样的结论:猴子很容易学会惧怕蛇,却很难学会惧怕其他大多数东西。这表明,学习中有一定程度的本能成分,就像印刻效应显示本能中有一定程度的学习成分一样。白板说的狂热信奉者反复检查米尼卡的实验,急切渴望找出其中的缺陷。但是迄今为止，这些实验从未被发现有任何漏洞存在。

猴子和人类不同，但是毫无疑问的是，人类也常常惧怕蛇。害怕蛇是最常见的恐惧形式之一。巧合的是，很多人说他们的害怕来自间接经验，比如看到了父母对蛇的畏惧反应。[25] 人们还常常害怕蜘蛛、黑暗、高处、深水、狭小空间和打雷。这一切都是石器时代人类所面临的威胁，而现代生活中的一些威胁要素——汽车、滑雪、枪支和电源插座则不会引起人们的恐惧反应。忽视进化在此发挥的作用是有违常识的；人类大脑被预先连线学会害怕一些东西，这与石器时代有着相关性。而且，进化将这类信息从过去传递到如今心智的唯一方法就是通过基因。基因的本质就是：信息系统中的各个部分，收集来自过去世界的各种事实，通过自然选择将其融入对未来的设计中。

当然，我无法证明刚刚说的那几句话是正确的。但我可以提供许多证据说明，在人类和其他哺乳动物中，畏惧这种条件反射大多取决于杏仁核，即靠近大脑底部的一个小结构。[26] 我还可以给一些提示，说出是伏尔甘的哪些仆人在杏仁核的沟壑里挖进挖出，以及如何去挖（这就像是如何促进谷氨酸突触易化）。我也可以告诉你双胞胎研究显示，畏惧是可遗传的，这表明基因在发挥作用。但是我不能确定，这一切的设计都是源于一个如何连线大脑的基因指令规划。我只不过想不出更好的解释了。学习畏惧像是一个清晰的模块，也像是心智这把瑞士军刀里的一块刀片。它近乎是自发而起、自成一体且有选择的，而且由选择性神经回路运作。

畏惧仍是经过学习后才有的反应。而且，你还可以学习畏惧汽车、牙医的电钻或海豹皮大衣。显而易见，巴甫洛夫的条件反射理论可以形成任何一种畏惧。但是，对蛇的畏惧无疑会比对汽车的畏惧来得更强烈、迅速和持久；社会学习也是如此。在一个实验中，作为实验对象的人接受条件反射从而畏惧蛇、蜘蛛、电源插座或几何形状。对蛇和蜘蛛的畏惧比其他畏惧持续的时间更长。在另一个实验中，实验对象接受条件反射（通过很大的砰砰声），从而害怕蛇或枪。再一次，实验对象畏惧蛇比畏惧枪的时间更长，尽管蛇不会发出砰砰声。[27]

这种畏惧很容易就被学会，但并不是说它不能被阻止或逆转。猴子观看到录像中其他猴子对蛇无动于衷的反应后，即便之后再看到其他录像里猴子受到蛇的惊吓，也不会习得对蛇的畏惧。养宠物蛇的孩子明显比他们的朋友对于惧怕蛇的反应更具免疫力。因此，米尼卡强调，这不是一种封闭的本能。它仍是学习的一个例证。然而，学习不仅需要基因来建立学习系统，还需要基因去操作整个系统。

这个故事里最令人兴奋的地方在于，它将我在本书中已探讨的所有主题汇合到了一起。表面上，对蛇的畏惧看起来的确像是一种本能。它是模块化的、自发式的，并具有适应性。它具有高遗传性——双胞胎研究显示，畏惧和个性一样，与共享的家庭环境无关，但与共享基因密切相连。[28] 然而，米尼卡的实验表明畏惧完全是被学会的。难道之前还有比这更能清楚说明先天与后天交互作用的例子吗？学习本身就是一种本能。

神经、网络与节点

强硬派的行为主义学家在如今已如珍稀鸟类般极为罕见。绝大多数人都会受到认知革命和米尼卡这类实验的影响，相信人类心智学习的是其擅长的方面，而且学习不仅仅需要一个按通用目标设定的大脑；它需要各种特殊装置，每一个都对信息具有敏感度，且专长于提取环境中的规则。巴甫洛夫、桑代克、华生和斯金纳的发现都提供了有价值的线索，有助于了解这些装置如何运行，但它们并不是与先天相对立的：它们依赖天生的建构。

的确，有一群科学家仍然反对在学习理论中注入太多的先天论。他们被称为联结主义者。和惯例一样，事实上他们所说的大脑的运作过程，和大多数天生论者所说的没什么两样。然而，仍和惯例一样，在先天与后天之争中，两方总喜欢将对方逼到无路可走的境地，于是双方的情绪都高涨起来。我在两者中所能发现的唯一区别是，联结主义者强调大脑回路对新技能和经验的接纳，而先天论者强调的是大脑回路的特异性。如果你允许我使用一点拉丁文来表达的话，我想说，对于一块石板，联结主义者看到的是半块空白的石板，而先天论者看到的则是半块有字的石板。

接下来我们回归正题。联结主义并非真的关心真正的大脑是什么，它关注的是构造出能够学习的计算机网络。它的灵感源自两个简单的想法：赫布相关性和误差反向传播。前者涉及一个名叫唐纳德·赫布（Donald Hebb）的加拿大人，他在1949年随意写下一段话，由此他的名字被永远载入史册：

> 当细胞A的一个轴突与细胞B很近，足以对它产生影响，并且反复持续刺激细胞B时，那么这两个细胞或其中之一便会发生某些生长过程的变化或新陈代谢的变化。于是，作为能使B兴奋的细胞之一，A的效能增强了。[29]

赫布所说的是，学习就是强化常常使用的连接。伏尔甘的仆人在使用中的沟壑里挖掘，使其更加畅通。讽刺的是，赫布并不是行为主义者——事实上，他强烈反对斯金纳的观点，不同意黑盒子必须要保持关闭状态。他想了解大脑中发生了什么，而且他正确地猜测出是突触强度发生了变化。从分子层面来看，记忆现象似乎就是赫布式的。

在赫布理论问世几年以后，弗兰克·罗森布拉特（Frank Rosenblatt）发明了一个电脑程序，称为感知机。它包括两层"节点"或开关，这两层之间的连接可以发生改变。它的功能在于改变连接的强度，直到其输出具有"正确"的模式。起初感知机没能发挥多少效用，但30年后，人们在其输入层和输出层之间，增加了第三层"隐含"的节点。于是，联结主义网络开始呈现一台原始学习机的所有属性，尤其在学会"误差反向传播"后更是如此。这意味着，先调整隐含层单元与输出有误差的输出层之间的连接强度，再调整之前连接的强度——将误差反向传播至机器。广义上，从预测的误差中学习，与现代巴甫洛夫主义者提出的观点，以及沃尔弗拉姆·舒尔兹（Wolfram Schultz）发现的人类多巴胺系统所呈现的原理是相同的。[30]

经过恰当的设计，联结主义网络能够学会世界上的各种规则，其学习方式看起来像是大脑的运作。例如，它们可以将单词归类为名词或动词，有生命的或无生命的，动物或人类，等等。如果它们遭到破坏或"损伤"，就会犯一些错误，与中风患者犯的错误相似。一些联结主义论者兴奋地认为他们已迈出了重塑大脑基本运作的第一步，这一点儿也不奇怪。

联结主义者否认他们只相信关联。他们不像巴甫洛夫那样声称学习只是一种条件反射，也不像斯金纳那样提出大脑经过条件反射训练后即可同样轻松地学会任何东西。他们所说的隐含单元发挥着天生的作用，尽管斯金纳不愿承认大脑有此功能。[31] 但是，他们的确声明，只要最少的预先设定的内容，一个通用网络就可以学会有关世界运行的各种规则。他们讨厌过分的天生论，强烈反对强调大规模模块化，并厌恶有关基因决定行为的廉价论调。和大卫·休谟一样，他们相信心智所具有的知识大多来自经验。

"这就是经验主义认知科学的美妙之处：你可以落后几个世纪，但你不会错过任何东西。"心理学家杰瑞·福多诙谐地说。尽管福多一针见血地批评天生论走过了头，但他也不看好联结主义的观点。他认为它"全然无望"，既没有解释逻辑回路必须采用什么形式，也没有解释外展或"全局性的"推理。[32]

史蒂芬·平克的反对意见表述得更加具体。他说联结主义者的成果与他们在何种程度上用知识预先装备网络成正比关系。只有通过预先规定其中的连接，你才能让网络学到有用的知识。他将联结主义者比作一个号称会做"石头汤"的人，他放的蔬菜越多，汤就会越美味。在平克看来，联结主义最近的成功是对天生论的一种假惺惺的恭维。[33]

作为回应，联结主义者说他们并没有否认基因为学习创造了条件，只是说也许突触网络的改变有一些通用规则，可以体现那种学习；以及，类似的网络在大脑中的不同部分运作。他们很重视最近有关神经元可塑性的发现。在失聪者或截肢者那儿，大脑中未使用的部分被重新分配了别的功能，这意味着它们是多用途的。言语在正常情况下是大脑左半球的功能，可在一些人的大脑中，它却由右半球掌控。小提琴演奏者的躯体感觉皮层比一般人的要大，这样有助于左手活动。

我并不会裁定这些观点孰是孰非。我只想给出一向的判断：有些东西虽不是完整的答案，但在部分程度上也是正确的。我相信，我们将发现大脑中有一些网络，运用它们的通用属性，如同学习装置一样，学习到世界的规则。而且，它们运用的是一些类似于联结主义网络的原则，相似的网络会出现在不同的心智系统中。于是，学会识别一张脸和学会畏惧蛇，运用的是相似的神经元结构。发现这些网络及描述它们之间的相似性，这将是令人兴奋的工作。但是我也相信，承担不同任务的网络之间存在差异，这些差异将既有知识编码成演化后的设计，程度大小各有不同。经验论者强调相似；而先天论者强调差异。

和他们之前的其他经验论者一样，现代的经验论者，赫布、斯金纳、华生、桑代克、巴甫洛夫，更不用说穆勒、休谟和洛克，毫无疑问他们都为人性之墙加上了有用的砖瓦。只有当他们试图抽走别人贡献的砖瓦时，或是号称只需经验论便可建成人性之墙时，他们才是错的。

牛顿式的乌托邦

这恰好让我回想起斯金纳。你也会想起来，我曾说他写过一个有关乌托邦的作品。他描述了一个可怕的地方，和赫胥黎的《美丽新世界》以及高尔顿的《不能说在哪里》中描述的地方一样恐怖。一个完全不受基因影响、纯粹经验主义的世界，会和一个完全不受环境影响的纯粹优生的世界一样糟糕。

斯金纳的作品《沃尔登第二》(Walden Two)描述了一个公社，说起来有点儿像令人窒息的法西斯主义式的陈词滥调。年轻的男女漫步在公社的走廊和花园里，微笑洋溢，互相帮助，多像纳粹宣传影片中的片段；强迫的、一致的情况无处不在。没有反乌托邦的乌云笼罩天空，但令人不寒而栗的是，主人公弗拉兹尔（Frazier）的创造者竟然崇拜他。

小说是通过伯里斯（Burris）教授的视角来讲述的。在两个以前的学生的引见下，伯里斯见到了过去的同事弗拉兹尔，后者创建了一个叫作沃尔登第二的公社。陪同伯里斯的还有他的几个学生及其女友，和一个名叫卡斯尔

(Castle)的愤世嫉俗者。他在沃尔登第二待了一周，很羡慕弗拉兹尔创立的这个表面上看起来幸福的社会，其基础完全是对人类行为的科学控制。卡斯尔带着嘲笑离开了；伯里斯先跟随卡斯尔一起走了，但之后又回来了，他是被弗拉兹尔想法的魔力给拉回来的：

我们的朋友卡斯尔担心长期的独裁和自由之间会有冲突。难道他不知道自己只是在重提命中注定与自由意志这个古老的问题吗？所有发生的一切都可以归入最初的计划，不过在每一个阶段，个人似乎都要做出选择并决定结果。沃尔登第二公社也是一样。这里的成员实际上总在做他们想做的事——他们所"选择"的事。但是，我们可以确定，他们想做的事恰恰是对他们自己和整个公社最有益的事。他们的行为是被决定的，但他们是自由的。[34]

我赞成卡斯尔的想法。但至少斯金纳是诚实的，他认为人类本性全部是由外界影响决定的，就像是牛顿世界里的线性环境决定论。如果行为主义者所持观点是对的，那么整个世界将会变成这样：一个人的本性就只是可以影响他的外界因素的总和。行为控制技术将有可能得以实现。在1976年该书第二版新增的前言中，斯金纳并没有加入什么新想法。尽管像劳伦兹一样，他几乎不可避免地将沃尔登第二与环境运动联系到了一起。

只有废除城市和经济，用行为主义的公社来替代它们，我们才能在污染、资源枯竭和环境突变的状况下生存下去，斯金纳这样说，"像沃尔登第二这样的事并不是一个坏的开始"。真正可怕的是，斯金纳的想法吸引了许多追随者，他们真的建造了一个公社，并努力按照弗拉兹尔的方式来管理它。如今它依然存在：这个名为多斯沃尔登的公社位于墨西哥的洛斯霍克斯。[35]

第 8 章

文 化 之 谜

> 由于不可改变的身体构造，有些人勇敢，有些人怯懦；有些人自信，有些人谦逊；有些人温顺，有些人固执；有些人好奇心强，有些人漫不经心；有些人做事麻利敏捷，有些人做事磨蹭迟缓。
>
> ——约翰·洛克[1]

一个新生儿来到这个世界上，不仅继承了一套基因，也从经验中学习了很多经验。同时，她还习得了其他一些东西：相距甚远或很久以前的人们创造的字词、思想和工具。人类主宰了地球，而大猩猩则濒临灭绝，其原因并不在于我们有5%特殊的DNA，不在于我们学习联想的能力，也不在于我们能以文化的方式活动，而是在于我们跨越时空积累文化和传递信息的能力。

文化这个词至少有两种含义。它可以指高雅艺术、鉴赏力和品位，例如歌剧。它也可以指仪式、传统和民族特色，例如在鼻子上穿根骨头围着篝火跳舞。这两者之间有一个交汇点：人们身穿礼服端坐着欣赏《茶花女》(*La Traviata*)，这就是鼻子上穿根骨头围着篝火跳舞的西方版本。这个词的第一种含义源于法国启蒙运动。La culture 的意思是文明——一个对进步的普遍衡量标准。第二种含义来自德国浪漫主义运动：die Kultur 是德国文化所独有的民族特征，也是条顿精神㊀最初的精髓。与此同时在英国，福音运

㊀ 条顿精神（Teutonism）即种族主义的一种，产生于19世纪下半叶的欧洲，以后在日耳曼人中广泛流传。它宣扬所有操印欧语系日耳曼语族语言的人都是富有智慧、血统高贵的条顿人，是能够"开化"其他任何人种的"优秀种族"。

动⊖兴起,并开始反击达尔文主义,此时文化指代的是人性的对立面——使人类凌驾于猿类之上的灵丹妙药。²

在我想象的那张照片上,留着华丽小胡子的弗朗茨·博厄斯,把德国对文化的诠释带入了美国,并将其转化为一门学科:文化人类学。他对接下来一个世纪里先天后天之争的影响非常大,无论怎么说都不为过。通过强调人类文化的可塑性,他将人性扩展至无限的可能性,而不是将其束缚在诸多限制的囚牢里。正是他最有力地植入这种观点:文化将人类从本性中解放出来。

博厄斯的顿悟产生于坎伯兰湾的海岸边,坎伯兰湾位于加拿大北极地区巴芬岛的海岸。1884年1月,25岁的博厄斯正在绘制海岸地图,努力想要了解因纽特人的迁徙和生存状态。他的研究兴趣最近从物理学(他的毕业论文主题是水的颜色)转至地理学和人类学。那年冬天,在唯一一个欧洲人(他的仆人)的陪伴下,他成了一个真正的因纽特人:他与巴芬岛岛民一起住在他们的帐篷和圆顶雪屋里,吃海豹肉,坐狗拉的雪橇出行。他心存谦逊地体验这一切。博厄斯不仅开始欣赏招待他的主人们的各种生存技能,也欣赏他们精湛的歌技、丰富的传统和复杂的习俗。他也曾目睹他们在面临不幸时表现出的尊严和坚忍:那年冬天,许多因纽特人死于白喉和流感;他们的很多狗也死于一种新的疾病。博厄斯知道,人们将流行病的爆发归咎于他。这不是最后一次,一个人类学家总想知道他是否把死亡带给了实验对象。他躺在狭小的雪屋里,听着"因纽特人的叫喊,狗的咆哮和孩子的哭声",他在日记里坦诚写下,"与文明的欧洲人相比,这里的'野蛮人'的生活根本不算什么。然而我相信,如果生活在同样的条件下,欧洲人绝不可能如此乐于

⊖ 福音运动(evangelical movement)是自18世纪初期到19世纪80年代中期的新教运动,该运动强调因信得救赎和个人归正的重要。

工作并这么开心快乐"！³

事实上，博厄斯已充分准备好接受文化平等。他的父母是犹太人，居住在德国莱茵兰的明登镇，以倡导自由思想而自豪。他的母亲是一位教师，向他渗透了"1848 精神"，1848 年也就是德国革命㊀失败的那一年。在大学时，博厄斯曾与一个反犹太人的小混混进行了一场决斗，从此脸上永远地留下了疤痕。"我想要的，以及我毕生为之奋斗的，是人人平等的权利"，他在给来自巴芬岛的未婚妻的信中这样写道。他狂热地追随并推崇特奥多尔·瓦伊茨（Theodor Waitz），此人提倡人类团结：世界上所有种族都是一个共同祖先的后代。这一信念让保守分子大为恼火。它吸引了那些被达尔文扰乱心神的《创世纪》（Genesis）的读者，但对那些实行奴隶制和种族隔离的人作用不大。博厄斯也深受以鲁道夫·冯·魏尔啸（Rudolf von Virchow）和阿道夫·巴斯蒂安（Adolf Bastian）为代表的自由人类学柏林学派的影响，此学派强调文化决定论，反对种族决定论。因此，博厄斯这样总结他的因纽特人朋友，"野蛮人的心智可以感知到诗歌和音乐的美，只有肤浅的观察者才会说他们看起来愚蠢并且毫无感情"。他这样说一点儿也不奇怪。⁴

博厄斯于 1887 年移民美国，并着手把文化研究而非种族研究定位成现代人类学的基础。他想建立这样的理念，"原始人的心智"（这也是他最具影响力的作品名称）和文明人的心智在任何方面都是平等的；同时，不同群体的文化之间存在深层次的区别，与先进文化也有很深的差异。民族差异的根源在于历史、经验和环境，而不在于人们的生理和心理。他起初想要证明，

㊀ 德意志 1848 年革命，其最初阶段亦被称作三月革命，原本是在 1848 年于诸多欧洲国家爆发的大规模革命的一部分。它们是一系列在德意志邦联及整个奥地利帝国境内爆发的松散抗议。其所展现的泛德意志主义，更是普遍对继承神圣罗马帝国德意志领土的德意志邦联内 39 个独立邦国分裂且专制的传统政治结构表达了不满。

人们在移民到美国若干代以后，头的形状甚至都会发生改变：

> 东欧的希伯来人，原本头型很圆，现在却变长了；南部的意大利人，在意大利时头型相当长，现在却变短了。因而，来到这个国家以后，这两种人的身体结构都趋于一致。[5]

如果头的形状（许久以来一直是种族分类主要依据的内容）可受到环境的影响，那么"心智的基本特征"也一定会受到影响。不幸的是，最近的一次对博厄斯所记录的头盖骨形状数据的重新分析显示，压根儿没有这回事。即便接受了新国家的同化，这些族群仍然保留了各自不同的头盖骨形状。博厄斯的诠释其实是他自己的一厢情愿。[6]

虽然他强调环境影响的重要性，但博厄斯并不是极端的白板论者。他对个人和种族做了关键的区分。正是因为他认识到不同人的个性上存在很大的天生差异，所以他才不相信种族之间存在天生的差异：这个观点后来被理查德·列万廷（Richard Lewontin）从基因的角度证明是正确的。从一个种族中任意挑出两个人，他们之间的遗传差异要远远大于不同种族之间的平均差异。事实上，博厄斯的观点几乎在任何方面都是很现代的。他强烈反对种族主义，相信文化决定论，不信民族特质一说，他还热情倡导所有人应该拥有均等的机会，这些都在该世纪后半叶里成为政治美德的标志。不过那时博厄斯已离开人世。

和惯例一样，他的一些追随者走火入魔了。他们逐渐摈弃了博厄斯对个人差异和人性普遍特征的认可。他们犯了一个人们常犯之错，即认为一个命题是真的，那么另一命题就必定为假。他们认为由于文化影响了行为，那么先天的东西都不能影响行为。最初玛格丽特·米德（Margaret Mead）在这方面最为过分。她研究萨摩亚人的性习俗，其目的就是为了揭示西方社会的婚前禁欲和与性相关的困扰完全以种族为中心，因而是"文化性"的。实际上现在我们都知道，在访问该岛的短暂期间，米德受到几个少女的恶作剧愚弄。而且，20世纪20年代的萨摩亚人如果和美国人在性的态度上有区别的话，那也是更加谨慎一些。[7]但是损害已经形成，人类学与华生和斯金纳影响下的心理学一样，开始完全信奉白板说，即认为人类的所有行为都仅是社会环境的产物。

在博厄斯改革人类学的同时，同样的主题也开始主宰社会学这门新兴科学。与博厄斯同时代，并也留着小胡子的涂尔干对社会的因果关系提出了一个更有力的论述：社会现象只能由社会事实予以解释，不能用任何生物学知识来说明。所有的文化都源自文化。涂尔干比博厄斯年长一岁，出生于法国洛林，从这里越过法国边境就到了博厄斯的出生地。涂尔干的父母也是犹太人。然而，和博厄斯不同，涂尔干是犹太教士的儿子，祖辈们也都是犹太教士，他整个青年时代都在研究犹太法典。他漫不经心地研究了一段时间天主教，之后进入精英云集的巴黎高等师范学院。在博厄斯游历全世界、住雪屋、和美洲原住民交朋友并移民的时候，涂尔干只是专注于研究、写作和论证。除了曾在德国短暂学习过一段时间，他整个一生都待在法国的象牙塔里，起初在波尔多，后来去了巴黎。他没有多少可写传记的材料。

然而，涂尔干给萌芽状态的社会学带来了巨大的影响。他将社会学的研究立足于空白的概念上。人类行为的原因——从性嫉妒到大众性的歇斯底里都源于个体之外。社会现象是真实的、可重复的、可界定的以及科学性的（涂尔干羡慕自然科学家所掌握的铁的事实——物理羡妒是软性科学家的普遍心理状态），但是这些现象不能回溯至生物学。人类本性是社会力量的结果而非原因。

人性的通用特征参与细化工作，从而形成了社会生活。但这些特征不是其原因，也没有赋予它某种特殊的形式；它们只是促成了社会生活的形成。集体表现、感情和倾向并不是由个人意识的某些状态所引发的，而是由该社会群体整体所处的状态导致……个人本性仅仅是可塑的原材料，需要接受社会因素的塑造和改变。[8]

博厄斯和涂尔干，以及研究心理学的华生，代表了人类心理可完全由外界因素塑造这种白板说的巅峰。它否认和拒绝一切天生的东西，史蒂芬·平克的著作《白板说》(*The Blank Slate*) 将该论断驳斥得体无完肤。[9] 但是，它肯定人类受到社会因素的影响，这是无可争辩的。涂尔干帮助博厄斯在人性之墙上放了关键的一块砖——文化。博厄斯摈弃了以下观点，即所有的人类社会都由或多或少受过良好训练的学徒组成，他们的目标是成为英国式绅士；而且社会里有一个由许多阶段组成的阶梯，所有的文化必须走过这个阶梯才能抵达文明。为了取代这种观点，博厄斯提出一个设想，普遍的人性由不同的传统折射到分立的文化里。一个人的行为在一定程度上归因于先天本性，但在同样的程度上也归因于其同胞的风俗习惯。他似乎从所在的群体中汲取了一些东西。

博厄斯提出了一个悖论，如今该悖论依然存在。如果人类的能力在任何地方都是相同的，德国人和因纽特人拥有对等的心智，那么为什么文化是多样的？为什么巴芬岛和莱茵兰不能共有一种单一的人类文化？又或者，如果是文化而非本性，导致了不同社会的形成，那么文化又怎么能被认为是平等的？文化演变的一些事实表明，一些文化比其他文化更加先进，而且如果文化可以影响心智，那么一些文化的确可以孕育出更优秀的心智。博厄斯学识上的继承人，例如克利福德·格尔茨（Clifford Geertz）在解答这个悖论时，声称文化的普遍性不值一提；"适用于所有文化的心智"根本不存在；除了明显的感觉以外，人类心理没有共有的成分。人类学必须关注差异而非相似。

我对他的回答非常不满，尤其是因为它有着显而易见的政治危险——如果没有博厄斯的心智平等论，偏见就会从后门溜进来。这会导致自然主义的谬论，即由事实推理出道德，或者由"实然"推理出"应然"，这些都是基因组上帝所禁止的。它也会导致决定论的谬误，忽略混沌理论的教训：确定的规则并不一定产生确定的结果。国际象棋的规则极其有限，但你在几步棋以内便可以有上万亿种不同的玩法。

我不相信博厄斯这么说过，但从他的立场出发而得到的逻辑推论是，技术进步和心理停滞之间存在巨大反差。博厄斯本人所属的文化拥有轮船、电报和文学；但它在精神和感受力方面，比起靠狩猎和采集果实生活的不识字的因纽特人，并没有体现出明显的优越性。这个主题经常在与博厄斯同时代的小说家约瑟夫·康拉德的作品中出现。对康拉德来说，进步是一种妄想。人类本性从未进步，只是注定在每一代人中重复与祖先同样的特性和状况。有一种普遍的人类本性，重新体验祖先们经历过的胜利与灾难。技术和传统仅仅将这种人性折射到当地文化中：在一个地方可见蝴蝶结领结和小提琴；在另一个地方可见鼻部饰品和部落舞蹈。但是蝴蝶结领结和部落舞蹈并没有塑造心智——它们只是表达心智。

观看莎士比亚戏剧时，我常常为他对人们个性理解的精深程度所震惊。他笔下的那些人物钩心斗角起来或追求伴侣时一点儿也不单纯或原始；他们厌世且饱经风霜，是后现代主义者，自我意识强烈。大家可以想一想碧翠丝（Beatrice）、伊阿古（Iago）、埃德蒙（Edmund）或杰奎斯（Jaques）的愤世嫉俗。㊀刹那间，我忍不住想，这似乎有点奇怪。他们决斗时使用原始的武器，交通出行落后不便捷，水管设施也完全过时。然而，他们向我们诉说的爱、绝望、愤怒和背叛，完全表达了现代生活的复杂和微妙。他们是如何做到的呢？他们作者的文化条件并非有利。他没有读过简·奥斯汀或陀思妥耶夫斯基的作品；也没有观看过伍迪·艾伦的表演；没看过毕加索的画作；没听过莫扎特的乐曲；没听说过相对论；也没有坐过飞机或在网上冲浪。

博厄斯提出的文化平等论，绝不是为证明人性是可塑的，而是取决于接受一种不可改变的普遍人性。文化可以决定自身，但无法决定人性。讽刺的是，玛格丽特·米德最清楚地证明了这一点。为了找到一个年轻女性不受性约束的社会，她不得不拜访一个想象中的地方。像之前的卢梭一样，米德在南太平洋地区找寻人性的某些"原始"之处。但是，原始的人性根本不存在。她未能发现人性的文化决定论，这种失败就像是狗叫不出声一样。

那么，让我们倒过来看决定论的观点，问问为什么人类本性似乎在任何地方都可以形成文化——产生累积的、技术性的和可遗传的传统。在只有雪、狗和死海豹的地方，人类渐渐发明了这样的生活方式，既有歌曲和信仰，又有雪橇和雪屋。究竟人类大脑中有什么东西，可以帮助人类取得这样的伟绩，而且这样的天赋又是在何时显露出的呢？

首先请注意，人类文化的产生是一项社会活动。单独一个人的心智无法产生文化。有先见之明的苏联人类学家利夫·维果斯基（Lev Semenovich Vygotsky）在20世纪20年代就曾指出，描述一个孤立的人的心智是抓不住要点的。人类的心智从来都不是孤立的。与其他物种不同，人类的心智在

㊀ 这些人名依次出自莎士比亚的戏剧《无事生非》《奥赛罗》《李尔王》和《皆大欢喜》。——译者注

文化之海里畅游。人类学习语言、使用技术、遵循习俗、共享信念并习得技能。他们既有集体经验，又有个人经验；他们甚至共享集体意向。维果斯基于 1934 年去世，年仅 38 岁。他在世时，他的观点仅以俄语出版，在很长一段时间里都不为西方世界所知。然而，近来他成为教育心理学和人类学边角领域里引人瞩目的对象。不过，从我的出发点来看，他最重要的见解是，他坚持认为使用工具和语言之间有所关联。[10]

如果我坚持认为基因既是先天的根基，也是后天的根基，那么我就得解释基因如何造就了文化。我做这个解释，并非通过提出有文化实践的"形成基因"，而是通过说明对环境做回应的基因是存在的，基因是机制而非原因。这是个艰巨的任务，而且我得承认，到目前为止我还没有成功。我相信，人类掌握文化的能力并不是源于与人类文化共同进化的一些基因，而是源于一系列对偶然事件的预适应，从而在不经意间赋予人类心智无限的积累并传递思想的能力。这些预适应的基础是基因。

知识的积累

人类与黑猩猩在基因上有 95% 的相似度，这个发现使我的问题更加棘手。在描述涉及学习、本能、印刻和发展的基因时，我可以轻易地用动物来举例，因为人类和动物的心理在这些方面的差异只是程度不同。但是，文化是另外一回事。一个人和即便最聪明的一只猿或海豚之间的文化差异也犹如一道鸿沟。将一只祖先猿的大脑转变为人类大脑，你只需稍做调整。如果将此过程比作烹饪，那便是：原料完全相同，你只不过要在炉子上多花一点时间。然而，这些小小的改变却可产生深远的影响：人类有了核武器和金钱、信仰和诗歌、哲学和火。这一切都是通过文化产生的，通过一代代人积累思想的能力和发明创造而获得的。人们将这些传承下去，于是活着的人和已故的人的认知资源汇聚到了一起。

例如，一个普通的现代商人，在工作中离不开亚述人的语音字母表、中国的印刷术、阿拉伯的代数、印度的数字、意大利的复式记账法、荷兰的商业法、加利福尼亚的集成电路以及数世纪以来在各大洲之间传播的许多发明。是什么让人类，而非黑猩猩，能够把这些伟大的发明积累下来？

毕竟，似乎很多人都肯定黑猩猩能够拥有文化。它们在喂食行为中表现出浓厚的地方传统特色，并将这些传统通过社会学习传递下去。一些群体用石头砸开坚果；另一些群体则用木棍。在西非，黑猩猩吃蚂蚁时，用一根短棍慢慢插入蚁穴，将蚂蚁一个个放进嘴里；在东非，黑猩猩则用一根长棍探入蚁穴，一次收集许多只蚂蚁，将这些蚂蚁从棍子上剥下来全部放到手里，再一次性塞进嘴里。在整个非洲，目前已发现 50 多种诸如此类的文化传统，年幼的黑猩猩可以通过观察来学到每一种传统。（移居至一个新群体的成年黑猩猩很难学会当地的习俗。）这些传统对它们的生活十分重要。弗兰斯·德·瓦尔（Frans de Waal）过于夸张地说，"黑猩猩完全依赖文化以获得生存"。和人类一样，黑猩猩若没有后天习得的传统则活不下去。[11]

拥有传统或习俗的动物并不仅限于黑猩猩。1953 年 9 月，动物文化首次发现于日本海岸线不远处的一个小岛科希马上。一个年轻的女子美都三户（Satsue Mito）5 年来一直用小麦和甘薯喂养小岛上的猴子，以此让它们习惯人类的观察者。某天，她首次看到一只叫作伊莫（Imo）的幼猴用水洗去甘薯上的沙子。自此 3 个月以内，伊莫的两个玩伴和它的母亲也采用这一做法。5 年以内，猴群中大多数的年轻猴子也加入了它们。只有一些年老的猴子没能学会这个习俗。伊莫很快还学会把带有沙子的小麦放入水中，沙子沉淀下去，从而小麦与沙子可以分离。[12]

脑部较大的物种通常拥有丰富的文化。虎鲸具有传统的后天习得的捕食技巧，它在每个群体中都有所区别。例如，南大西洋虎鲸的一项特殊技能便是去浅滩抓捕海狮，该技巧需要多次练习才可完善。因此，通过社会学习传递传统习俗，这当然不是人类特有的技能。但是，这让问题更难以解答了。如果黑猩猩、猴子和虎鲸都有文化，那为什么它们不曾表现出文化腾飞呢？因为它们未能发展持续的、积累的创新和改变。总而言之，它们在文化方面没有"进步"。

让我换一种说法来提这个问题。人类是如何取得文化进步的？我们如何在偶然间得到了积累的文化？这类问题在近些年里引发了大量理论推测，但予以支持的经验数据却很少。为确定答案而付出最多努力的科学家是哈佛的迈克尔·托马塞洛（Michael Tomasello）。他对成年黑猩猩和年轻人做了一连串实验，从中得出结论，"只有人会认为（其他人）和自己一样，都是有意向的行为主体；只有人类可以进行文化学习"。这种区分出现在动物出生后 9 个月时——托马塞洛将其称为九月革命。就在这时，在发展一些固定的社会技能方面，人类将猿类远远甩在后面。例如，人类会指着一个物体，只是为了让别人和他共同注意该物体。他们会看着别人指的方向，并跟随他人的视线。猿类从不会这样做，自闭症儿童也不会这样做（直到很久以后才可以），因为他们很难理解其他人也是有心智、有意向的行为主体。在托马塞洛看来，猴子和猿类从来都不能将一种错误信念归属于其他个体，但这对一个 4 岁的孩子来说是件自然而然的事。通过这一点，托马塞洛推测，只有人类能够进行换位思考。[13]

这一论断游走在人类例外论的边缘，人类例外论曾让达尔文大为恼火。

像所有人类例外论的声明一样,一旦有人提出首次明确发现一只猿会按照它理解的其他猿的想法来行动,这个声明就会遭到攻击。许多灵长类动物学家,尤其是弗兰斯·德·瓦尔,认为他们早在野生动物和驯养动物中见过这样的行为。[14] 托马塞洛坚决不同意这一点。除人以外的其他猿类可以理解第三方之间的社会关系(这已超出大多数哺乳动物的能力),通过复制他者行为来学习。如果给它们展示翻转一根原木以露出下面的昆虫,那么它们也能学到在原木底下找到昆虫。然而,托马塞洛说,它们不能理解其他动物行为的目的。这限制了它们学习的能力,尤其限制了它们通过模仿来学习的能力。[15]

我不确定是否应赞同托马塞洛的全部观点。我受到苏珊·米尼卡所做的猴子实验的影响,那些猴子无疑可以进行社会学习,至少在精心设计的对蛇产生畏惧的情况下是如此。学习不是一种通用机制;它是针对每个输入信息而特别设置的,甚至黑猩猩也可能对一些输入信息进行模仿学习。而且,即使托马塞洛设法搪塞灵长目动物文化传统中的模仿——猴子学会洗去甘薯上的沙子,黑猩猩互相学习砸开坚果的方法,他也很难证明海豚不能考虑彼此的想法。毋庸置疑,人类移情和模仿能力所达到的程度是无与伦比的,就如同我们使用符号交流的能力所达到的水平一样,但这只是程度差异,而不是类型差异。

尽管如此,程度差异也可以在文化的语境中扩大为难以逾越的鸿沟。让我们承认托马塞洛的这种观点是对的,当模仿者理解模仿对象的想法时,当他有心智理论时,模仿即成了某种更加深刻的东西。让我们也承认这种想法是对的,在某种意义上,向自己表达一个想法即可产生一种表述;这种表述又可以通过符号系统得以表达。也许这就是促使人类比黑猩猩习得更多文化的原因。因此,模仿成了罗宾·福克斯(Robin Fox)和李奥纳·泰格

（Lionel Tiger）所称的文化习得装置的第一个候选者。[16] 还有其他两个前景不错的候选者：语言和动手能力。有趣的是，这三者似乎都汇合于大脑的同一区域。

1991 年 7 月，贾科莫·里佐拉蒂（Giacomo Rizzolatti）在帕尔马的实验室里得出一个引人瞩目的发现。他记录猴子大脑中的单个神经元，设法弄清楚是什么导致了神经元的激发。通常情况下，这类实验在高度人工控制的条件下进行，让基本上不能动的猴子做既定的任务。里佐拉蒂并不满意这些人工设定，他想记录正常生活的猴子。他的实验由喂食开始，试图将每个动作与每个神经元反应关联起来。他开始猜测，一些神经元记录了行为目的而非行为本身，但他的同事对此不屑一顾：支持这个猜测的一些证据太像轶事了。

因此，里佐拉蒂又把实验的猴子放回到一个受到更多人工控制的仪器中。通过时不时地给猴子递一些食物，里佐拉蒂和他的同事注意到，当猴子看见一个拿食物的人，它的一些"运动"神经元似乎会做出反应。很长一段时间里，他们认为这只是巧合，猴子一定同时也在移动。但是，有一天，他们记录到一只猴子的一个神经元，只要实验者以某种方式拿着食物，该神经元就会被激发；而且该猴子是完全静止的。接着，实验者把食物递给猴子，当猴子以同样的方式拿着食物时，这个神经元又一次被激发了。"那一天，我开始确信这个现象是真实的，"里佐拉蒂说，"我们都非常兴奋。"[17] 他们发现了大脑中有一个部分，既可表述行为，又可表述该行为形成的意象。里佐拉蒂将这个神经元称为"镜像神经元"，因为它有种不同寻常的能力，既可反映知觉，又可反映行为控制。之后，他发现了更多的镜像神经元，其中每一个在主体观察和模仿一个高度设定的动作时都很活跃，例如，用大拇指和其他手指抓握东西。他做出结论，大脑中的这个部分可以使一个感知到的手部动作配合一个已完成的手部动作。他相信自己看到了"人类模仿机制的进化先兆"。[18]

此后,里佐拉蒂和他的同事运用大脑扫描仪对人类重复这个实验。当志愿受试者既观察又模仿手指动作时,其大脑中有三个区域得以激发:这又是一个"镜像"活动。其中一个区域是颞上沟(STS),位于与知觉相关联的感官区。当受试者观察一个动作时,一个感官区域得到激发,这并不奇怪;但令人吃惊的是,该受试者之后做这个模仿动作时,同样的区域也很活跃。人类模仿行为的一个奇妙之处在于,如果让一个人模仿右手动作,她常常会用左手来做该动作,反之也成立。(试着告诉一个人她的脸颊上有东西,并同时触摸自己的右脸。这个人有可能会触摸她的左脸以示回应。)与此一致,在里佐拉蒂的实验中,与用左手模仿左手动作相比,志愿受试者用右手模仿左手动作时,其颞上沟会更加活跃。里佐拉蒂总结出,颞上沟"感知"主体自己的动作,并让它与观察到的动作的记忆相匹配。[19]

近来,里佐拉蒂的团队发现了一个更奇怪的神经元,它不仅在执行和观察某个动作时被激发,而且听到该动作时也会得到激发。例如,他们发现,当受试者看见或听见花生破壳时,有一个神经元会做出回应,但它对撕破纸的声音却没有反应。这个神经元一听到花生破壳的声音就会有反应,而并非只回应视觉意象。声音的重要性在于让该动物知道,它已成功地破开了一颗坚果,这一点很有意义。但是,这些神经元敏感至极,以至于它们仅仅通过声音便可"表达"一些行为。这已非常接近于找到一个心理表征的神经元表现:在这里,心理表征指的是这个名词短语"花生破壳"。[20]

里佐拉蒂的实验让我们几乎能描述出一种文化神经学,即使只是以最粗略的方式。它就像一套工具,至少可构成文化习得装置的一部分。会找到一组构成这种"器官"设计的基因吗？在某种意义上说，答案是肯定的，因为大脑回路的特定内容的设计无疑是通过 DNA 遗传的。它们也许不是大脑中某个部分所独有的，其独特性在于大脑特定内容设计的基因组合，而非基因本身。大脑中将会产生汲取文化的能力。但是，这只是对"文化基因"（meme）⊖这个短语的一种解释；我们也能发现与设计基因完全不同的一组其他基因在每天的日常生活中发挥作用。建造文化习得装置的轴突导向基因将受到长期的抑制。替代它们的将是一些操作和修改突触的基因，一些分泌和吸收神经传递素的基因，等等。当然，这些基因也不是独一无二的。然而，它们是在真正意义上将外部世界的文化传递到大脑中的装置。它们是文化本身不可或缺的一部分。

近来，安东尼·摩纳哥（Anthony Monaco）和他的学生塞西莉亚·赖（Cecilia Lai）发现，有一个基因突变可明显导致言语和语言障碍。这也许是第一个可通过语言来改善文化学习的候选基因。很久以来人们便知道，严重的语言障碍在家族中世代相传，与智力几乎没有关联。它影响的不仅是说话的能力，还有在书面语言中总结语法规则的能力，甚至还包括听到和理解他人言语的能力。当这一特征的可遗传性首次被发现时，有人称这个基因为"语法基因"。这让一些人大为恼火，认为这种描述是决定论的罪过。但是，如今可以确认，7 号染色体上的确有一个基因，在一个大家族和另一个稍小一点的家族中造成了言语障碍。该基因对人类正常的语法和说话能力的发展，以及喉部的运动控制来说，都是必不可少的。该基因是叉头框 P2 基因，

⊖ meme 这个词最初源自理查德·道金斯所著的《自私的基因》（*The Selfish Gene*）一书，其含义是指"在诸如语言、观念、信仰、行为方式等的传递过程中与基因在生物进化过程中所起的作用相类似的那个东西"。现 meme 一词已被收录到《牛津英语词典》中，被定义为："文化的基本单位，通过非遗传的方式，特别是模仿而得到传递。"——译者注

或简称为 FOXP2，其任务是打开其他基因——它是一个转录因子。当一个人的 FOXP2 受损时，他就无法发展出完整的语言。[21]

黑猩猩也有 FOXP2 基因，老鼠和猴子也不例外。仅仅拥有该基因并不能使人会说话。事实上，该基因在所有的哺乳动物体内都是相似的。斯万特·帕珀（Svante Paabo）发现，在数千代的小鼠、猴子、红毛猩猩、大猩猩和黑猩猩的体内都有 FOXP2 基因，因为它们共有同一个祖先，该基因只有两个变化可改变其蛋白质产物，一个变化出现于小鼠的祖先，另一个出现于红毛猩猩的祖先。然而，也许拥有该基因独特的人类版本就是言语的先决条件。自人类与黑猩猩展开进化分离以后（仿佛是昨天的事），就已有两个变化改变了蛋白质。而且，来自少量沉默突变的证据巧妙地说明，这些变化发生的时间并不久远，它们也是"选择性清除"的对象。这是一个专业术语，指将基因的其他版本迅速抛置一边。在 20 万年前的某个时候，FOXP2 基因的一个突变版本在人体内发生了一个或两个关键的变化，这个突变版本由其主人复制给子孙后代，也就是如今人类的祖先。因而，人类这个物种中的 FOXP2 基因只有这一个版本，所有之前的其他版本都已被清除。[22]

在蛋白质构造的第 325 个位置上（共有 715 个），两个变化中至少有一个，以一个丝氨酸代替一个精氨酸分子，它几乎彻底改变了这个基因的开启和关闭。它可能允许该基因首次在大脑中某个区域开启，这又转而允许 FOXP2 做出新的事情。记住，动物进化是通过给同样的基因赋予新的任务来实现的，而并非创造出新的基因。必须承认，没有人确切知道 FOXP2 究竟做了些什么，也不知道它如何让语言得以产生，因此我也只是在做推测。仍然有可能的情况是，并不是 FOXP2 让人类可以说话，而是言语的出现给基因组上帝带来压力。于是，出于某种未知的原因，基因组上帝让 FOXP2

产生突变：该突变是结果而非原因。

但是，既然我已越过已知世界的边缘，那么就让我尽量猜测一下FOXP2是如何使人类能够说话的吧。我猜想，在黑猩猩体内，该基因有助于将负责控制手部活动的大脑区域和大脑中各个感知区域连接起来。在人体内，它额外或更久的活动期允许它连接到大脑中其他区域，包括负责控制口部和喉部活动的区域。

我这么想是因为，也许FOXP2和里佐拉蒂所说的镜像神经元之间有某种联系。在里佐拉蒂做的抓握实验中，志愿者的大脑中的一个活跃区域，称为44区，对应着猴子大脑中发现镜像神经元的区域。该区域属于有时被称为"布罗卡区"的一部分，这使情况更为复杂了，因为布罗卡区是人脑的"语言器官"的一个关键组成部分。在猴子和人类大脑中，该区域不仅负责舌头、嘴唇和喉部的活动（这就是在大脑该区域发生中风的人无法说话的原因），还负责手和手指的活动。布罗卡区同时负责言语和手势。[23]

此处，有一条解开语言本身真正起源之谜的重要线索。近年来，一个非同凡响的观点在许多科学家的思想中成形。他们开始猜测，人类语言最初是由手势而非言语传递的。

这个猜测的证据来自许多不同的方面。首先，有这样一个事实，猴子和人类大脑中负责"喊叫"的区域，与人类大脑中产生语言的区域完全不同。一般猴子或猿发出的全部声音有几十种，一些用以表达情感，一些用以指代特定的捕食者，等等。它们都由大脑中靠近中线的一个区域指挥。该区域也指导人类的呼喊：恐惧地尖叫、高兴地大笑、吃惊地喘息以及不由自主地咒骂。一个人会由于颞叶中风而不能说话，但他仍可以流利地呼喊。事实上，一些失语症患者仍可以起劲地叫骂，但他们却不能活动自己的胳膊。

与之不同，"语言器官"位于大脑的左侧，跨过颞叶和额叶之间的大裂谷——大脑外侧裂。这是一个运动区，在猴子和猿类大脑中用以控制手势、抓握和触摸，以及脸部和舌部运动。大多数的类人猿在做手部运动时偏爱用右手，于是黑猩猩、倭黑猩猩和大猩猩的大脑左侧的布罗卡区更大一些。[24] 大脑中的不对称（在人类大脑中更为明显）出现的时间必定早于语言的产生。语言由左脑控制，并不是因为左脑越长越大，可以容纳语言，更为合理的解释是，语言接受左脑掌管是因为一个人所做的主要手势也是由左脑控制的。这是一个美好的理论，却很难解释以下这个事实。成年人学习手语时的确使用左脑，但以手语为母语的人却同时使用左脑和右脑。语言的左脑有专门用途，在说话方面比在手语方面表现得更为明显，这与手势理论预测的情况恰恰相反。[25]

　　支持手势语言居首位的第三条线索是，人类有通过手部活动而非声音来表达语言的能力。人们说话时或多或少总会使用一些手势——即使是在打电话时，那些生来就失明的人在说话时也会如此。失聪者所使用的手语曾被认为是用手势模拟动作的一出哑剧。然而，1960年，威廉·斯多基（William Stokoe）意识到，手语也是一门真正的语言：它使用抽象的符号，具有内在的语法体系，其复杂程度绝不亚于口头语言，有句法、词形变化和语言所有的其他要素。手语的其他特征也与口头语言十分相似，例如，学习两者的最佳时间都是在幼年时的关键期，两者都是以同样的建构方式习得的。事实上，如同口头的洋泾浜语只有在孩子这一代学会后才可转变为有完整语法的克里奥尔语一样，手语亦是如此。说话只是语言器官的一种输送机制，对此最后一个证据是，如果失聪者中风影响的大脑位置和引发听力正常者失语的中风患处相同的话，这些失聪者的手部也会"失语"。

然后，化石记录也可以说明一些情况。在 500 多万年前，人类祖先与黑猩猩祖先进化分离以后，所做的第一件事就是用两足站立。直立行走伴随着骨骼大规模的重组，发生在 100 多万年以前，之后才有大脑扩大的迹象。换句话说，我们的祖先解放双手去抓握物体或做手势，远远早于他们开始以不同于其他猿类的方式思考或说话。手势理论的一个美妙之处在于，它即刻就可说明为什么人类拥有语言，而其他猿类却没有。双足直立解放的双手不仅可以用来拿东西，也可用于交谈。大多数灵长目动物的前肢都忙于支撑身体，无暇顾及交谈。

罗宾·邓巴（Robin Dunbar）提出，语言取代了猿群和猴群中的互相理毛行为——这是一种维持和发展社会关系的方式。事实上，猿类运用灵活的双手在同伴的毛中找出虱子，可能至少与它们用双手摘果实一样频繁。在生活在大型社会群体里的灵长目动物中，互相理毛成为一件它们会花大量时间去做的事。狮尾狒会用 20% 的清醒时间给彼此理毛。邓巴说，人类自古以来也生活在大型群体中，于是有必要发明一种类似梳毛的能让许多人同时建立社会关系的方式：语言。邓巴注意到，人类使用语言不仅为了交流有用的信息，更主要是为了社会闲聊："地球上这么多的人花费这么多的时间在意义不大的闲谈上，这到底是为什么？"[26]

我们可以反过来想想梳毛－闲谈的观点：如果第一批早期原始人使用手势闲聊，那么他们一定会忽略本来要给对方梳毛的任务。如果你用手交谈，你就不能一边梳毛一边嚼肉。我忍不住想要说，手势语言给我们的祖先带来一种个人卫生危机，若想解决这个危机，他们就必须进化到不再满身都是长毛的程度，而且开始穿上可更换的衣服。但是某个犀利的评论家一定会谴责我只是在讲故事，所以我收回刚刚的想法。

根据少量化石记录，我们了解到，与手指灵活度不同，说话出现在人类进化中较晚的时期。1984 年，人们在肯尼亚发现了有 160 万年历史的纳利奥克托米人的骨架，其颈椎空间只能容纳一根狭窄的脊髓，和猿类的差不多，其宽度只有现代人的一半。现代人需要一根宽脊髓来提供神经给胸部，从而紧密控制说话时的呼吸。[27] 人们在之后发现了其他**直立人**（Homo erectus）的骨架，其喉部和猿类的高度相似，但它可能无法适应复杂的言语需求。言语的特征出现得如此之晚，以至于许多人类学家忍不住推测，语言是一个近期的发明，大约在 7 万年前才初露头角。[28] 然而，语言和言语不是同一回事：句法、语法、递归和词形变化也许在古时候已经出现，只不过它们通过双手而非声音得以表达。也许，不到 20 万年前发生的 FOXP2 基因突变，并非代表人类创造出语言的时刻，而代表了人类用嘴和双手来表达语言的时刻。

与之不同的是，人类的手和胳膊的特征在早期的化石记录中就得以体现。350 万年前的埃塞俄比亚人露西已拥有长长的拇指，手指根部和手腕处的关节也已经改变，这些变化让她可以用拇指、食指和中指一起抓握物体。她的肩部也有变化，可以让她举手过肩投掷东西；她直立的骨盆可以让她绕着体轴快速扭动身体。这三个特征都是人类抓握、瞄准和投掷小石块的技能所必需的，这已超出黑猩猩的能力，它们的投掷只是些随机瞄准的低手位动作。[29] 人类的投掷是一项不同寻常的技能，需要许多关节的旋转在时间上精确配合，而且做出动作的时间也要准确无误。计划这样一个运动所需要的不只是大脑中的一组神经元的活动；它还需要大脑中各个区域间的协调。也许正如神经科学家威廉·加尔文（William Calvin）所言，正是这个"投掷计划者"发现，自己适合执行由早期语法规定的按次序发出手势的任务。这可以解释为什么由弓状束连接的大脑外侧裂的两边，与语言相关。[30]

无论是投掷、制作工具还是手势，它们中的一个首先让大脑中的外侧裂周边区域在偶然间预先适应了符号交流，毫无疑问手在其中发挥了作用。正如神经学家弗兰克·威尔逊（William Wilson）所抱怨的，我们很久以来一直忽视了人手是人脑的一个塑造因素。手语研究的先驱者威廉·斯多基提出，手势可以代表两种不同类型的词：基于形状的物体和基于运动的动作，由此区分出名词和动词，这在所有的语言中都广为存在。如今，人们发现颞叶与名词表征功能相关，跨过大脑外侧裂的额叶与动词表征功能相关。它们的同时出现将符号和记号组成的原始语转变成为真正有语法的语言。而且，也许是双手，而非声音，首次将它们结合到一起。直到后来，也许人们为了可以在黑暗中交流，才让语法渗透到说话中。斯多基在 2000 年完成一本有关手的理论的著作后不久便去世了。[31]

你大可以在历史细节上吹毛求疵，我也不是手语假设的冥顽信徒，但我认为这个故事的美妙之处在于，它将模仿、双手和声音展现在同一幅图中。这些都是人类文化能力的必要特征。模仿、动手和说话是人类格外擅长的三件事。它们不仅对文化极为重要：它们就是文化。文化意味着以人工制品来表达行为。如果歌剧是文化，那么《茶花女》就是模仿、声音和手指灵巧度的精妙结合（手指灵巧度体现在制作和弹奏乐器方面）。这三者结合起来形成了一个符号系统，于是心智就可以在思想上，以及在社会话语和技术方面展现任何东西，从量子力学到《蒙娜丽莎》，再到汽车。但也许更重要的是，它们还带来了其他心智的思想：它们使记忆外在化。它们使人类从社会环境中习得更多的东西，远远超过他们的期望值。离我们很远且很久的某个人所拥有的词汇、工具和思想，都是每个如今出生的人所能继承的一部分。

无论手的理论是否正确，许多人都同意，符号使用在大脑扩展过程中发挥了核心作用。文化本身可得到"继承"，并可选择基因改变来适应自身。在基因－文化协同演化理论方面研究最多的三位科学家这样说：

> 这是一个由文化引导的过程，在漫长的人类演化历史中发挥作用，可轻易导致人类心理倾向的根本改变。[32]

语言学家和心理学家特伦斯·迪肯（Terence Deacon）提出，在某个时候，早期的人类将模仿能力与移情能力结合到一起，由此产生了一种通过抽象符号表达想法的能力。这让他们可以在说话时提及任何想法与不在场的人和事，因而发展起愈加复杂的文化，这又转而给他们施压，于是他们的大脑在进化中越长越大，以便通过社会学习来"遗传"文化的各种内容。因此，文化与真正的基因进化齐头并进，展开协同演化。[33]

苏珊·布莱克摩尔（Susan Blackmore）秉承理查德·道金斯的文化基因的理论，将其推向新的方向。道金斯是这样描述演化的，"复制者"（通常指基因）为了争夺"载体"（通常指身体）而相互竞争。优秀的复制者必须有以下三个属性：忠诚度、繁殖力和长久性。如果同时具备这三个属性，那复制者之间的竞争、差别化生存和由此产生的渐进改良的自然选择，就不只是可能发生，更是必然的。布莱克摩尔提出，文化中的许多观点和单位都足够持久、繁殖力强且高度忠诚，因而它们展开竞争以占据更多的大脑空间。于是各种词汇和概念带来了选择压力，从而推动大脑的扩展。大脑越善于复制观点，身体长得就越好。

> 合乎语法的语言并非直接源于任何生物必然性，而是由于文

化基因通过增加自己的忠实度、繁殖力和长久性,从而改变了遗传选择的环境。[34]

人类学家李·克朗克(Lee Cronk)举了一个文化基因的好例子。耐克鞋业公司曾做过一个电视广告,其内容是一群东非的部落成员穿着耐克的登山鞋。在广告最后,一个男人面向摄像机说了一些话。这时字幕显示"就要这个"("Just do it"),这是耐克的宣传口号。耐克的运气实在不好,因为李·克朗克看到了这个广告,而他懂得肯尼亚马赛语的桑布鲁方言。其实广告中那个男人说的是,"我不想要这双,给我大一点的鞋子"。克朗克的妻子是一名记者,她将这个故事写了出来,很快它就登上了《今日美国》(*USA Today*)的头版,并成为"今夜秀"节目主持人强尼·卡森的脱口秀内容。耐克公司送给克朗克一双鞋,克朗克后来去非洲时将其送给一个部落成员。

这是一场常见的跨文化闹剧。1989年,它的热度持续了一周,很快人们便将其遗忘。但几年以后,随着互联网的飞速发展,克朗克的故事很快被登在某个网站上。从那以后,这个故事广为传播,编辑将日期抹去,让它仿佛成为一个新故事,于是如今每个月都会有人询问克朗克此事。这个故事的寓意是,文化基因需要一个中介得以复制。人类社会在这一点上做得很好;互联网做得更好。[35]

人类一旦有了符号交流,文化累积的棘轮就开始转动:更多的文化需要容量更大的大脑;容量更大的大脑允许更多的文化出现。

大停滞

然而,什么也没有发生。160万年前,那个纳利奥克托米男孩出生后不久，地球上出现了一个伟大的工具：阿舍利手斧。毋庸置疑，它的发明者是那个男孩所属族群的成员，即拥有前所未有的大颅腔的**匠人**（Homo ergaster）。这个发明向前跳跃了一大步，远远超过之前奥杜韦文化中的简单及不规则的工具。阿舍利手斧是两面打制的，呈对称性，形似泪滴，刃口锋利，由火石或石英制成，充满美感与神秘感。没有人确切知道它到底是用来投掷、切割还是刮削的。它随着直立人的迁徙向北传入欧洲，就像是石器时代里的可口可乐，它在技术上的霸主地位维持了100万年，时间长得令人难以置信：50万年前，人们仍然使用它。如果它是一个文化基因，那么它的忠诚度、繁殖力和长久性都是十分惊人的。然而令人惊讶的是，在那时，从英国的萨塞克斯到南非的数以万计的人中，没有一个人发明阿舍利手斧的新版本。没有文化的棘轮效应，没有创新的催化剂，没有实验，没有竞争产品，没有百事可乐，阿舍利手斧垄断了100万年之久。若是当时成立阿舍利手斧集团有限公司的话，该公司一定会发大财。那是属于它的大时代啊。

各种有关文化共同演化的理论并没有预测到这一点。这些理论要求，技术和语言一旦结合，变化就得加速。制造出这些手斧的人已拥有容量足够大的头脑和灵活的双手，并可以互相学习制作方法，但他们没有运用大脑和双手来改良这个物品。为什么他们要等到100万年以后，才在技术进步之路上风驰电掣，一路从投矛器到耕犁，再迅速跑到蒸汽机和硅片呢？

我并不是要贬低阿舍利手斧。实验显示，作为屠杀大只猎物的工具，它几乎不太可能再有改进，除非发明钢铁。它只能通过由骨头仔细打磨的"软锤"才能加以完善。然而，奇怪的是，手斧的制造者并不以他们的工具为荣，每次屠杀猎物时都会制造出一批新手斧。至少有一个例子可证明这一点，在萨塞克斯的博克斯格罗夫，有250多把手斧得以被发现。可以看出，至少6

个惯用右手的人在一匹死马的位置辛辛苦苦地制造出这些斧子，然后又将它们扔在附近，几乎没用过：制造过程中敲下的一些薄片显示，这些斧子在屠宰过程中的磨损要多于其自身的损耗。这一切并不能解释，为什么制造出这种工具的人们，却没有制造矛头、箭头、匕首和针。[36]

作家马雷克·科恩（Marek Kohn）的解释是，手斧并不是真正的实用工具，而是最早的珠宝：男性制造出来在女性面前炫耀的装饰品。科恩提出，手斧显示了性选择的所有特点；它们远比功能实现所需要的更加精美复杂，而且（尤其）呈对称性。它们富含艺术设计，以求给异性留下深刻印象，就如同园丁鸟搭建的装饰精美的亭子，或孔雀长出的华丽尾巴。科恩说，这解释了为什么在100万年里，技术一直停滞不前。男人尽力制造出最精美的手斧，而不是最实用的手斧。他认为，至少直到最近，在艺术和工艺方面，衡量是否完美的标准是精湛技艺而非创造力。女人在评价对方是否有可能成为自己的伴侣时，根据的是手斧的设计而非男人的创造能力。我们的头脑中可以想象这样一幅图景，在博克斯格罗夫地区，那个制造出最精良手斧的人吃过马排午餐后，偷偷溜去灌木丛中和一个生殖力旺盛的女性约会；而他的同伴们只好郁闷地捡起另一块火石，为下次得到女性的青睐而开始练习起来。[37]

一些人类学家更进一步提出，大型动物狩猎本身就是一种性选择的结果。对许多狩猎采集者来说，它在过去和现在都是一种效率非常低下的获取食物的方式，然而男人却乐此不疲地参与其中。他们似乎更感兴趣于偶尔带回一只鹿腿以示炫耀，从而诱惑女人并与其发生性关系，而不是想着捕获许多猎物来装满储藏室。[38]

我是一个性选择理论迷，尽管我认为它只是故事的一部分。然而，它并没有解决文化来源之谜；它只是大脑－文化协同进化的一个新版本。如果它能有什么影响的话，那就是使问题变得更复杂。在旧石器时代里，如果部落中那些创作者的女人对做工精美的手斧的印象如此深刻，那么她们肯定会更青睐一根猛犸象牙制成的针或一把木梳——毕竟这些是新东西。(亲爱的，我要给你一个惊喜。哦，我的甜心，又一把手斧，这正是我一直想要的。)在阿舍利手斧出现很久以前，人们的大脑就在迅速扩大；在手斧漫长的垄断期间，大脑也继续保持扩大的趋势。如果人脑的扩大是由性选择驱使的，那为什么手斧一直没多少变化呢？事实上，无论你怎么看，阿舍利手斧垄断的事实已悄然屹立，似乎在默默谴责所有的基因－文化演化理论：大脑的稳定扩展无须技术革新的辅助，因为那时的技术是停滞的。

50万年以后，技术稳步发展，但速度却非常、非常缓慢，这一直持续到旧石器时代晚期革命之前，人们有时将这次革命称为大飞跃。大约在5万年前的欧洲，绘画、身体装饰、远距离贸易、黏土和骨头制品、新型精美复杂的石头设计——这一切似乎突然同时问世。当然，这其实也没有那么突然，因为这一套物品逐渐在非洲的某个角落发展起来，之后又通过迁徙或征服传播到世界上的其他地方。事实上，萨莉·麦克布里尔蒂（Sally McBrearty）和艾利森·布鲁克斯（Alison Brooks）已经提出，化石记录显示，几乎在30万年以前，非洲就已开始了一场渐进的、零碎式的革命。那时，人们已开始使用刀刃和颜料。13万年前，人们开始进行远距离的贸易，其依据是研究者在坦桑尼亚的两处发现了用来做矛头的黑曜石碎片（即火山玻璃）。这种黑曜石来自距离肯尼亚大裂谷200多英里[⊖]远的地方。

在旧石器时代晚期，距今5万年的那场突如其来的革命显然是一个欧洲

⊖ 1英里=1609.344米。

中心式神话，它源于这样一个事实，即在欧洲考古的人员要比在非洲的多出许多。然而，仍有一些值得注意的事实需要解释。事实是，直到那时，欧洲的居民的文化并没有发展；因此，在 30 万年前，非洲的居民也是如此。他们的技术并没有任何进步。但自此以后，技术日新月异地发展起来，文化也以一种前所未有的方式积累下来。文化迅猛地发展，不必等待基因追赶上来。

我所面对的是一个惊人的并奇怪的结论，我想研究文化和史前史的理论学家并不曾想过这一点。使人们能够迅速取得文化进步（读书、写作、演奏小提琴、了解特洛伊攻城、驾驶汽车）的大脑早在文化积累很久以前便已产生。在人类进化过程中，渐进的、积累的文化出现得如此之晚，以至于几乎没有机会可塑造人类的思考方式，更不用说大脑的尺寸了，它已在几乎没有文化辅助的情况下扩展到最大值。用于思考、想象和推理的大脑按照自己的步伐演化，来解决一个社会性物种所面临的生活中的实际问题和性方面的问题，而不是要应对传承文化的需求。[39]

我想说，我们赞美大脑的许多方面都与文化无关。我们的智力、想象、移情和远见渐渐形成，势不可挡，但并未得到文化的辅助。它们促成文化的产生，但文化并不曾制造出它们。即便如果我们从不曾说过一个字，或制造出一件工具，我们可能也会同样善于玩闹、筹谋和计划。如果按照尼克·汉弗莱（Nick Humphrey）、罗宾·邓巴、安德鲁·怀顿（Andrew Whiten）和其他"马基雅维利学派"所说的那样，人类大脑的扩展是为了应对大型群体中的社会复杂性——合作、背叛、欺骗和移情，那么，即使没有发明语言和发展文化，大脑也可以做到这些。[40]

然而，文化的确解释了人类在生态上的成功。若没有积累和融汇观点的能力，人类将不会有农耕、城市、医药或任何能使他们统治这个世界的东西。语言和技术的交汇急剧改变了人类这个物种的命运。一旦它们交汇,文化的腾飞将势如破竹。我们将我们的繁荣归结于集体智慧,而非个人才智。

尽管积淀的文化不知到底源于何处,但是一旦文化开始发展,它就会自我滋养。人类发明越多的技术,就可以获得越多的食物,那些技术就能够支持更多的想法,从而将更多的时间留给发明创造。如今进步已不可阻挡,这种观点得到下述事实的支持,即文化在世界上不同的地方同时腾飞。写作、城市、陶艺、农耕、货币和其他许多东西,同时独立出现在美索不达米亚、中国和墨西哥。在经过没有文字文化的40亿年以后,世界在不到几千年的时间里就有了三种文字文化。这种文化应该还有更多,埃及、印度河流域、西非和秘鲁似乎也曾经历过文化腾飞。罗伯特·赖特(Robert Wright)在其大作《非零和时代》(*Non-zero*)中深入地探索了这个悖论,总结出人口密度在人类命运中发挥了作用。人类一旦居住在各大陆,尽管人口密度稀疏,人们也不会迁徙到无人居住的地方,在最富饶的土地上,人口密度开始变大。随着密度的增大,这种可能性——不,是必然性——就会出现,劳动分工增加,因而技术创新也逐渐增加。人类群体形成"隐形的大脑",给个人才智的发挥提供了更大的市场。而且,在一些人口突然急剧减少的地方,如塔斯马尼亚地区,它与澳大利亚切断联系,那里的技术和文化发展则呈倒退趋势。[41]

人口密度本身的重要性比不上它引发的变化:交流。正如我在《美德的起源》⊖(*The Origins of Virtue*)一书中所主张的那样,人类成功的最主要原因在于物物交换的发明,由此引发了劳动分工。[42] 经济学家哈伊姆·奥菲

⊖ 此书中文版已由机械工业出版社出版。

克（Haim Ofek）认为，"将旧石器时代晚期的转变，视为人类一系列相当成功的尝试中的第一步，通过贸易和劳动分工的作用，（人类群体）努力摆脱贫困，走向富裕；这种看法是有道理的"。[43] 他提出，这场革命最初产生的就是专业化。在那之前，尽管人们共享食物和工具，却没有把不同的任务指派给不同的人。考古学家伊恩·塔特索尔（Ian Tattersall）对此表示赞同，"（早期现代人类）社会里物质生产的绝对多样化源于不同个体专门从事不同的活动"。[44] 一旦人们发明了物物交换和劳动分工，进步便不可阻挡，这是可能的吗？在如今的社会里，一定有一个良性的循环在运作；自从历史开始以来，这个循环便一直存在。专业化提高了生产率，生产率又促进社会的繁荣发展，技术发明创造得以发展，这又进一步促进了专业化。如罗伯特·赖特所言，"人类历史是在玩越来越多、越来越大、越来越复杂的非零和游戏"。[45]

如果人类像其他猿类一样，生活在分开且互相竞争的群体中，不同群体之间交换的只是青年女性，那么，无论人脑多么善于筹谋、求爱、说话或思考，也无论人口密度有多高，文化发展的速度一定有所限制。新的观点只能在自己的群体中产生，却不能引进其他地方的观点。成功的发明也许可以帮助它们的拥有者取代竞争群体并掌控全世界。然而，创新速度太慢。随着贸易的来临——人工制品、食物和信息的交流，起初在人与人之间，后来在群体与群体之间，一切都改变了。如今，一件好工具或一个好神话都会流传开来，进而遇到新的工具或神话，展开竞争，从而获得在贸易中自我复制的权利。总的说来，文化可以演化。

物物交换在文化演变中的作用等同于性在生物进化中的作用。性将不同身体里发生的基因变革汇聚到一起；贸易将不同群体中的文化创新结合起来。如同性可以使哺乳动物将两个好的变革——哺乳和胎盘结合起来，贸易促使早期人类将耕畜和车轮结合起来以达到更好的效果。若没有交换，两者永远处于分离状态。经济学家们提出，贸易是一个最近的发明，由文字促成，但是所有的证据显示，它出现的历史更为久远。早在文字出现以前，生活在澳大利亚约克角半岛的原住民伊尔约龙特人，就已通过一个复杂的贸易网，用浅海的魟鱼来交换来自山里的石制手斧了。[46]

允许文化的基因

所有论断都支持以下结论：自旧石器时代晚期革命以来，文化发生了渐进式的演化，但它并没有改变人类心智。文化像是马车而不是马；是人类大脑中某些变化的结果而非原因。我和一个10万年前的非洲祖先之间的差别并不在我们的大脑或基因中，其实这两者基本上是相同的；差别则在于通过艺术、文化和技术而积累下来的知识。我的大脑中填满了这些信息，而他那尺寸更大的大脑中装的只是当地的一段时期以内的知识。我的体内当然有文化习得的基因；但是他也拥有这些基因。

因而，在20万～30万年之前，究竟发生了什么变化促使人类以这种方式实现文化的腾飞？基因一定发生了某种变化；按照老套的说法，大脑由基因塑造，大脑在接受塑造的过程中一定有什么发生改变。我猜它仅仅是尺寸方面的问题：ASPM基因的一个突变允许灰质额外增加20%。更有可能的是，大脑连线的变化突然允许大脑展开符号或抽象思考。我不禁猜测，通过重新连线语言器官，FOXP2基因使物物交换的飞轮运转起来。然而，科学总不会有这样的好运，在研究之初就能找到关键基因，所以，我怀疑FOXP2基因不是真正的答案。我预测这些变化只存在少数几个基因里，只因为文化的腾飞太过突然。也许不久以后，科学研究可以让我们知道究竟是哪些基因。

无论是什么样的变化，它们让人类心智以前所未有的步伐迈上创新之路。我们经过选择而生存下来，不是为了以 70 英里的时速开车时对方向盘稍做预示性的调整，不是为了阅读纸上的手写符号，也不是为了想象负数之类。然而，我们却可以轻而易举地做到这些事情。为什么呢？因为体内的某一套基因让我们能够适应。基因是机器上的齿轮，不是天上的神灵。在我们的一生中，它们由于各种外部事件和内部事件得以开启和关闭。它们的职责是从外界汲取信息，至少像它们传递过去的信息一样频繁。基因不仅仅携带信息；它们还对经验做出回应。是时候该重新估量"基因"这个词的完整含义了。

性与乌托邦

如果人性在文化变化的同时没有改变——这是博厄斯的核心理念，已得到考古学的证明，那么，其逆命题也成立：文化的变化并不能改变人性（至少改变不多）。这个事实使乌托邦主义者陷入苦恼。乌托邦思想中一个亘古不变的观点是，在一个共享一切的共同体中，必须废除个人主义。事实上，若没有社群主义的成分，某些人几乎不可能对其狂热推崇。希望集体文化可以改变人类行为，这种想法每隔几个世纪就会带着一种特别的活力遍地开花。从圣西门（Henri de Saint-Simon）和傅立叶（Fourier Charles）这类梦想家，到梦想的践行者和实干家，这些大师都反复宣扬要废除个人自治。艾赛尼派教徒、净化派教徒、罗拉德派教徒、胡斯派教徒、贵格会教徒、震颤派教徒和嬉皮士都尝试过这样做，更何况是无数规模小得让人记不住名字的教派了。而且，他们的尝试得到一个同样的结果：社群主义并不奏效。对这些共同体所做的记述显示,它们三番两次崩塌的原因并不是周围社会的反对——尽管这种反对也足够强烈,而是个体主义引发的内部紧张。[47]

通常,这种紧张首先体现在性方面。若要训练人类享受自由性爱,并废除他们对性伴侣的既想有所选择又想独占的欲望,这几乎是不可能的。即使在一个共享的文化中抚育出新的一代人,你也无法削弱他们在性方面的妒忌:事实上,互相妒忌的个体主义在社群里的孩子身上表现得更为糟糕。一些教派通过废除性而维持下去——艾赛尼派和震颤派是完全禁欲的。然而,这导致了绝育。其他一些教派则竭尽全力地改造性行为。在19世纪纽约市的北部地区,约翰·诺伊斯建立的奥奈达社区就实行他号称的"复杂婚姻"。在这种婚姻中,年老的男人与年轻的女人发生性关系,年老的女人和年轻的男人发生性关系,但是,男人不准射精。在浦那静修所,拉杰尼希派信徒起初似乎很享受自由性爱。"毫不夸张地说,我们乐于享受这场盛宴,这是自从罗马酒神节以后最大的狂欢了。"一个参与者这样说。[48]但是,浦那静修所和随后成立的俄勒冈州的农场,很快就由于妒忌和愤恨而瓦解,尤其在谁与谁睡觉的问题上,矛盾不可调和。这个实验结束时,拉杰尼希一个人就拥有93辆劳斯莱斯,犯有谋杀未遂罪,大规模地在食物中投毒以操控地方选举,并进行移民欺诈。

文化在改变人类行为方面的力量是非常有限的。

第 9 章

"基因"的七种含义

学者只是一座图书馆用来建设另一座图书馆的工具。

——丹尼尔·丹尼特[1]

被一个竞争者夺走永恒的声誉,从此黯然失色,这已经够糟糕了;但更糟糕的是,那个竞争者已经去世十几年,而且他一生都默默无闻地生活在修道院里。难怪在我的这张照片上,德弗里斯显得闷闷不乐。1900 年,他发表了一个激进的理论,觉得自己应该由此得到曾经赋予约翰·道尔顿(John Dalton)和即将赋予马克斯·普朗克(Max Planck)的那种声誉。道尔顿提出物质是由原子组成的,普朗克认为光是由能量团块传播的。德弗里斯也提出一个量子理论——遗传是由粒子传递的,"有机体的特定性质由分离的单元所构成"。[2] 该结论是通过一系列不同植物的杂交实验推断出的。他还偶然发现了一个真理,不过在一个世纪以后才得到证实。他推测,他称为"泛子"的遗传的颗粒,并不服从物种屏障,以至于让一种植物长出绒毛的泛子也会让另一种带绒毛的花长出绒毛。

也就是说,德弗里斯理所当然地可被视为基因之父。但是,在他把自己那大获成功的论述发表在《法国科学院报告》(Comtes Rendus de l'Académie des Sciences)不久以后,他便遭到德国人卡尔·科伦斯(Karl Correns)蜂蜇式的攻击。科伦斯本是一个性情温和的人，却因阅读了德弗里斯的论文而大为恼火，这实在不符合他一贯的作风。他曾被德弗里斯抢先发表了一项科学成果，这次他决定报仇。科伦斯尖刻地指出，尽管这些实验是德弗里斯做的，但他所做出的颗粒遗传的结论，不仅在整体上，而且在细节上，都借自一个过世很久的摩拉维亚修道士格雷戈尔·孟德尔的著作。甚至连德弗里斯用的术语，例如隐性和显性，都直接取自孟德尔的作品。

德弗里斯知道自己被识破之后，只好在其论文的德文版本中做了一个脚注，勉强承认孟德尔对此发现享有优先权，郁闷地接受了遗传定律的重新发现者这个角色。更为糟糕的是，他还不得不把这个头衔与其他两个人共享：科伦斯，以及一个年轻的不速之客艾利希·冯·丘谢玛克（Erich von Tschermark）。后者只擅长做两件事：用不足为信的证据说服整个世界相信他也重新发现了孟德尔定律，以及（稍晚时候）将其才能用来为纳粹服务。对自视颇高的德弗里斯来说，这是一件难以接受的事；直至生命的尽头，他也一直讨厌人们将孟德尔奉若神明。"这个风头很快就会过去。"他断言，并拒绝了为这个修道士塑像揭幕的邀请。麻烦的是，很多人对德弗里斯并没有好感。他爱挑剔、冷漠、暴躁易怒又厌恶女人，以至于有传言说他曾把口水吐进女助手做实验的培养皿里。这样一个人注定要眼睁睁看着自己的术语被其他人的所替代。到了 1909 年，泛子这个称谓被"基因"所取代，这是丹麦教授威廉·约翰森（Wilhelm Johannsen）所创造的术语。[3]

那么德弗里斯是一个剽窃者吗？也许他的确通过自己的实验发现了孟德尔定律，之后他才在图书馆重新发现孟德尔的著作：他在 19 世纪 90 年代末突然改变术语的做法说明了这一点。在这种意义上，他有了一个伟大的发现。也有可能是，他认为自己可以蒙混过关，不必提及孟德尔的优先权。毕竟，谁为了好玩才阅读 40 年前的《布隆自然史学会会刊》(*Proceedings of the Brünn Natural History Society*) 呢？在这个意义上，德弗里斯是一个骗子。然而，一个科学家埋没其前人，在不经意间或多或少地贬低其先行者的见解，以免他们削弱自己的影响力，这也不足为奇。即使是达尔文，也擅于在不经意间一笔带过那些促进他思想的人，尤其是其祖父的贡献。讽刺的是，也许孟德尔的部分观点也借自其他人。他压根没有提及园艺学家托马斯·奈特 1799 年的论文，该论文曾指出，不同豌豆之间可轻易完成的人工授粉，暗示了遗传机理，甚至还指明了豌豆子二代的特征重现。奈特的论文被翻译成德文，收藏于布隆（布尔诺）大学图书馆。[4]

因此，在认可孟德尔这个无可取代的遗传天才的同时，我们也给德弗里斯一些应该属于他的荣誉吧。他提出的泛子概念，即遗传中可互换的部分，也在一段时期内独领风骚。正如不同的元素由同一些粒子的不同组合所构成——中子、质子和电子，如今整个世界都了解这个 20 年前不为人知的事实，即不同的物种至少在部分程度上是由非常相似的基因的不同组合所形成的。

基因的诸多定义

20 世纪里，遗传学者至少用了 5 种部分交叉重叠的定义来描述什么是基因。第一个定义来自孟德尔：基因是一个遗传单位，是用来储存进化信息的档案室。1953 年，DNA 结构的发现立刻揭示了孟德尔的隐喻含义，即说明基因是如何制造基因的。正如詹姆斯·沃森（James Watson）和弗朗西斯·克里克（Francis Crick）在《自然》(*Nature*) 中调皮地以一种轻描淡写的语气所宣布的那样,"我们当然注意到了,我们提出的专一碱基对可直接表明遗传物质的一种可能的复制机制"。[5] 仅通过遵循碱基对,即 A 必须与 T(不能是 C、G 或 A)配对,而且 C 必须与 G(不能是 C、T 或 A)配对,两个阶段中的 DNA 分子都会自动产生它独有序列的一个精确的数字拷贝。需要有一台机器来完成这个复制过程,即 DNA 聚合酶。但因为系统是数字化的,它不失精确;又因为系统可能会出错,它也为演化改变留有余地。孟德尔式的基因即是一个档案馆。

基因的第二个定义,直到最近才得以复兴,这便是德弗里斯所说的可互换的部分。20 世纪 90 年代,人们在解读基因组时发现了一个惊人的事实,即人类基因与果蝇和蠕虫的基因拥有的相似之处,远远超出众人的预料。用于决定果蝇身体结构的基因,竟然在老鼠和人体内拥有完全对等的基因,它们全都继承于生活在 60 亿年前的共同祖先,即一种圆形扁虫。它们如此相似,以至于这些基因中的一个人类版本,在果蝇发育过程中可替代它在果蝇中的对等基因。更令人惊奇的是,研究者发现,果蝇用于学习和记忆的基因,在人体内也有复制品——据推测这也可能继承自圆形扁虫。稍微夸张一点来说,动物和植物的基因有一点像原子:标准配件用在不同的组合中,将会产生不同的化合物。德弗里斯的基因是一个可互换的部分。

1902 年,与德弗里斯同时代的英国医生阿奇博尔德·加洛德(Archibald Garrod)提出了基因的第三个定义。加洛德相当巧妙地认定了一种单基因疾病,即鲜为人知的黑尿病。自他以后,人们常常用某个基因由于受损而导致的疾病来命名该基因,也就是 OGOD 定义:一个基因对应一种疾病。这在两方面具有误导性:它未提及一个突变基因可与多种疾病相联系,或一种疾病与许多突变基因相联系;它暗示了基因的功能是防止某种疾病。这就像说心脏的功能是预防心脏病。但尽管如此,由于大多数的遗传研究受到医学需要的推动,OGOD 定义可能是不可避免的。加洛德所理解的基因可以预防疾病,守护健康。

第四个定义叙述的是基因究竟做了什么。从一开始,研究 DNA 的先驱者们就意识到基因有两个任务:自我复制和通过蛋白质的形成来表达自己。加洛德提出,基因可制造酶,即化学催化剂。莱纳斯·鲍林(Linus Pauling)进一步拓展了此观点:基因可制造各种蛋白质。之后,在双螺旋结构被发现的 4 个月前,詹姆斯·沃森提出 DNA 制造 RNA,最终制造出蛋白质,这个概念后来被弗朗西斯·克里克兴奋地称为分子生物学中的"中心法则"。信息自基因中发出,却不返回基因中,就如同信息从厨师传入蛋糕,却不会再返回厨师。尽管许多细节已让代谢类基因的标准化图景更为复杂,例如选择性剪接、垃圾 DNA、转录因子、最近发现的可制造 RNA 却不能制造蛋白质的大量基因,其中许多似乎都与调控蛋白质编码基因的表达有密切联系,但是中心法则仍然成立。除了极少的例外情况,蛋白质的确发挥了作用,DNA 储存信息,RNA 是它们之间的纽带,这和沃森猜测的一样。因此,沃森和克里克所认为的基因像是一道食谱。

基因的第五个定义,可归功于两个法国人弗朗索瓦·雅各布(François Jacob)和雅克·莫诺(Jacques Monod)。他们认为基因像是一个开关,因此是身体发育的一个单位。20 世纪 50 年代,雅各布和莫诺所做的就是要发现在乳糖溶液中,一个细菌如何制造出可消化乳糖的酶,当生成足够的酶时便停下来。基因被阻遏蛋白关闭,而该阻遏蛋白又由于乳糖而失去作用。雅各布和莫诺猜测,类似的事一定会发生;他们的脑海中浮现出一个惊人的想法,即蛋白质与靠近基因的特殊序列发生黏附可开启和关闭基因;也就是说，基因有了 DNA 开关。如今这些开关被称为启动子和增强子，是理解胚胎如何发育成身体的关键。许多基因需要一些活化蛋白黏附到其启动子上；活化蛋白以不同的组合运作；而且，一些基因可由不同组的活化蛋白开启。结果是，完全相同的基因可在不同物种中或身体的不同部位中产生全然不同的效果，究竟是什么效果则取决于其他哪些基因同时也是活跃的。例如，有一种叫作音猬因子的基因，在一种情况下可把邻近细胞转化为神经元；在另一种情况下，它会促使邻近细胞开始长成四肢。这可以成为一个理由，解释了为什么说"某种东西的基因"是有风险的：很多基因都有多重功能。

忽然之间，我们有了一种非常不同的方式来看待基因，即视其为一组发育开关。所有的组织都带有整套基因，但是在不同的组织中以不同的组合启动。现在让我们忘记基因序列吧；重点是基因在哪里以及如何得到表达。如今许多生物学家正是从这层意义来思考基因的。若想塑造人类的身体结构，就得以合适的顺序来切换一系列开关，从而促成身体的成长与分化。而且，更有趣的是，切换开关的机器，即转录因子，也是其他基因的产物。雅各布和莫诺认为基因是一个开关。[6]

有态度的基因

然而，说实话，自基因这个词于 1909 年问世以后，一大批一直愉快地使用该词的科学家，并不真正认同以上 5 种概念中的任何一种。他们认为，基因与其说是遗传、进化、疾病、发育或代谢的单位，倒不如说是自然选择的牺牲者。罗纳德·费希尔（Ronald Fisher）首次阐明，进化只不过是各个基因的差异化生存。乔治·威廉斯（George Williams）和威廉·汉密尔顿（William Hamilton），与理查德·道金斯和爱德华·威尔逊（Edward Wilson）一起，最终详细说明了这一观点的令人惊讶的完整内涵。道金斯说，身体只是为了复制基因而构造的暂时载体，经过基因精心的设计后生长、奉献、兴旺和衰亡——但终归为了繁殖而生存。身体是基因塑造身体的途径。以"基因的视角"来看有机体是一场突如其来的哲学变革。

例如，它立即解释了亚里士多德、笛卡儿、卢梭和休谟甚至还未意识到需要解释的一些事：人为何会对自己的孩子很好（不过卢梭并不是这样的人）。人们总会对自己的孩子，比对其他成年人、其他孩子，甚至比对自己都更好。20世纪曾有一两个人类学家以完全自私的观点对此进行无力的解释——你对自己的孩子好，是为了想让孩子在你老年时对你好。但是在这儿，威廉斯和汉密尔顿做了一个真正的解释，这个解释并没有从亲代抚育中剔除利他主义。你对自己的孩子好，是因为你的祖先曾对自己的孩子好，因而能使孩子更好地生存下去繁衍后代。他们之所以可以做到，是因为他们的染色体上的基因以这种方式构造身体，以致在特定的环境里，它们肯定会让一个成人产生繁殖和养育子女的行为。对指定的对象好，这是基因功能以内的事。

这里基因一词的定义，既不是遗传的单位，不是代谢的单位，也不是发育的单位，而是自然选择的单位。因此，"基因"究竟由什么组成，一点也不重要。它可能是一对真正的基因，或是20个基因。它可能是按顺序活动的一系列基因。它也可能是一个基因网络，受到大量RNA的调控。重要的是，它确实产生了一种特定的效果。它究竟怎样做到这一点？有一个基因会以DNA的语言说出："照顾好你的后代！"这怎么可能？如果真有这么一个基因，那它又如何照料自己？整个概念，由于理查德·道金斯所用的术语"自私的基因"而变得众所周知，但对很多人来说实在是太奇妙了。他们习惯于以目的论的方式思考，以至于无法想象有一个基因有自私的行为，除非它的思维里有自私的目的。一个批评家断言，基因只是制造蛋白质的配方；它们"无法说成是自私或无私的，就如同原子不会忌妒，大象不是抽象的，以及饼干不可能有目的"[7]。但是，这却没有领会道金斯"术语"的要点。对社会生物学家（人们开始这样称呼他们）来说，要点在于自然选择可导致一些基因像是在某些自私目标的指引下活动——这是一个类比，一个非常恰当的类比。无论是以直接还是间接的方式，基因导致了一些人对自己的孩子好，他们比那些没有这样做的人留下了更多的后代。

如今，在一些实际情况中，我们可轻易地构建起沃森和克里克所理解的基因与道金斯的基因之间的联系。位于 Y 染色体北端的 SRY 基因便是一个例子。这个基因很小，在其文本的单个外显子（段落）中只有 612 个字母长，这是基因存在的最简单的形式。作为孟德尔式的遗传单位，它复制这个 612 个字母长的文本。作为沃森和克里克所指的代谢单位，它被转译为一个含有 204 个氨基酸的蛋白质，称为睾丸决定因子。作为雅各布和莫诺所指的发育单位，它在大脑的一些区域和另一组织（即睾丸）中得到开启，这种状态只持续几个小时，通常发生在受孕后的第 11 天（小鼠实验中得到的结论就是如此）。作为德弗里斯所说的可互换的泛子，它在人体内以及小鼠和所有的哺乳动物体内的形式几乎相同，并在体内执行一个相似的功能——令身体雄性化。作为加洛德所认为的一个疾病单位，它与各种形式的性发育异常有联系。最明显的是，一些有正常女性身体的人体内仍有 Y 染色体，但缺少该基因的运行版本；或者一些小鼠有正常的雄性身体而没有 Y 染色体，但生物学家想方设法要将这个基因的运行版本植入这些小鼠体内。一般来说，一个尚处于胚胎期的哺乳动物若想成为雄性，就仅仅需要有一个 SRY 基因；若想成为雌性，就只需缺少这个基因的运行版本。

对那些想了解汽车引擎如何工作的人来说，SPY 基因可能只用一个简单的行动便完成了使身体雄性化的伟大使命：它开启了另一个叫作 SOX_9 的基因。这就是它所做的一切。从遗传上看，偶尔有的男性在出生时，体内的两个 SOX_9 基因中的一个不能正常运行，这些男人中的大多数之后会发育成女人，并患有一种骨骼紊乱症，称为躯干发育异常综合征。SPY 基因像是一个船长，随随便便地命令 SOX_9 把船开到港口，却不等船靠岸自己便回舱休息。SOX_9 做完全部的工作，它开启和关闭控制睾丸和大脑的各种基因，例如 Lhx_9、Wt_1、Sf_1、Dax_1、$Gata_4$、$Dmrt_1$、Amh、Wnt_4 和 Dhh。[8] 这些基因转而又启动和关闭荷尔蒙的产生，而荷尔蒙又将改变身体的发育，以及影响体内其他基因的表达。许多基因的确对外部经验敏感，会对饮食、社会环境、学习和文化做出反应，从而折射出正在发育的男性特征。不过，这一点仍然成立，给定一个典型的中产阶级的培养环境，男性特征的大量细节，即男性在现代环境中表现出的那些细节——从睾丸到秃顶，再到坐在沙发上一边喝啤酒，一边不停调换电视频道的倾向，全都源自这个叫 SRY 的基因。称其为男性基因应该不算荒谬。

因此，你可以简单地将 SRY 视为档案馆、食谱、开关、可替换的部分或男性健康的给予者——这取决于你更喜欢 20 世纪里基因 5 个定义中的哪一个。你也可以视其为一个自然选择的单位，也就是道金斯的自私的基因。接下来我将解释如何可以这样看。SRY 基因的下游效应之一，即一种与男性特征不可分割的效应，就是更可能让其主体去冒险、表达暴力，以及夭折。一旦男性睾酮在青少年晚期开始发挥作用，男性的早亡率将会不可避免地上升，主要源于以下 4 个因素：杀人、自杀、事故和心脏病。甚至西方社会里也是如此——事实上，男性死亡率和女性死亡率之间的差距还在扩大。在主要的死亡原因中，只有阿尔茨海默病导致的女性死亡人数比男性更多。这并不是现代生活中的某些偏差所致。在一些亚马孙河流域的部落中，超过半数以上的男人死于他杀。相比 20 世纪饱受战争摧残的德国，狩猎社会中男性死于暴力的平均比率更高。[9]

这些冒险是成为一个男人必不可少的一部分。尽管它会受到文化的限制，因个性而异，由于技术而减弱，但冒险是男人的本性。达尔文的自然选择理论——个体的适者生存定律力求解释这个事实。一个会导致高死亡率的基因应该会走上灭亡之路。但它没有灭绝的原因也很明显。不愿冒险的懦弱之人也许寿命更长，但不会有更多的孩子。如果你是一个男人，繁殖后代的最佳方式就是去冒一定的风险，将其他男性排挤出局，并给少数女性留下好印象。如果你幸运，出生在加利福尼亚州的一个中产阶级家庭，你就可以做到这一切，而无须承担死亡的风险。你也许会受几次伤，撞弯汽车挡板，但几乎肯定你会活下来。如果你没有那么幸运，生来就是一个雅诺马米勇士的后代，那么你若想使这个基因永久存活，最好的办法就是杀人和避免被杀。在那样的社会里，杀死其他男性的男人拥有的性伴侣数量比平均数更多。无论是哪种社会，男性无疑都难以生存，并很难通过自然选择的考验。[10] 解开这个困局的合理方法是，确保 SRY 基因通过身体和大脑雄性化的下游效应，将自己复制给后代，代价便是不顾现在主人的死活。

这是一种性选择，也是达尔文另一个不为人们重视的理论，它强调的不是适者生存，而是适者繁殖。达尔文认为它与自然选择理论一样重要，也许在人类的情况中更为重要。但是，20 世纪的大部分时间里，性选择理论都被放逐于科学以外。经过阿莫茨·扎哈维（Amotz Zahavi）和杰弗里·米勒（Geoffrey Miller）的修正，按照它目前的定义，性选择理论意味着，许多雄性动物的冒险行为是由雌性动物在不自觉中策划的，这些雌性动物的目的是要雄性的基因接受严苛的考验，从而为自己的后代挑选出最好的基因。（在一些物种中，雄性和雌性的角色刚好相反。）海豹和大猩猩都会这样，即使一只雌性动物被动地观看那些雄性为它而战，但它会与赢的那一个交配，于是自发地为下一代选择了好战的基因。这样的性选择可以培育出任何类型的雄性，或是横行霸道的恶棍，或是浪荡的花花公子，或是懂得关爱的温和之人。当然，如果雄性实施这种性选择，也能影响到雌性。在社会化的一雄一雌物种里，例如海雀和鹦鹉，雄雌双方的皮毛都有鲜亮的颜色，以吸引对方的注意。相比其他猿类，人类中的雄性选择更为明显，男人会选择那些年轻、健康、美丽和忠诚的女人；也存在一定程度的雌性选择，女人会选择男性中表现突出、健康、强壮和忠诚的人。

雌孔雀选择尾部最大、最华丽的雄孔雀，它在无意中肯定，长出漂亮尾巴的行为是一种考验，可反映雄性基因的质量。越多的雌性表现出这种偏好，就会有越多的雄性继承这种尽力长出最大尾巴的能力。用商业术语来说，孔雀的基因已不能满足于长出一个好的身体：它们要推销自己。如同牙膏公司，它们必须在广告预算上投入一大笔钱，雄孔雀也要在尾巴上做投资。像广告预算一样，这个尾巴似乎是昂贵的奢侈品，但它很重要。这类装饰和仪式就像是广告口号，是一些不实的信号（好牙膏真的提升了你的自信心吗？）但是在此过程中，它们会帮助雌性区分出求偶市场上供应的雄性基因的品质。

因此，米勒提出，人类的许多天赋——讲故事、艺术才能、爵士乐、运动技能、慷慨、甚至是杀人，往往是由年轻男性在选择配偶的年龄段中以最强劲的方式展现出来的，这并非巧合。他指出，人类将大量时间贡献给一些对生存并无多大帮助的文化实践，例如艺术、舞蹈、讲故事、幽默、音乐、神话、仪式、宗教和思想。然而，这一切都能提升繁殖成功率，改善基因生存而非个体生存。[11]

基因是本能的单位吗？这个概念已远远背离孟德尔的遗传粒子说。基因各种不同概念之间的混淆一直困扰着先天后天之争。你不会发现"向雌性展示雄性品质"这样的字句写进 SRY 基因的描述中，正如你不会看到一辆法拉利的使用说明书里有"展示男性财富"这样的话，但这并不意味着它不能对每一辆法拉利的用途做出有效的解释。法拉利既是精美的汽车产品，同时也是性的装饰物，同样的道理也适用于基因。

涉及政治

道金斯将基因定义为本能的单位，这个抽象的概念最初亮相于爱德华·O. 威尔逊（Edward O. Wilson）阐述动物行为的巨著《社会生物学》（*Sociobiology*）。威尔逊是哈佛大学研究蚂蚁生态学的专家，他和随后所有的昆虫学家一样，对本能的复杂性颇感震撼。昆虫没什么学习机会，但它们的行为复杂且微妙，而且每一个物种都有其特殊的行为方式。蚂蚁行为中最引人注意的一个方面是，它们将繁殖权交给蚁后。大多数蚂蚁是工蚁，从不繁殖后代。这个事实曾让达尔文迷惑不解，现在也让威尔逊感到困惑，因为它似乎违反了一直以来动物力求繁殖的定律。1965 年的一天，威尔逊坐在从波士顿到迈阿密的火车上，他向妻子承诺过，在他们女儿还年幼的时候不乘飞机。由于要在火车上待 18 个小时，他便翻开了一篇新近发表的科学论文，作者是一位名不见经传的英国动物学家威廉·汉密尔顿。汉密尔顿提出，蚂蚁、黄蜂和蜜蜂之所以形成社会性群居，是因为它们都是"单倍二倍体"物种，这使工蚁或工蜂与其姐妹的关系比它们与女儿的关系更加密切。因此，通过自私基因的观点来看，它们会喂养蚁后的后代，而不喂养自己的后代。汉密尔顿的目的不仅限于解释蚂蚁的行为，他还想让人们注意到，这样精确的遗传演算可以解释所有亲属之间的合作，以及亲属出于本能的合作程度与相互间亲缘关系的接近程度密切关联。换句话说，人们出于本能会对自己的孩子很好，这是由于基因使然，而这又是因为基因经由他们的孩子存活下来——那些没有发挥该作用的基因便消亡了。

起初，威尔逊认为这篇论文的观点既幼稚又愚昧，粗略读了一遍后便将它扔到一旁，但他也不能明确指出论文的错误所在。当火车驶过新泽西时，他又仔细地重读了该论文；火车经过弗吉尼亚时，他对汉密尔顿的假设感到失望和愤怒；火车到了佛罗里达北部时，他的态度开始动摇；最终抵达迈阿密时，他已完全认可该论文的观点了。[12]

汉密尔顿理论的基础来自一个谦逊的美国人乔治·威廉斯的观点，并渐渐渗透到许多动物学家的生活中，就如同将一幅地图交给一个迷路的探险者。忽然之间，他们得到一个标准，可以判断对动物行为的解释：它是否有利于其主人基因的遗传？理查德·道金斯在其了不起的作品《自私的基因》（*The Selfish Gene*）中，进一步探讨和扩展了这个观点。但是与威尔逊不同，他主要探讨的是动物。道金斯说，人类在很大程度上是这个规则的例外，因为他们的大脑有意识，允许他们忽略其自私基因的命令。

威尔逊没有这样的疑虑。在《社会生物学》的最后一章中，他开始推测，人类行为可能也是规划好的基因的产物。同性恋是否是亲属间裙带关系的一种形式，由遗传引导并允许没有孩子的"叔叔"协助养育亲属后代呢？伦理需要一个演化式的解释吗？"社会学会萎缩为生物学的专业化分支"吗？[13] 威尔逊带着"自然历史的自由精神"做出这样的推测，但他时不时会用年轻时在阿拉巴马听到的浸礼会教徒使用的福音式语言来表述。从这方面来看，他其实有一个隐秘的动机，他的动力更多地来自扭转宗教风向的目的，而不是为了先天压倒后天而战。[14] 事实上，在解释基因如何与后天合作从而产生人类社会模式方面，他认为自己所持态度温和，并表现出多元论的思想。除了对下个世纪规划型社会要不可避免地到来做过一些评论，他无意公开谈论政治。但1975年11月爆发在他身上的那场风暴实在让他吃惊。

这场风暴始于一封写给《纽约书评》(*New York Review of Books*)的信，署名是一个自称为社会生物学研究组的委员会。在16个签署人中，有两个是威尔逊在哈佛的同事和（他以为的）朋友，他俩是史蒂文·杰伊·古尔德和理查德·列万廷。这封信指责威尔逊是在为一个旧诡计打着新的幌子：

> 从遗传的角度出发，根据阶级、种族或性别，他的理论为一些特定群体的统治现状和既得特权提供辩护……这样的理论曾在1910～1930年为美国颁布绝育法和限制移民法提供依据，也为导致纳粹德国建立毒气室的优生政策奠定重要的基础。[15]

一时间争议四起，次年它还登上了《时代》杂志的封面，不过它很快又落入先天后天之争的老套的困境：进步却无情的环境论者与保守却倒霉的遗传论者展开对抗。威尔逊的讲座遭到了抗议。在哈佛大学广场散发给学生的传单上，他被指控为假借课堂来宣传"基因可决定一切社会生活，包括战争、商业成功、男性权威和种族主义"[16]。列万廷指责他的理论反映了"18世纪资产阶级革命的各种意识形态"[17]。1979年在华盛顿的一次专题研讨会上,威尔逊正等待古尔德的回应时,突然被一群高呼抗议的激进分子泼了一杯冰水。

这个争论的激烈程度在大西洋彼岸也毫不逊色。道金斯在《自私的基因》中,除了提到意识使人从基因的控制中解放出来,主要探讨的并不是人,但是有人指责他为极端右翼政客提供智力支持。同时,威尔逊在之后的两本作品中试图用更长的篇幅来解释自己的观点,虽说服了一些人,却无法让他的批评者感到满意,那些人当时已分化至两个极端。威尔逊面对的是人们受挫的骄傲心理,达尔文和哥白尼也曾遇到同样的情况:人们不喜欢看着自己被驱逐到宇宙中心以外的地方。人类行为的最高地位被推翻,而且其描述中所用的术语与描述蚂蚁行为的术语相同,很多人认为这是在侮辱人类这个物种的自尊,就如同看着地球降格为一颗行星一样。如果威尔逊在措辞上用先天倾向替代"基因"的话,也许他就不会遭到那么多尖刻的批评了。单单一个DNA序列就能够决定一个人的社会态度,人们凭直觉就认为这是不对的,而且也觉得是一种耻辱。

一些支持自私基因观点的生物学家没有帮助到威尔逊,这种苦涩的滋味直至今日仍然萦绕不散。一些人认为威尔逊的推测太天真、不成熟,是在自找麻烦。另一些人则对威尔逊的生物帝国主义颇感不安,他吹嘘生物学很快会替代社会学,至少这种观点是冷酷无情的。还有一些人只想寻求安宁的生活,若为一个被说成是种族主义者的人辩护,会让自己也被贴上这样的标签。事实上,对大多数生物学家来说,由遗传决定的动物与由文化决定的人类之间的鲜明区分就像是天赐之物,让他们获得自由:

> 在和平中继续进行研究，不用畏惧自己可能偶尔会误打误撞地碰到一些一触即发的社会或政治事件。这让他们跨越过现代学术界的政治雷区，从而安全行动。[18]

写这段话的人是两个曾在哈佛大学工作过的学者约翰·图比和莱达·科斯米迪。他俩却主动避开安全地带，于1992年试图从内部对社会生物学进行改革。他们提出，一个人表现的行为，无须直接与基因相关联，但行为之下的心理机制则一定与基因有关。因此，举个简单的例子来说，寻找"战争基因"的尝试注定会失败，但若反过来武断地坚持认为战争是写在易受影响的心智这块白板上的纯粹的文化产物，这也同样愚蠢。心智中完全可以有一些心理机制，源于自然选择在过去对基因造成的影响，从而使大多数人倾向于用类似战争的方式对一些情况做出回应。图比和科斯米迪将其称为演化心理学。该研究尝试融合乔姆斯基的天生论的精华部分（心智若要学习，必须要有天生的知识基础），与社会生物学的选择论的精华部分：若要理解心智的某一部分，就要理解自然选择设计这个部分来做些什么。

图比和科斯米迪认为，整个发育程序都发生了演化，该程序负责眼睛、脚、肾或大脑中语言器官的生长。每一个程序都需要成功地将几百个也许几千个基因（其中一些作为泛子也用于其他系统），和预期出现的环境信号整合到一起。这是先天与后天微妙的结合，它尽力避免让二者形成对立：

> 每次当一个基因在自然选择中脱颖而出胜过另一个基因时，一个发育程序的设计也就因胜过另一个设计而被选择；由于它的结构，这个发育程序与环境中的一些特定方面互相作用，从而使某些环境特征与发育产生因果关联……因此，基因和与发

育相关的环境都是自然选择的产物。[19]

然而，关键之处在于，环境不是某个独立的变量。发育过程的设计会明确规定将会利用到的环境影响。蜂王浆让一只蜜蜂幼虫长大后成为蜂后，但它不会让一个婴儿在将来成为一个皇后。在图比和科斯米迪看来，基因经过设计从而适应一些特定的环境，并会在最大程度上利用这些环境。

尽管他们重新强调了环境的作用，图比和科斯米迪也像威尔逊和道金斯一样卷入同样的政治问题中。社会科学界的权威人物反感他们对这个主题怀有抱负，如同不喜欢威尔逊的观点一样，并将他们说成是极端的反动的天生论分子。我认为这是一种激进的误解。我认为，图比和科斯米迪并没有完全追寻天真的天生论，而是致力于让其与后天培育结合。他们协助建立的研究课题——演化心理学，既可以接受后天论的解释，也可以接受先天论的解释。例如，在马丁·戴利（Martin Daly）和马戈·威尔逊（Margo Wilson）那儿，它还可以用来解释杀人和杀婴的行为模式。戴利和威尔逊意识到，性选择促成年轻男性成为最主要的谋杀犯，但他们也承认环境在诱发谋杀场景的形成方面起了同等重要的作用。[20] 在莎拉·海尔蒂（Sarah Hrdy）那儿，演化心理学已经假设少年受到过去经历的"规划"，预期接受集体式的养育，而非在一个核心家庭中受到养育。没有人可以把这些研究清楚地划分为"先天"或"后天"的范畴，它们是二者兼有。正如海尔蒂所说：

> 先天与后天不可分割，但是人类的某些想象使我们倾向于用一分为二的方式去看待世界……复杂的行为，例如养育，尤其当它与"爱"这类更加复杂的情感联系到一起时，我们绝不能说这要么是由遗传预先决定的，要么是环境所导致的。[21]

图比和科斯米迪对社会科学的主要不满在于，这些社会科学想将自己隔离于其他层次的解释之外。（还原论者要为之哭泣了！）涂尔干曾发出著名的宣讲："每当一个社会事实直接由某种心理现象来解释时，我们总会肯定这个解释是错误的……一个社会事实的决定原因应该要到在此之前的社会事实中去寻找，而不是在个体意识的状态之中寻找。"[22] 也就是说，他拒绝所有的还原论。然而，其他许多科学已成功地整合了所有"低"层次的解释，却没丢失任何东西。心理学运用生物学，生物学运用化学，而化学又运用了物理学。图比和科斯米迪想以这种方式重新解释心理学，即运用基因来解释，这并非要将基因视为支配人性的、无情的决定主义者，而是视其为由祖先选择并设定的，从外部世界中汲取经验的精妙设备。

图比–科斯米迪的基因的美好之处恰好在于，它整合基因的其他6种定义，并增添了第7种定义。它是道金斯的有态度的基因（它通过了世世代代的生存考验）；它是孟德尔所称的档案馆（通过千百万年的演化调整将智慧印刻下来）；它是沃森和克里克所说的菜谱（通过RNA制造出蛋白质以实现效果）；它是雅各布和莫诺所指的发育开关（只在精确规定的组织中表达自己）；它是加洛德式的健康赋予者（在预期环境中确保身体得到健康发育）；它也是德弗里斯所说的泛子（在同一物种和其他许多物种的不同发育过程中反复得以使用）。但它也可能是某种别的东西，它像是一个从环境中汲取信息的设备。

初看SRY基因，这个位于Y染色体上的雄性化基因，我们觉得它就像是一个遗传决定分子，这会让社会学家气郁难消。我之前提过它会引发一连串的事件，（通常）使男人坐在沙发上、喝着啤酒并观看足球比赛，而女人则会逛街和闲聊。但是，换另一种方式来看，它却是服务于后天培育的根本事物。在成百上千的下游基因的协助下，它的工作、目的和欲望就是让拥有它的主人从后天养育和环境中汲取某些特定的信息。它汲取所需食物的营养以使男性身体生长，提取所需的社交线索以培养男性心理，提取所需的性别信号以发展男人的性偏向，甚至汲取技术知识来表现现代世界里的男性化的个性（比如爱好玩具手枪或遥控器）。它，更确切地说是它启动的发育程序，在发育过程中受到环境里一些变化的引导和调整。假设我们找到一个中世纪欧洲的男婴，用时光机器将他送到现代的加利福尼亚，让他在此接受养育，我敢打赌说他更感兴趣的是枪支和汽车，而不是剑和马。SRY仅仅是一个美化了的后天汲取者。

　　这里再一次提出我写这本书的本意。基因本身是不可更改的、作用不大的决定因子，产生大量可预测的信息。然而，由于它们的启动子会应对外界指令做出启动和关闭的回应，基因无法在行动过程中固定下来。相反，它们是用来从环境中汲取信息的设备。每一分每一秒，大脑中所表达的基因模式都在改变，通常以直接或间接的方式对外部事件做出回应。基因是经验的机制。

第10章

一组悖论式的寓意

> 为什么要绞尽脑汁地思考康德的上帝、自由和不朽的概念,这只不过是一个时间问题,不久后神经科学便可以通过大脑图像,揭示出构造这些心智结构和形成这些幻想的真正的物理机制。
>
> ——汤姆·沃尔夫[1]

在基督纪元即公元第二个千年的后期，人们发现了基因，也发现哲学领域里已经有一个为其准备好的位置。它们是古代神话所说的命运，是神谕的核心内涵，也是占星术中的巧合。它们是命中注定的，是被决定的，是选择的敌对者。它们约束了人类的自由。它们是神灵。

难怪如此多的人不喜欢它们。基因被冠以"首要原因"的标签。如今，既然人类可以运用基因组进行观察，了解基因的运作，一幅没有那么可怕的基因图景正在浮现。我们可以从先天后天之争中推断出基因的诸多寓意，我将在本章提出其中的一些。这些寓意大多是令人欣慰的。

寓意1：基因是赋能者

第一个也是最普遍的寓意是，基因是赋能者，而非约束者。它们为有机体创造新的可能性，同时也没有剥夺其他选择。后叶催产素受体基因允许一雄一雌制的形成；若没有它们，草原田鼠就没有结成一对配偶的选择。CREB基因允许记忆；若没有它们，学习和记忆就不可能存在。BDNF基因允许双目视觉通过经验得到校准；若没有它，你就不能如此容易地判断深度并以三维的视角来看这个世界。$FOXP_2$神奇地让一个人可以习得本民族的语言；若没有它，你无法学会说话。这样的基因还有很多。这些新的可能性对经验是开放的，并不是预先被规划好的。基因不会约束人性，就如同附加程序不会限制计算机的运行一样。一台装有 Word、PowerPoint、Acrobat、Internet Explorer、Photoshop 之类程序的计算机，与一台没有这些程序的计算机相比，不仅能处理更多的任务，还能从外部世界获得更多的东西。它可以打开更多的文档，搜寻到更多的网址，以及接收更多的电子邮件。

和神不同，基因是由条件引导的。它们非常擅长简单的"如果–就"逻辑：如果给定一个特定的环境，就会以某种特定的方式发展。如果离得最近的移动物体是一个长了胡子的教授，那小鸡小鸭会认为他就是母亲了。如果在饥荒环境中长大，就会发育成一种不同的体型。在没有父亲的家庭中长大的女孩的青春期会来得更早，这也是由一组仍然神秘未知的基因所导致的。[2] 我怀疑，到目前为止，科学一直大大低估了以这种方式起作用的基因组合的数量，该方式就是根据外部环境调整自身的输出。

因此，这就是基因的第一个寓意：**不要被基因吓到。它们不是神，只是小小的螺丝钉。**

寓意 2：父母

接下来我们来看基因的另一个寓意。1960 年，哈佛大学的一个研究生收到了心理学系主任乔治·A. 米勒（George A. Miller）的一封信，信上说她已被开除了，不能再继续攻读博士学位，原因是她的成绩不够水准。请记住这个系主任的名字。过了一段时间，由于慢性病待在家里，朱迪思·里奇·哈里斯（Judith Rich Harris）开始撰写心理学教科书。在这些课本中，她忠实地传达心理学的主导范式，即个性和许多其他方面都是从环境中习得的。在离开哈佛35年以后，无业在家、为人祖母的哈里斯幸运地逃脱了学术教化，她坐下来写了一篇文章，并将其投给权威杂志《心理学评论》（*Psychological Review*）。文章发表后轰动一时，好评如潮。很多人好奇地问作者是什么人，让哈里斯应接不暇。1997年，单单凭着这篇文章，她被授予心理学的一个最高奖项：乔治·A.米勒奖。[3]

哈里斯这篇文章的开头是这样写的：

> 父母对孩子个性的发展有任何重要的长期影响吗？本文经考察相关证据后得出的结论是：答案是否定的。[4]

大约从1950年起，心理学家就已开始研究他们称为儿童社会化的问题。尽管起初他们失望地发现，父母的养育方式与孩子个性之间很少有明确的相关性，但他们仍坚信行为主义者的假设，即父母通过奖惩手段培养孩子的性格；他们也坚信弗洛伊德的假设，即很多人的心理问题是父母造成的。这种假设似乎成了一种必然性，以至于时至今日，如果某篇传记中没有提及主人公的怪异之处是由父母所导致，它就是不完整的。（"很可能，他与母亲的痛苦分离是造成他精神不稳定的主要原因之一。"新近一位作家在提及艾萨克·牛顿时这样说。）[5]

公平地说，社会化理论不仅是一个假设。它确实产生了证据，而且是大量的证据，全都表明孩子最终会成为父母那样的人。满口脏话的父母的孩子将来也会满口脏话；神经质的父母的孩子将来也会容易神经过敏；冷漠的父母的孩子也会对他人冷淡；书呆子般的父母的孩子也会是书呆子，等等。[6]

哈里斯说，这一切无法准确地证明什么。孩子当然会像自己的父母，他们共有许多相同的基因。一旦有了对分开养育的双胞胎的研究，证明出个性的高遗传度，你就不能再忽视这种可能性，即父母塑造孩子的个性是在其胎儿期，而不是在其漫长的童年里。父母与孩子之间的相似性体现在先天本性上，而非后天培育。由于双胞胎研究的确得出这样的结论，即共享环境几乎对个性没什么影响，因而遗传假设是个无效假设，举证的负担便落到了后天一边。如果一项社会化研究不能控制基因因素的话，那么它就什么也证明不了。然而，社会化的研究者年复一年地发表父母养育与孩子个性的相关性，甚至都没有在口头上支持其他的遗传理论。

事实上，社会化理论的学者也用了另一个论点：不同的父母养育方式与不同的孩子个性恰好一致。平和的家庭培养出快乐的孩子；在家里经常挨打的孩子会对一切充满敌意，等等。但是，这些情况中的原因和结果是混淆不清的。你也可以合理地提出，快乐的孩子促成了一个平和的家庭，听话的孩子会得到父母的拥抱，敌意满满的孩子会常常挨打。有一个老笑话说，强尼来自一个破碎的家庭，哦，我不会惊讶——强尼会使任何家庭破碎。社会学家乐于说，与父母的良好关系有一种使孩子远离毒品的"预防效果"。他们不太喜欢说，那些吸毒的孩子与其父母相处不好。

因此，父母良好的养育与孩子某些个性的相关性不足以成为父母塑造孩子个性的证据，因为这些相关性没有区分出哪个是原因，哪个是结果。哈里斯说，显然社会化不是父母带给孩子的，而是孩子带给他们自己的。越来越多的证据说明，社会化理论的学者曾假设的父母对孩子的影响，通常实际上是孩子给父母的影响。父母会根据孩子的不同个性，采用不同的方式对待他们。

最明显说明这一点的是令人困扰的性别问题。那些儿女双全的幸运父母知道，他们对待男孩和女孩的方式是不同的。无须有人告诉他们那些实验的情况，在实验中，成人漫不经心地对待穿着蓝色衣服的女婴，温柔拥抱穿着粉色衣服的男婴。但是，大多数这样的父母会强烈抗议，他们对待孩子们的方式不同是因为男孩和女孩本身是不同的。他们在男孩的柜子里放上恐龙模型和玩具剑，在女孩的柜子里放上布娃娃和裙子，因为他们知道这样做会让每一个孩子开心。那些就是小家伙们在商店里一直索要的东西。父母也许用后天培育强化了先天本性的差异，但他们没有创造差异。他们没有强迫孩子接受性别角色定型；他们只是对孩子们先行存在的偏好做出回应。从某种意义上说，那些偏好并不是天生的，没有所谓的布娃娃基因。但是，布娃娃的设计是为了迎合某种预先设定的偏好，如同食物的设计是为了满足人类的口味一样。此外，父母的回应本身也可能是天生的：父母由于遗传因素而倾向于稳固而不是破坏性别角色定型。[7]

这又一次显示，支持后天培育的证据并不会成为反对先天本性的证据，反之亦然。我刚刚听到一个广播节目，节目中讨论究竟是男孩比女孩生来就更擅长踢足球，还是他们的父母促成了男孩比女孩踢得更好。支持任何一个观点的人似乎都隐约同意，双方的解释是相互排斥的。甚至没有人提议这两个观点可以同时成立。

身为罪犯的父母生的孩子以后也会犯罪——的确如此，但是，如果孩子是他们领养的，情况就不同了。在丹麦的一项大型研究中，出生和领养的家庭都遵规守纪的话，孩子违法的可能性是 13.5%；而如果收养家庭中有罪犯，这个孩子违法的可能性会稍微上涨到14.7%。然而，父母是罪犯的孩子被收养到一个遵规守纪的家庭里，其犯罪的可能性会跳跃至20%。如果亲生父母和养父母都是罪犯，这个百分比会高达24.5%。基因因素预先使人们倾向用不同的方式对引起犯罪的环境做出反应。[8]

同样，父母离异的孩子在将来也更可能离婚——这是真的，但是仅仅当离异父母是其亲生父母才会如此。养父母离异的孩子没有表现出效仿的倾向。双胞胎研究表明，家庭环境对离异没有任何影响。对异卵双胞胎来说，如果其中一个离异，那另一个离异的可能性是30%，这与和离异父母的相关性是一样的。同卵双胞胎中的一个离异，另一个离异的可能性是45%。一个人离异的可能性约有一半是由基因决定的，其他则取决于环境。

哈里斯终结社会化理论以后，皇帝的新衣被彻底揭穿。对那些有不止一个孩子的人来说，这一点儿也不奇怪。抚育是大多数人的天生能力。假定你现在是负责塑造一个人个性的主教练和雕刻家，你会发现自己的角色只会沦落为一个无助的旁观者兼私人司机。孩子们会把自己的生活划分清楚。学习不是他们从一个环境带到另一个环境的背包；它在不同的环境里有着不同的特性。但这不是许可父母让自己的孩子不高兴——让另一个人痛苦是错误的，无论这是否改变了这个人的个性。一直坚称人们选择环境以适应个性发展的桑德拉·斯卡尔（Sandra Scarr）说："父母最重要的工作是给孩子提供支持和机会，而不是竭力塑造孩子持久的个性特征。"[9] 当然，真正糟糕的父母养育仍然会使孩子的个性扭曲。但是，父母的养育就像是（我曾提过的）维生素C；它只要充足就好，多一点或少一点不会产生可辨别的长期效果。

哈里斯既赢得了鲜花，也挨了板砖。许多人对哈里斯的观点做出回应，其中包括社会化理论的元老伊利诺·迈克比（Eleanor Maccoby）。

哈里斯的批评者调查了一些可证明父母最终确实影响了孩子个性的研究。[10] 他们勉强承认，早期的社会学理论学者夸大了父母的决定性作用，双胞胎研究也应纳入考虑，以及父母的行为和孩子的行为是互为因果的。他们强调，一个易犯罪的个性，即使部分由遗传导致，也更可能在一个犯罪环境中表现出来。而且，他们注意到有一系列的研究显示，父母非常糟糕的抚育会对孩子的个性产生永久性的影响。例如在罗马尼亚，六个月时被收养的孤儿，一生中都保持较高的压力荷尔蒙皮质醇水平。

他们还注意到斯蒂芬·索米（Stephen Suomi）对猕猴所做的研究。索米是哈利·哈洛的一个学生，他在马里兰州的国家卫生研究院里建了自己的猴子实验室，以继续进行哈洛的母爱研究。他首先选择性地培育出一些神经高度紧张的猴子，然后又把一些刚出生的幼猴放在养母那儿交叉养育到六个月大，并研究它们的脾气和社会生活。一个遗传了神经紧张的幼猴在经过一个神经紧张的养母养育后，在成年以后也不善于社交，抗压能力差，并也会成为糟糕的父亲或母亲。但是，同样一只天生神经紧张的幼猴在被一只性情平和的养母即"超级妈妈"养育后，长大后会变得很正常，甚至善于通过交朋友（对不起，应该说"争取社会支持"）爬升到社会等级的顶端，也善于排解压力。尽管它有着遗传性神经紧张的本性，这只猴子成年后也会成为一个性情平和且能干的母亲。换句话说，为人母的方式，是复制某个父母的养育方式，而非遗传决定的。

之后，索米的同事继续研究猴子体内的5-羟色胺载体基因。这个基因的一个版本对母爱缺失产生强大且持久的反应，而另一个版本却不受母爱缺失的任何影响。[11] 由于这个基因在人体内也有变异，而且该变异还与个性差异相关，因此这是一个了不起的发现。该基因在人体内的表现可说明，一些孩子可以无须任何抚育自己成长，而且长大后个性不会变坏；另一些孩子则需要父母悉心抚育才能发展出正常的个性——差异源于基因。我们之前预料到这个差异了吗？

通过引用索米的研究，哈里斯的批评者表明，他们已将她的经验牢记于心：他们正在试着了解父母如何对孩子的天生个性做出回应，以及父母如何对基因做出回应。用他们的话来说，他们不再认为父母是在"塑造或决定"孩子。如今，后天论者在呼吁和解。弗洛伊德、斯金纳和华生大获全胜的时代已一去不复返了。（还记得这样的话吗？"给我一打健全的婴儿，并让他们在我设定的特定环境里成长。我敢保证，随意挑选出其中一个，我都可以将其训练为我所选择的任何一类专家——医生、律师、艺术家、巨商，甚至是乞丐或小偷，无论他的天资、爱好、脾气、才能以及他祖先的职业和种族是怎样的"。）

寓意：成为好父母仍然是重要的。

寓意3：同龄人

在颠覆父母决定论的同时，哈里斯提出了一个替代理论。她相信环境和基因组一样，对孩子个性有着巨大的影响，但它主要是通过与孩子同龄的群体发挥影响作用的。孩子们不会把自己当作成人的学徒。他们只会努力做个好孩子，这意味着，他们会在同龄人群中找到一个合适的位置——既趋于一致，也保有自己的特性；既要竞争，也要合作。他们的语言和口音在很大程度上来自同龄人，而非父母。和人类学家莎拉·海尔蒂一样，哈里斯相信，人类祖先在群体中养育自己的孩子，所有的女人参与动物学家所称的合作抚育。孩子的天然栖息地就像是一个容纳不同年龄孩子的托儿所——大多数时候这些孩子会按性别自行分为两大阵营。我们应该在这里，而不是在核心家庭中或孩子与父母的关系中，寻找影响个性的环境因素。

大多数人认为来自同龄人的压力可推动年轻人趋于一致。从中年人的视角来看，青少年着迷于趋同。无论是肥大的多袋裤、运动鞋、露脐装，还是向后戴的棒球帽，他们总会小心翼翼地在主打潮流面前俯首帖耳。异于潮流的人会受到嘲笑；不迎合时尚的人会遭到排斥。人人必须遵守这个准则。

趋同确实是人类社会在所有不同年龄层次的一个特征。不同群体之间的竞争越激烈，遵守他们自己群体规则的人就越多。但是，其他一些事情发生在表象之下。在部落服装表面的一致性之下，个人近乎狂热地追求各自的特性。仔细观察任何一个年轻人群体，你会发现其中每个人都在扮演一个始终不同的角色，例如坚强的人、风趣的人、聪明的人、领导者、善于阴谋诡计的人和外貌出众的人。当然这些角色是在先天与后天的相互作用中产生的。每一个孩子很快意识到，与群体中的其他人相比，自己擅长做什么，以及不擅长做什么。之后这个孩子便训练自己承担某个角色的能力，遵照性格做事，进一步发展已具有的才能，忽视缺乏的才能。坚强的人愈加坚强，风趣的人愈加幽默，等等。通过专攻自己所选的角色，这个角色就成为他所擅长的方面了。在哈里斯看来，这种分化趋势首次出现在 8 岁这个年龄段。在 8 岁之前，如果有人问一群孩子："谁是这里最坚强的男孩子？"所有的男孩都会跳起来叫道："我！"但在 8 岁以后，他们会开始说："是他。"

家庭里、学校课堂上以及街头帮派中都会出现这种情况。进化心理学家弗兰克·萨洛韦（Frank Sulloway）认为，家庭里的每个孩子都在选择一个空位。如果大孩子有责任心，处事谨慎，那么第二个孩子通常更加叛逆，做事随心所欲。天生性格的细微差异由于实际行为而被扩大化，而非被消除。甚至同卵双胞胎中也会出现这种情况。如果双胞胎中的一个比另一个更外向，那么他们会在日后的生活中逐渐扩大这种差异。事实上，心理学家发现，异卵双胞胎比不同年龄的兄弟姐妹在外向性格上的相关性要弱：年龄过于接近会导致他们扩大个性的差异。相比待在一起生活时的情况，他们分开两年生活后，会体现出更强的相似程度。这对性格其他的衡量标准也成立，而且这似乎表明，人类有一种趋异的倾向，通过强化自己天生的性格倾向，从而把自己与最亲密的伙伴区分开来。如果其他人是务实且善于行动的，那么我运用脑力思考就是值得的。

我将此称为人性中的阿斯特里克斯（Asterix）⊖理论。在戈西尼（Goscinny）和乌德佐（Uderzo）创作的漫画中，高卢的村民们勇敢无畏地抵抗罗马帝国军队的进攻。这个村庄有着十分明确的劳动分工，这里有：大力士（奥普利克斯，Obelix），首领（维达斯塔迪克斯，Vitalstatistix），祭司（哥达费克斯，Getafix），游吟诗人（加科福尼克斯，Cacophonix），铁匠（福里奥托马迪克斯，Fulliautomatix），鱼贩（乌海金尼克斯，Unhygienix）和智者（阿斯特里克斯，Asterix）。这个村庄的和谐氛围可归因于这样一个事实：每个人都尊重其他人的才能——除了加科福尼克斯这个游吟诗人，他的歌声让所有人都感到厌烦。

第一个注意到人类有专业化倾向的人可能是柏拉图，但将这个想法传播于世的是经济学家亚当·斯密（Adam Smith）。而且，在该发现的基础上，

⊖ 阿斯特里克斯是以高卢传奇英雄为题材创作的法国知名连环漫画，故事讲述的是公元前50年高卢地区的全境被罗马占领，那里居住着顽强的高卢人，他们依靠药水、智慧和勇气，挫败恺撒阴谋，保卫村庄。——译者注

他创立了劳动分工的理论——经济生产力的奥秘在于，在专业人员之间进行劳动分工，并交换各自的成果。斯密认为，人在这方面与其他动物全然不同。其他动物可谓是通才，亲自为自己做每件事。尽管兔子是群居的，但它们之间并没有任何专门的分工。没有一个人可以成为真正的百事通。斯密说：

> 几乎所有其他的动物，一长到成年期都能够完全独立；而且在自然状态下，不需要其他动物的援助……每个动物仍然必须各自独立，各自保卫自己。自然给了它们各种各样的才能，而它们却不能以此得到任何好处。[12]

然而，斯密很快又指出，若没有交换，专业化也毫无用处。

> 人类几乎随时随地都需要同胞的协助，要想仅仅依赖他人的恩惠，那是一定不行的。他如果能够刺激他们的利己心，使之有利于自己，并告诉他们，给他做事，是对他们自己有利的，他就会更容易达到目的。……我们需要的一切，不是出自屠户、酿酒师或烘焙师的恩惠，而是出于他们为自己谋利的考虑。我们不指望唤起他们的利他之心，只需唤起他们的利己之心。我们不说自己有需要，而说对他们有利。除乞丐之外，没有任何人愿意全然依靠别人的恩惠过活。[13]

在这一点上，斯密获得了涂尔干的支持，后者相信，劳动分工不仅是社会和谐的根源，也是道德秩序的基础。

但是，如果劳动分工导致了社会团结，这不仅因为它使每个人都成为一个交换者,如经济学家所说的那样;更因为它在人与人之间创造了一个权利与义务的完整体系,用一种持久的方式把人们联系到一起。[14]

我对这个巧合很感兴趣:成年人是专才,青少年又似乎有种天生的趋异倾向。这两者之间有可能联系起来吗?在斯密的世界里,你作为成年人的专长只是个机遇问题。你也许继承了家里的面包店,或者你应征了某个招聘广告。你也许有幸找到一份适合你性格和才能的工作,但大多数人只能接受现实,他们必须做好目前已有的工作。他们于青少年时期在群体中所扮演的角色——小丑、健谈者、领导或强硬分子,早就被抛至九霄云外。屠夫、烘焙师和烛台匠是造就出来的,而非天生的。或者,如斯密所言,"最不相似的人类性格之间的区别,例如哲学家和街头搬运工之间的区别,看来与其说是源于先天,倒不如说是源于习惯、风俗和教育"。

然而,人类心智起初的设计,是为了适应更新世的稀树草原,而非针对城市丛林。而且,在那样一个更加平等的世界里,所有人拥有相同的机会,你所拥有的才能便决定了你要从事的工作。想象有这么一群狩猎-采集者,由四个少年组成的一伙人围在篝火边玩耍。Og 刚刚意识到自己有领导能力——当他提议玩一个新的游戏时,其他人似乎都很尊重他的决定。另一方面,Iz 注意到,她讲故事时,会让其他人发笑。Ob 在言语表达方面不怎么样,可是对于制作用来捕捉兔子的树皮条网,他似乎有种天生的才能。相比之下,Ik 已是一个杰出的博物学家,大家都信任她辨别动植物的能力。在接下来的几年里,每个人都通过后天强化了自己的先天,专攻某一种特殊才能,直至实现之前对自己的期望。到他们成年时,Og 已不只是依靠天生的才能来带领他人，他已将领导作为自己的职业。Iz 把游吟诗人的角色诠释得淋漓尽致，这已成了她的第二本性。Ob 在谈话方面更加糟糕，但现在他几乎可以手工制作出任何工具。Ik 已成为知识界和科学界的权威人物。

才能方面最初的遗传差异也许确实非常微小，是实践导致其逐渐扩大。然而，实践本身也许依赖于一种本能。我认为，这是人类所独有的一种本能，历经成千上万年的自然选择之后储存于青少年的大脑中，而且它会直接在青少年的耳边呢喃：**尽情去做你擅长的事吧；厌恶做那些你不擅长的事。**孩子们似乎时时刻刻谨记这一原则。在我看来，培养某种才能的渴望本身也是一种本能。你体内的一些特定的基因让你有了一些特定的渴望；你发现自己比其他同龄人更擅长做一些事，这加强了你对这件事的偏好；熟能生巧，很快你便把自己定位成群体中某方面的专才。后天强化了先天。

因此，音乐才能或运动能力到底是先天的还是后天的呢？当然是两者兼而有之。无数个小时的练习会使一个人的网球技术精湛，或拉一手悠扬的小提琴；但那些渴望练习无数个小时的人，正是那些对某方面有天赋并渴望练习的人。最近，我和一位网球天才的父母交谈了一次。这个女孩是不是一直擅长打网球呢？也没什么特别，但她总是渴望打网球，并坚持与哥哥姐姐一起练习，还央求父母给她报名上网球课。

寓意：个性是由渴望所强化的天赋的产物。

寓意 4：精英制度

当最后一位求职者离开房间后，委员会主席清了清嗓子。

"好了，各位尊敬的同事，我们必须要从刚刚的三位求职者中选出一位，担任公司的财务总监。我们该选谁呢？"

"这很简单，"一位红头发的女士说，"选第一个人。"

"理由呢？"

"因为她完全可以胜任这个工作，而且她是女性，我们公司需要更多的女性员工。"

"无稽之谈，"一位肥胖的男士说，"最佳人选是第二个人。他有优秀的教育背景。没有比哈佛商学院更好的了。另外，我上学时就认识了他的父亲。他还经常去教堂。"

"呸，"戴着厚眼镜的一位年轻女人讥笑道，"我问他7乘以8等于多少，他竟说54！而且他回答我的问题时，总抓不住要点。如果一个人的脑袋不灵光，好的教育又有什么用？我认为最后一位求职者是目前最好的人选。他处事圆通、善于表达、性格开朗而且反应敏捷。他的确是没有读过大学，但是他对数字有种天生的掌握能力。另外，他个性率真又富有魅力。"

"也许吧，"主席说，"但他是黑人。"

问题来了：在这个情境中，谁犯了遗传歧视的错误？是主席、红发女士、肥胖男士，还是戴厚眼镜的女士呢？答案是：除了肥胖男士，其他的人都有遗传歧视。只有肥胖男士从后天培育的角度来区分人。他是一个真正的白板说者，坚信所有人生而平等，通过后天培育固定各自的性格。他将自己对基督教的信仰，以及对哈佛大学和大学朋友的信任联系到一起，推断出那位求职者的个性，并不在意他的先天情况。主席的种族歧视基于肤色的遗传。红发女士坚持肯定女性的行为，这是对携带Y染色体人群的歧视。戴眼镜的女士倾向于忽视资格条件，而看重内在的才能和个性。她的歧视更不容易被察觉，但这肯定是遗传歧视，至少在部分程度上是：个性有很强的遗传性，她对哈佛求职者的否定是基于这样一个事实，即他的后天没能让他从教育中获益。她不相信他的后天可以补救先天。我认为，她与主席和红发女士一样，都是遗传决定论者。当然，我希望她提议的求职者可以获得这份工作。

每一个工作面试都会涉及遗传歧视。即便面试官不在意种族、性别、残疾和外貌，只以能力区分求职者，她仍然是在歧视。除非她只以资历和背景来判断，否则她便是在寻求内在的天赋而非习得的才能。可如果只看资历和背景的话，那何必还要举行面试呢？她越是想要体谅求职者背景条件的不足，就越说明她是一个基因决定论者。此外，面试的另一个要点是对个性的考虑，别忘了双胞胎研究的结论：在人类社会里，个性比智力具有更高的可遗传性。

请不要误解我的意思。我并不是说，通过面试来确定求职者的个性和天生才能的方式是错误的。我也不是说，根据种族或先天残疾来区分人是正确的。显然，某些形式的遗传歧视比其他形式的更容易被接受：个性方面的歧视还好，但种族歧视是万万不行的。我想说的是，如果要生活在一个实行精英制度的社会里，你最好别仅仅相信后天培育，否则那些顶尖的工作就会全被那些上过名牌学校的人收入囊中。精英制度意味着大学和雇主会挑选最优秀的申请者，不管（不是因为）他们的背景如何。这意味着，他们一定相信心智的遗传因素。

让我们来考虑美貌的问题。无须科学研究来告知，你便会知道有些人天生比其他人更美貌。美貌源自家族遗传；它取决于脸型、身材、鼻子大小等：所有的一切主要都由遗传决定。饮食、运动、卫生和偶然事件会影响一个人的容貌吸引力，发型、化妆或整容手术也有这个作用。有钱、有派头、有人帮忙，一个相貌丑陋的人也可以让自己富有吸引力，就如同好莱坞常常证明的那样。一个美貌的人也可能由于贫穷、不修边幅和压力毁了自己容貌的美感。美貌的一些方面显示出相当大的文化可塑性，瘦与胖便是个明显的例子。在贫穷的国家里，以及在西方过去较贫穷的年代里，人们认为丰满是美，瘦弱是丑；如今在西方，胖瘦与美的衡量等式至少在部分程度上被颠覆了。衡量美貌的其他标准则没有什么变化。如果让来自不同文化的人看一些女性的照片，以判断她们的美貌，一个令人惊奇的共识出现了：美国人挑出的中国美女面孔和中国人选择的相同；中国人挑出的美国美女面孔和美国人的选择也是一样的。[15]

然而，若是问美貌的哪些方面属于先天，哪些方面属于后天，这该有多么荒谬。小甜甜布兰妮·斯皮尔斯的哪个部位天生迷人，哪个部位又是由于化妆而吸引人的呢？这是一个很无聊的问题，因为她的后天是在强化而非妨碍她的先天：发型师美化了她的头发，但很可能她本来就有一头美丽的秀发。当然，她将来到了80岁时，头发一定没有20岁时那般迷人，因为——嗯，因为什么呢？我要用陈词滥调来说明，像是年老色衰，然后我又想到衰老在很大程度上是一个遗传过程，和学习一样是受基因调控的。每个人在成年以后，都会经历与年龄相关的美貌的衰退，这是一个先天与后天交互作用的过程。

一个社会里越是强调人人平等，天生因素就愈加重要，这个事实真是个莫大的讽刺。在一个人人获得同样食物的世界里，身高和体重的可遗传度就会很高；在一个一些人富足，另一些人挨饿的世界里，体重的可遗传度就会较低。同样，在一个人人获得相同教育的世界里，最好的工作就会归属于那些拥有最多天生才能的人。这就是精英制度这个词的意思。

如果一个世界里每个聪明的孩子，包括来自贫民窟的孩子，都上了最好的大学，并由此获得最好的工作，那么这个世界会更公平吗？对于那些因愚蠢而生活在社会底层的人，这公平吗？曾遭受猛烈抨击的畅销书《弧线排序》真正传达的信息是：实行精英制度的社会并不是一个公平之地。按照财富划分社会阶层并不公平，因为富人可以用钱买到享受和特权。但是，按照智力划分社会阶层也不公平，因为聪明的人也可获得享受和特权。幸运的是，精英制度不断被另一种更人性化的力量削弱，这种力量就是人类的欲望。如果聪明的人攀升到社会的顶端，那么他们将会运用自己的特权觅得漂亮的女人（可能反过来也一样），如同那些富人之前所做的一样。漂亮的女人不一定都愚蠢，但也不一定都聪明。美貌限制了基于智力的社会阶层的划分。

寓意：平等主义者应强调先天；势利之人应强调后天。

寓意5：种族

从其他物种的角度来看，人类种族内部有着明显的相似性。对一只黑猩猩或一个火星人来说，人类的不同民族实在不该被划分为不同的种族。没有明确的地理界限来界定一个种族该起于何地，另一个种族该终于何地。而且，相比同一种族中个体之间的遗传差异，不同种族间的遗传差异非常细微。而如今所有人类最近的共同祖先，距离现在大约已有3000多个世代。

但是，从某个人类种族的内部来看，人们会发现其他种族看起来有着很大的差异。维多利亚时期的白人，想把非洲人提升为（或贬低为）一个不同的物种。甚至20世纪的遗传论者也常常试图证明黑人与白人之间的差异不仅体现在肤色上，还明显地体现于心智和身体。1972年，通过指明个体之间的遗传差异淹没了种族之间的遗传差异，理查德·列万廷清除了最严重的科学种族主义。[16] 尽管少数乖戾的人仍相信他们可以从基因里找到证据来支持种族偏见，但真相是，科学更多的是要破除而非促成种族定型的神话。

然而，即使种族偏见以及与此相关的科学证明已逐渐消退，种族主义还是登上了政治议程。到了 20 世纪末，社会学家谨慎地暗指了一个新的、令人不安的观点——无论研究种族的科学有多么不合理，种族主义本身存在于基因。也许，对来自不同族群的人产生偏见，是人类的一种不可避免的倾向。种族主义大概是一种本能。

若让美国人描述另一个他们只打了个照面的人，他们会提及许多特征，也许包括体重、个性或爱好。但他们几乎肯定会提到三个明显的特征：年龄、性别和种族。"我的新邻居是个年轻的白人女士。"这似乎是人们思想中自然而然的分类方式之一。这是一个令人沮丧的结论，即人类如此自然地有着种族意识，他们可能是天生的种族主义者。

约翰·图比和莱达·科斯米迪拒绝相信这一点。作为进化心理学的创始人，他俩倾向于思考本能是如何产生的。他俩的逻辑是，退回到非洲的石器时代，种族压根不能作为一个识别符号，因为大多数人从未见过其他种族的人。另一方面，注意人们的性别和年龄会很有意义，这些可近乎可靠地预测出人类的行为。因此，进化压力也成了人类心智中的一个本能，即本能地注意年龄和性别，而非种族，当然这要通过后天培育才得到恰当的执行。他们感到迷惑不解的是，种族为何突然就成了一个天生的分类方式。

他们推断，也许种族仅仅代表了其他东西。回到石器时代，甚至石器时代以前，了解一个陌生人的关键一点是，"他站在哪一边？"和所有猿类社会一样，人类社会内部也有派系之分，从部落到家族群体，再到暂时的朋友同盟，都是如此。也许种族仅仅代表着同盟的全部成员。也就是说，在当今的美国，人类如此重视种族，因为他们本能地将其他种族的人看成是其他部落或联盟的成员。

图比和科斯米迪让同事罗伯特·库尔茨班（Robert Kurzban）用一个简单的实验来检验这个进化心理学理论。实验是这样的：受试者坐在一台电脑前，看一系列的图片。每幅图中有一个人物，并配有图中人物所说的一句话。最后，他们看到所有的 8 幅图片和 8 句话，并需要将每句话和每幅图进行正确配对。如果他们都做对了，那么库尔茨班就一无所获，他只对他们犯的错误感兴趣。这些错误告诉他，受试者在自己的心智中对人们进行了分类。例如，年龄、性别和种族这些都是预料之中的明显线索：受试者会将一个老人说的那句话归于另一个老人，或将一个黑人说的那句话归于另一个黑人。

现在，库尔茨班开始介绍另一种可能的分类方式：同盟成员。这仍可以通过刚才的 8 幅图表现出来，根据他们所说的话，图中的人物可分为辩论双方。很快，受试者开始混淆同一方的两个辩论成员，其频率超过了对双方的两个成员的混淆。令人惊讶的是，这在很大程度上取代了由于种族所产生的混淆错误。然而，它对由于性别而产生的混淆错误却几乎没有影响。在短短 4 分钟里，进化心理学家完成了社会科学几十年以来都无法做到的事：让人们忽略种族的差异。办法就是，给他们另一个更强的线索以结成同盟。体育运动迷一定对这个现象很熟悉：白人粉丝在"他们"队的黑人运动员击败对方队里的白人运动员时，会为那个黑人运动员欢呼。

这个研究对社会政策也有着深远的影响。它说明，按照种族来划分个人并非不可避免；如果同盟线索与种族线索相抵触，那么种族主义便可轻易被击垮。种族主义态度并非不可消除。它还说明，不同种族的人越是表现得像一个敌对同盟里的角色，或被当作敌对同盟的成员对待，他们唤起的种族主义本能就越多。另一方面，它说明性别主义是个更棘手的难题，因为即使人们把其他人看成自己的盟友，他们仍继续会将男女分别定型。[17]

寓意：我们对自己的基因和本能了解得越多，避免它们影响的可能性就越大。

寓意6：个体性

我不喜欢让读者觉得太舒服了。基因个体性的发现与解析并不是要让政治学家更好过。曾经，无知是福；如今，他们回顾那段可以同等对待每一个人的时光时，颇有留恋之情。2002年，随着一项不同寻常的、对400个年轻男人的研究结果的发表，那种天真一去不复返了。

这400个男人皆于1972～1973年出生在新西兰南岛的达尼丁市。研究组从出生于该地及该时间段的人中挑选了一些，在他们从童年到成年的期间里，对这些受试对象展开定期研究。在一个由1037人组成的群体中，台利·莫菲特（Terrie Moffitt）和阿夫沙洛姆·卡斯比（Avshalom Caspi）选出442个祖父母为4个白人的男孩。这些孩子全是白人，他们的家庭社会等级和财富方面相差不大；他们中有8%在3～11岁受到严重虐待，有28%可能以某种方式受到虐待。和预料中的一样，许多曾受到虐待的孩子后来也常表达暴力或成为罪犯，在学校时常惹是生非，或违反法律，显示出反社会及暴力倾向。采纳先天与后天相互对立的观点的人，会认为这要么是因为他们曾遭受到残暴父母的虐待，要么是因为他们遗传了父母的某些基因。但是，莫菲特和卡斯比更感兴趣于先天与后天交互作用的观点。他们测试了这些男孩体内的一种特殊基因单胺氧化酶 A（MAOA）的差异，并将该基因与孩子的成长环境进行比较。

MAOA 基因的上游有一个启动子，该启动子是由 30 对碱基组成的，这些碱基有不同次数的重复，分别是 3 次、3.5 次、4 次或 5 次。那些有 3 次或 5 次重复的基因远远没有那些有 3.5 次或 4 次重复的基因活跃。因此，莫菲特和卡斯比将这些男孩分为携带高活性 MAOA 基因的人和携带低活性 MAOA 基因的人。引人注意的是，那些携带高活性 MAOA 基因的人几乎不受虐待经历的影响。而那些携带低活性 MAOA 基因的人如果曾经受到虐待，将来就会有更多的反社会行为。如果没有受到虐待，他们的反社会性会稍低于普通人。MAOA 基因不太活跃并曾受虐待的人，参与强奸、抢劫和袭击的次数是常人的 4 倍。

这意味着，光有虐待经历并不一定会产生反社会行为，你还得有不活跃的 MAOA 基因；或者，光有不活跃的基因也不一定会让你反社会，你还须受到虐待。MAOA 基因的参与并不会让人觉得诧异。去除老鼠体内的 MAOA 基因，这只老鼠将产生攻击行为；恢复其体内的该基因，它的攻击行为将会减少。在丹麦一个有着多代犯罪史的家庭里，研究人员发现，在那些犯罪家庭成员的体内，MAOA 基因受到损害；而在那些守法家庭成员的体内，该基因则完好无损。然而，这种基因突变非常罕见，不能解释大部分犯罪行为。低活性的并依赖于后天培育的突变则更常见（大约 37% 的男性是这样）。

MAOA 基因位于 X 染色体上，在男性体内只有一份复制品。女性体内有该基因的两份复制品，相比之下不易受到低活性 MAOA 基因的影响，因为大多数女性至少拥有该基因的一个高活性版本。但是在新西兰，12% 的女孩拥有该基因的两个低活性版本，这些女孩如果在幼年时期受到虐待，到了青春期后更可能被诊断为行为失常。

莫菲特指出，减少对孩子的虐待是一个值得重视的目标，无论它是否会影响孩子成年以后的个性，因此她没察觉出这有什么政策含义。但是不难想象，我们便可知道，这项研究会为人们更好地干预问题青少年的生活打开大门。它清楚表明，一个"坏"的基因型不是一个判决；它还需要一个"坏"的环境。同样，一个"坏"的环境不等同于一个判决；它也需要一个"坏"基因型才能成事。但对少数人来说，它似乎关上了命中注定的牢狱之门。假设你是一个生活在有虐待行为的家庭的儿童，很迟才被社会服务部门解救出去。只需要通过一个简单的测试便可了解你体内 MAOA 基因启动子的长度，医生颇为自信地预测出你是否有可能反社会并犯罪。你、你的医生、社会服务工作人员以及你委托的代表将如何看待这个信息呢？很可能，谈话疗法无效，但一颗改变你精神的神经化学的药物将会有点儿作用：许多调整精神状况的药物会改变单胺氧化酶的活性。但是，服药是有风险的，或者也会没有效用。政治家将决定谁可以授权进行这样的测试和治疗，不仅为了潜在患者本人，也为了他将来的潜在受害人的利益。既然科学已确定了基因与环境之间的联系，无知就不再是道德上的中立态度。是坚持让每个易受该基因影响的人都去做个测试，以免将来陷入牢狱，还是坚持不给任何人做这样的测试，两者中的哪一个更符合道德呢？迎接新世纪里第一个普罗米修斯的两难境况吧。莫菲特已经在 5-羟色胺系统中发现了另一种基因突变，它可以对环境因素做出回应。让我们拭目以待吧。[18]

寓意：社会政策必须适应一个人人有别的世界。

寓意 7：自由意志

19 世纪 80 年代，威廉·詹姆斯将其卓越的智力用来考虑自由意志的问题，它那时已是一个难解之谜。虽然斯宾诺莎（Spinoza）、笛卡尔、休谟、康德、穆勒、达尔文都已为此付出努力，但詹姆斯仍坚持认为，在有关自由意志的争论中仍有一些有待进一步分析的问题。然而，甚至詹姆斯后来也无能为力地否定了自由意志：

> 因此，我一开始就要公开否定所有证明自由意志的虚妄之词。但我最希望的是引导你们中的一些人，随我一起去假设它是真实的。[19]

一个世纪以后，同样的话仍然适用。尽管哲学家费尽心力地想对全世界表明，自由意志不是一种幻觉，也并非不可能之事。但是，在一切有关意图和目标的问题上，街上的男男女女仍停滞不前。他们可以很容易地看到这个谜，却找不到谜底。在某种程度上，科学设定了一个人的行为有某种原因，但这似乎不可避免地剥夺了这个人自我表达的自由。不过，他会觉得自己是在自由地选择下一个行动。在这种情况下，他的行为是不可预测的。但行为不是随机的，它必然有一个原因。在实践问题上，哲学家对这个问题的解析方式，无法让普通人理解。斯宾诺莎说，一个人和一块山上滚下的石头之间的唯一区别在于，人认为他是在掌控自己的命运。这有点儿作用。康德认为，在试图理解因果关系时，纯粹的理性会让自己陷入无法解决的矛盾中。而出路便是假设有两个不同的世界，一个按照自然规则运转，另一个则由理性的行为控制。洛克说，"询问一个人的意志是否自由，与问他的睡眠好不好或问他的品行是否端正一样毫无意义"。休谟说，如果我们的行为是被决定的，在这种情况下我们便对此无能为力；或者如果我们的行为是随机的，在这种情况下我们也无能为力。现在我们弄清楚了吧？[20]

我希望，这本书已足以让你相信，求助于后天并不能摆脱决定论的困境。如果个性在很大程度上取决于父母、同龄人和社会，那么它就是被决定的；它并不自由。哲学家亨利克·沃尔特（Henrik Walter）指出，一个 99% 由基因决定而 1% 由自己的行动能力决定的动物，比一个 1% 由基因决定而 99% 由后天决定的动物拥有更多的自由。我也希望，我所说的一切可足以让你相信，先天以基因的方式影响行为，这并不会对自由意志造成特殊的威胁。在某种程度上，基因是个性的重要贡献者这样的消息应该令人欣慰：个体的人性不受外界干扰，这像是提供了一个抵制洗脑的堡垒。至少，你是由自己内在的力量决定的，而不是被他人的力量所决定。正如赛亚·伯林（Isaiah Berlin）以教义问答的形式所说的那样：

> 我希望我的生活和选择，能够由我自己来决定，而不取决于任何外界的力量。我希望成为我自己的意志，而非他人意志的工具。我希望自己成为主体，而不是他人行为的对象。[21]

顺便提一下，许多人到处散播，基因影响行为的发现会让律师大肆为自己的当事人开脱罪行，说其犯罪行为是由他们的遗传命运决定的，而不是自己的选择。这不是他的错，尊敬的法官大人，这是他的基因所决定的。实际上，迄今为止，法庭上很少有律师会这样辩护。尽管它被用到的频率会增多，但我没觉得它会在法庭审判中掀起一场惊天动地的革命。从一开始，这个世界便对法庭上决定论式的托词习以为常了。律师总是提出这样的理由来减轻当事人的责任，例如说他精神失常；或是受到配偶的逼迫；或是不由自主地这样做，因为他在孩提时代曾被这么对待过。甚至哈姆雷特也以精神失常为自己辩护，向雷欧提斯（Laertes）解释为什么他杀了对方的父亲波洛涅斯（Polonius）：

> 我所做的，
> 伤害了你的感情与荣誉，使你怀恨在心。
> 但是，现在我要说，那是我的疯症所为。
> 对不起雷欧提斯的，是哈姆雷特吗？
> 不，绝对不是哈姆雷特！
> 倘若哈姆雷特丧失了他的心志，
> 然后他不由自主地做了一些对不起雷欧提斯的事，
> 那么，这些事情不是哈姆雷特所干的，而哈姆雷特也不会承认。
> 但是，这些事情是谁干的呢？就是哈姆雷特的疯症干的！
> 既是如此；那么；哈姆雷特本身也就是一个受害者，
> 而他的疯症就是可怜的哈姆雷特的敌人。[22]

基因是加入托词清单的另一个理由。此外，如史蒂芬·平克所提出的那样，以减轻责任的方式为罪犯开脱，与裁定他们是否有自由意志选择自己做过的行为无关；它仅仅与阻止他们再次这样行动有关。但是，在我看来，基因辩护仍然很罕见的主要原因是，它是一个完全无用的辩护方法。在尽力推翻不利于他的控诉时，一个承认天生犯罪倾向的罪犯不太可能赢得陪审团的支持。而且，在受审时，倘若他承认自己有谋杀的天性，则不可能说服陪审团释放他再去杀人。使用基因辩护法的唯一用处在于，承认犯罪事实以后避免被宣判死刑。首个使用基因辩护的案例见于亚特兰大，事实上是一个谋杀犯史蒂芬·莫布里（Stephen Mobley）用它提出免于死刑的上诉。

我现在想要实现一个更大的目标：劝你信服詹姆斯未能使你相信的事情，即自由意志是真实存在的，无论先天和后天的情况如何。这并不是要贬低那些伟大的哲学家。我相信，直到最近的实证科学出现以前，自由意志一直无法得到解析；就如同 DNA 结构被发现之前，生命的本性也无法被探明一样。这个问题不能只靠思想来解决。很可能，在我们更好地了解大脑之前，处理自由意志的问题仍然为之尚早。然而，我相信，这个解决方案如今已初露端倪，因为我们已能理解基因在大脑运作中发挥的作用。

那就开始吧，我首先要从加利福尼亚州的一个有想象力的神经科学家说起。他名为沃尔特·弗里曼（Walter Freeman），此人主张：

> 因此，对自由意志的否定，源自认为大脑被嵌在线性的因果关系链中……自由意志和普遍决定论是线性因果关系导致的两个不可调和的对立面。[23]

这里的关键词是线性，事实上弗里曼用它来指代单向性。万有引力影响炮弹的降落，反之则不成立。人类心智的一个独特习惯便是将一切归因于线性因果关系。这也是许多错误的源泉。我并不关注把原因归于一些不存在之物这样的错误，例如相信雷神托尔敲打东西就会产生雷声；或给偶然事件找寻理由以及着迷于占星术。我所关注的是另一种错误：相信意向性的行为肯定有一个线性原因。这只是一种错觉，一种精神幻象，一种不慎走火的本能。这种本能十分有用，就像是把电视屏幕上的二维图像当成是三维图像这样的幻觉一样有用。自然选择赋予人类心智一种能力，可以探知他人的意图，更好地预测他们的行为。我们喜欢用因果比喻作为理解意愿的方式。然而，这仍是一种错觉。行为的原因存在于一个循环的而非线性的系统之中。

这并不是要否定意愿。有意向的行动能力是真实存在的，我们可以在大脑中确定其位置。它存在于大脑中的边缘系统，下面这个简单的实验就可以证明：一个动物前脑的任何一部分如果被切除，它就会失去某个特定的功能。它会失明、失聪或瘫痪。但是，它仍然会发起有意向的行为，这一点不会错。一个动物大脑底部的边缘系统如果被切除，它仍可以完好无损地听、看和行动。如果被喂食，它会吞咽。但是，它不会主动地发起任何行为。它丧失了自己的意愿。

威廉·詹姆斯曾写过，早晨躺在床上告诉自己要起床。起初，什么也没有发生；之后，在没有注意到确切的起床时间和方式的情况下，他发现自己已经起床了。他怀疑，意识以某种方式报告意志的影响，而不是意志本身。大致说来，由于边缘系统是一个无意识的区域，他的想法是有些道理的。在你意识到之前，大脑就已经发出了做某件事的决定。本杰明·李贝特（Benjamin Libet）对有意识的癫痫病患者所做的颇具争议的实验似乎支持这个观点。该实验在癫痫病受试者处于局部麻醉状态时刺激他们的大脑。通过刺激他们左脑中接收右手感觉输入的部分，李贝特让受试者有意识地感知到其右手有触觉，但是，在半秒钟之后他们才会有此感知。接着，通过刺激左手，他得到了同样的结果，还加上右脑中相应区域里的一个直接的潜意识的反应，该区域已通过一根更直接、更快的神经接受到来自左手的刺激。显然，大脑能够实时地接收这种感觉并开始对其采取行动，之后才不可避免地有延迟，需要在这个延迟阶段里将感觉在意识中加以处理。这说明意愿是潜意识的。

弗里曼认为，循环的因果关系可替代线性因果关系，结果也可以影响原因。这把行为能力从行动中去除，因为一个圆是没有起点的。想象一群鸟沿着海岸呈曲线飞翔，每只鸟都是一个个体，在飞翔中自己做每个决定。鸟群中没有领队，但它们转向时行为一致，仿佛彼此连接在一起。它们每次转向的原因是什么呢？假设你是其中的一只鸟，你向左转，这会使邻近的一只鸟几乎同时也会向左转。但是，你转向是因为邻近的另一只鸟转向，而它会转向，则是因为它在你还没转向之前就认为你在左转。这一次飞翔中，这一预演逐渐结束，因为你们三只鸟看到其他鸟的行动时纠正了自己的路径。但是，下一次飞翔中，整个鸟群便养成了这种左转的习惯。重点在于，你寻求原因与结果之间的线性顺序是徒劳的，因为第一个原因（你的转向）受到了结果（邻鸟的转向）很大的影响。原因仍随着时间推移一个个出现，但它们之后便可影响自身。人类过于痴迷单向性原因，根本无法摆脱这个思维定式。我们编出一些荒谬的神话，例如一只蝴蝶翅膀的拍动就可引发一场飓风，徒劳地想要在这样的系统中坚持线性因果关系的存在。

弗里曼不是唯一支持非线性因果关系是自由意识根源的人。德国哲学家亨利克·沃尔特相信，自由意志的全部理想都是一个幻觉，但是，人们的确拥有较弱的自由意志，他将其称为天生的自主性。这源自大脑中的反馈回路，其中一个过程中的结果将成为它下一步开始条件。甚至在接受者完成信息发送之前，大脑中的神经元便已对其做出反馈。反馈改变了发送的信息，这又转而改变了反馈，如此下去。这种观点是许多意识理论的基础。[24] 现在，我们试着想象，在一个平行系统中，成千上万的神经元同时互相交流。你不会混乱，就像是你在鸟群里也不会混乱一样，但是，你将会从一种主导模式忽然过渡到另一种。你清醒地躺在床上，大脑里天马行空，思绪乱飞，从一个想法随意地转到另一个想法。每个想法都是自发产生的，因为它都与前一个想法相连，这时神经元的一个新模式将要主导意识；然后，一个感觉模式突然介入其中，闹钟响了。此时另一个模式取代了之前的那个（我该起床了），接下来又是一个别的模式（再过几分钟起吧）。之后，在你意识到大脑中某个地方做了决定之前，你发现自己正在起床。这显然是一个有意向的行为，不过它在某种意义上是由闹钟响铃决定的。试图找到实际起床行动的最初原因是不可能的，因为它已被掩埋在一个循环的过程中，其中思维和经验互为养料。

　　甚至基因本身也深陷于循环的因果关系之中。直到目前，大脑科学近年来最重要的发现是，基因受到行动的操控，反过来行动也受到基因的支配。控制学习和记忆的 CREB 基因不仅是行为的原因，也是行为的结果。它们像是齿轮，对受到感觉调控的经验做出反应。它们的启动子被设定为由于各个事件的发生而开启和关闭。那它们的产物是什么呢？是转录因子，即开启其他基因启动子的装置。那些基因改变神经元之间的突触连接；这又转而改变了神经回路，从而在吸收外部经验后又改变了 CREB 基因的表达。如此下去，循环不已。记忆是这样的，大脑中其他系统也有类似的循环。感觉、记忆和行动通过基因机制相互影响。这些基因不只是遗传的单位，这个描述并没有抓住它们相互联系和影响这个要点。基因本身便是把经验转化为行动的精妙机制。[25]

　　我不敢妄称我已对自由意志做出了有条不紊的描述，因为我认为目前这种描述无法存在。自由意志是随着不断改变的神经元网络而产生的循环影响的总和与产物，在基因之间的循环联系中无所不在。用弗里曼的话来说，"我们中每一个人都是意义的一个来源，是我们的大脑和身体里新的构造的源泉"。

我的大脑中没有"自我"，只有一些不断变化的大脑状态，是历史、情感、本能、经验和他人影响（不必说巧合）的浓缩和提炼。

寓意：自由意志与一个由基因预设并运作的大脑完全兼容。

结语

稻 草 人

  已故之人不会说假话，如果有任何部落与此不同，他们的后代将无法存活下来。我们的祖先已把好斗的特质遗传到我们的血液和骨髓里，哪怕成千上万年的和平也不会将其从我们体内移除。

——威廉·詹姆斯[1]

我这张假定拍摄于1903年的照片上，有12个蓄胡子的人。我怀疑假如他们真的碰面，不一定会喜欢彼此。强硬粗暴的华生、固执武断的弗洛伊德、优柔寡断的詹姆斯、迂腐不化的巴甫洛夫、狂妄自信的高尔顿、时髦冲动的博厄斯——他们（天生的）个性迥然不同，（习得的）文化背景也相差甚远，估计他们的胡子都可能会互相纠缠，乱成一团。

我想假设一种可能的情况，即他们从一开始就厘清混乱，避免长达一个世纪的先天与后天之争。他们可以认可达尔文、詹姆斯和高尔顿的个性天生说；认可德弗里斯的颗粒遗传说；认可克雷佩林、弗洛伊德和劳伦兹主张的早期经验在塑造心智方面的作用；认可皮亚杰所说的发育阶段的重要性；认可巴甫洛夫和华生提出的学习对重塑成人心智的力量；认可博厄斯和涂尔干重视文化和社会的自主力量。这一切可以同时成立，他们可以这样说。如果没有天生的学习能力，学习这个行为根本不会发生。天生的本性若不是通过经验也无从表达。一个观点为真并不能证明另一观点为假。

这在逻辑上是可能的，可实际上却不可能实现。即使他们已经取得——

对哲学家来说是——超凡的伟绩，我也没觉得他们能让那些追随者们缔结和约。在持不同理论的信徒之间，敌意很快再次滋生：这是人类的本性。将人类心理分为先天和后天两大阵营，这似乎是不可避免的。也许正如莎拉·海尔蒂所言，两分法本身就是一种本能——由基因所决定。整个20世纪并没有迈着雄壮的步伐走向启蒙，而成了观念相互冲撞的100年，先天与后天两大阵营战斗了100年。人类学好比是这场战争中的佛兰德斯，哈佛好比是马纳萨斯，俄国就是俄国。㊀保持中立很难。那些曾赢得双方尊重的人，如约翰·梅纳德·史密斯（John Maynard Smith）和帕特·贝特森，也发现很难继续保持中立。太多人被困在一个错误的等式中，以为证明命题正确就是证明另一个命题错误——先天的成功就意味着后天的失败，反之亦然。即使他们会重复这个陈词滥调，"当然，两者都有作用"，很多人还是忍不住会把其视为一种零和竞争，如同战争。我希望我已在本书中指明，这种观点是错误的。我希望我也已经指明，你发现越多影响行为的基因，就越能发现他们是通过后天起作用的；你发现动物学习的情况越多，就越能发现这些学习是通过基因实现的。

有趣的是，在这场百年战争中，即使是最勇猛的战士，他们也知道这一点。以下这些引言全都来自先天与后天之战中的资深者。你能分辨出他们究竟站在哪一方吗？

（我认为）人类是动态的、有创造力的有机体，对他们来说，学习和体验新环境的机会扩大了基因型对表现型的影响。[2]

每个人都是由他所属的环境，尤其是文化环境，与影响社会

㊀ 这里作者所说的三个地方都是历史上的著名战场。——译者注

行为的基因的相互作用所塑造的。³

遗传影响不可避免,这个神话究竟是从哪儿传出来的?⁴

如果我的基因不喜欢这样,那么它们可以去跳湖。⁵

由于生命的任何方面都可以说是存在于"基因"中,我们的基因提供的能力,就既有特定性——这条生命线相对而言不受发育和环境的缓冲作用影响,又有可塑性——对环境中不可预料的偶发事件做出回应的能力。⁶

如果我们被设定成为怎样的人,那么这些特性便是不可避免的。我们至多只可能调节它们,但无法凭借意志、教育或文化来改变它们。⁷

一个有机体的基因,在一定程度上影响该有机体的行为、生理和机能,这同时也有助于构建一种新环境。⁸

我是一个还原论者,也是一个基因论者。记忆,在某种意义上,是所有记忆基因的总和。⁹

这些引言取自托马斯·布沙尔、爱德华·威尔逊、史蒂芬·平克、史蒂文·罗斯、史蒂文·古尔德、理查德·列万廷和蒂姆·塔利。后四个人认为前四个人是极端的遗传决定论者。然而,事实上,这些辩论家中的每一个都大致相信同样的事。他们相信人类本性源自先天与后天的交互作用。只有他的反对者才会持有极端不合理的观点。但是,他的反对者其实就像是一个稻草人,并不存在。

在先天与后天漫长的争论史上,真正伟大的突破,惊人的启蒙时刻,不可能归为任何一方的胜利。我在本书中曾赞颂的实验——劳伦兹的雏鹅实验,哈洛的猴子实验,米尼卡的玩具蛇实验,英赛尔的田鼠实验,齐普斯基的果蝇实验，兰金的线虫实验，霍尔特的蝌蚪实验，布兰查德的兄弟实验，莫菲特的儿童实验——每个实验及所有实验结果都证明，基因是通过对经验做出反应而运作的。劳伦兹的雏鹅天生就会对环境提供的一个母亲模型发生印刻效应。哈洛的猴子在遗传上倾向于偏爱某些类型的母亲，但若没有感受到母爱，它们就不能正常发育。米尼卡的玩具蛇会引发一种本能的恐惧，但只有当另一只猴子对它产生畏惧反应时才会如此。英赛尔的田鼠只有在某些经验的触发下才会坠入爱河。齐普斯基的果蝇眼睛天生就可对沿路所看到的环境做出回应，从而感知其通向大脑的路线。兰金的线虫因受到"学校教育"而改变其基因表达。霍尔特的蝌蚪的神经元末端有生长锥，在回应周围环境的过程中表达基因。布兰查德的研究中，生有很多儿子的母亲，更可能通过她的基因导致下一个诞生的儿子在将来成为同性恋。莫菲特研究的受虐儿童，后来会有反社会行为，但只有在其体内有某个基因特定版本的情况下才会如此。这些实验真正表明，基因具有典型的敏感度，是生物灵活性的依托，也是经验合适的仆从。先天与后天对立的观点已经消亡；先天与后天交互作用万岁。

比亚里茨（Biarritz），1903 年 4 月 1 日。从左至右：西格蒙德·弗洛伊德，弗朗茨·博厄斯，果·德弗里斯，伊万·巴甫洛夫，查尔斯·达尔文，弗朗西斯·高尔顿，埃米尔·涂尔干。

约翰·布鲁德斯·华生,威廉·詹姆斯,让·皮亚杰,康拉德·劳伦兹,埃米尔·克雷佩林,雨

附录 A
关 于 作 者

写照

娜塔莎·洛德与马特·里德利的交谈

当我们打量任何一个人时，我们会自然而然想要知道是什么造就了他们的一切。初见马特·里德利，他给人的印象是个子很高、教养良好、思想深刻，而且关注周围世界的每处细节。即便是略微琐碎的问题，他也会认真思考。那么，是先天还是后天，让马特·里德利成为这样的人呢？马特坚持认为先天后天兼而有之。这个答案并不意外，真的，因为这就是他的书中最主要的信息。换句话说，在决定我们成为什么样的人方面，基因和环境是同等重要的。

马特对本书的工作始于2001年初，紧随人类基因组的问世。他说，创作这本书的令人兴奋之处在于，在人类行为最重要方面的研究中，首次出现了一丝光亮。在这个千禧年，他问我，还有什么地方能比坐在前排座位观看基因组的一切更好呢？"这是人类历史中一个如此伟大的时刻。40亿年以来，第一次有了某种生物可以了解自己的构成。难道你不愿成为这一伟大事件的记录者吗？"

在我们的交谈中，马特描述自己是一个"老派的经验主义者"。他接着说："我认为我们若想在哲学方面取得进步，就需要在事实面前保持谦逊。"那么，好吧，如果我们在关于这位作者的事实面前保持谦虚，那就看看下面的介绍吧。马特·里德利于1958年出生在英国，在纽卡斯尔市郊的一个奶牛场和农庄长大，他的家族三个世纪以来一直生活在那里。他略带沉思地说，再没有比那儿更好的地方了。他在伊顿公学读完中学，之后进入牛津大学攻读动物学。他说自己拥有难以置信的优越背景，既有最好的先天，也有最好的后天。

如果说有一个突出的因素掌控了马特的生活轨道，那便是他孩提时代拥有的一个"全然入迷的爱好"——观鸟。他的父亲也是一位热忱的观鸟者。这也是基因导致的吗？不，马特说："我的祖父是一位工程师。我继承了他的个性，因此对这些东西感兴趣。而且，我养成的习惯，之后在实践中又得到强化。"

观鸟引发了马特对自然历史的兴趣。这在某种程度上促使马特攻读动物学，并展开对雉的科学研究，并在1983年从牛津大学获得博士学位。在写毕业论文时，他发现自己对写作的兴趣已超越科学研究。因此，他离开学术界，加入《经济学人》(*The Economist*)。他在那儿工作了9年，起初是一名科学通讯记者，之后成为科技编辑，后来成为驻华盛顿记者，在美国工作。1996年，他成为国际生命研究中心的创会主席，该中心位于纽卡斯尔市，耗资7000万英镑，是一个基因学的科学与教育研究中心。他说，这是一个让他引以为豪的角色。他也是《每日电讯报》(*Daily Telegraph*)和《星期日电讯报》(*Sunday Telegraph*)的专栏作者,并创作了许多获得高度评价的科普书籍,包括《红色皇后》(*The Red Queen*)和国际畅销书《基因组》(*Genome*)。

他与妻子安娅·赫欧博特生活在纽卡斯尔市附近,育有两个孩子。他描述妻子是一个"真正的科学家";她是一位神经科学家,致力于研究大脑如何阐释眼睛传达的信息。马特本人在心底也保有一位科学家所拥有的一些东西。他认为,自己最近创作的这本书,部分程度上是因看着自己的两个孩子成长有感而发的。"在我结婚后不久,我写了一本关于配偶制的书;在我的孩子出生后不久,我写了一本关于先天后天的书。这一切并不全是巧合。"

在观察孩子们成长的过程中,他发现自己"被为人父母的现实所打败"。他说,本来期待自己作为父亲可以对孩子的成长有所影响。"令人惊讶的是,孩子们来到这个世界上,似乎不仅带有自己的个性,还带有一套完整的与父母相抵触的行为方式。"他补充,一般来说,有一个孩子的父母会相信后天的作用,而有两个孩子的父母则会相信先天的作用。"有了两个孩子,"他接着说,"你会发现尽管在相似的环境中培养他们,他们还是会体现出难以置信的巨大差异。"

他说,如果没有了解基因的影响,他会继续认为孩子的行为方式是父母的行为所导致的。父母的培养当然是重要的,他说,但它不会改变孩子的个性。孩子们似乎更能受到同龄人压力和关系的影响,并适应这些因素,而非适应父母的意愿。他认为,孩子们根据手足和同龄人的情况校准自己,是为了评价自己是什么样的人,以及自己擅长什么。这便有了回馈效应。如果他们擅长某件事,例如打网球,他们便会乐于并花更多时间打网球,结果便是打得更好。但是,如果他们觉察到自己在哪件事上处于劣势,便会放弃做这件事。

同样，20 年前，马特认识到自己在科学写作上的天赋，从此便锤炼写作技能。于是，他带来了**先天后天交互作用**这个成果。无论是基因还是环境，造就了如今的他，这一点儿也不影响如今他是一位艺术大师这个事实。

快照

出生日期：

1958 年 2 月 7 日。

教育背景：

牛津大学。

（动物学学士学位，1979 年）

（动物学博士学位，1983 年）

婚姻：

妻子：安娅·赫欧博特（视觉神经学讲师，纽卡斯尔大学）。

育有两个孩子。

职业：

1983～1992 年，《经济学人》：

1983 年 4 月起，科学通讯记者；

1984 年 7 月起，科技编辑；

1987～1989 年，驻华盛顿记者；

1990～1992 年，美国地区编辑。

马特·里德利也是一位自由新闻工作者，报纸专栏作者和作家。

已有著作：

《红色皇后》(1993 年)。

《美德的起源》(1996 年)。

《基因组》(1999 年)。

奖项及荣誉：

格勒克斯科学作家奖最佳科学文章奖，1983 年。(Glaxo Science Writer's Award for best science article)

隆普兰克奖科学书籍奖（入围），1993 年。(Rhone-Poulenc Prize for science books[shortlisted])

作家协会奖非小说类作品奖（入围），1993 年。(Writer's Guild Award for non-fiction books [shortlisted])

隆普兰克奖科学书籍奖（入围），1996 年。(Rhone-Poulenc Prize for science books[shortlisted])

塞缪尔·约翰逊奖非小说类作品奖（入围），2000 年。(Samuel Johnson Prize for non-fiction [shortlisted])

安万特科学图书奖（入围），2000 年。(Aventis Prize for science books [shortlisted])

当月彩衣傻瓜书，2000 年。(Motley Fool Book of the Month)

《洛杉矶时报》图书奖（入围），2001 年。(Los Angeles Time Book Award[shortlisted])

英国皇家文学学会会员（Royal Society of Literature）。

纽约冷泉港实验室访问教授。

伯明翰大学荣誉理学博士学位，2003 年。

生活散谈

你认为什么是完美的幸福？

飞蝇钓。

你最畏惧什么？

无所事事。

在活着的人中，你最敬佩谁？

弗朗西斯·克里克。

你一般会随身携带什么物品？

一个指南针，方便我每次出地铁口使用。

什么会提高你的生活质量？

一个私人的 IT 部门。

生活给你上的最重要的一课是什么？

生命有限，因此一个人必须做有意义的事，摒弃没有意义的事。

哪一位作家给你的作品影响最大？

理查德·道金斯。

你有没有一本喜爱的书？

没有。我对"最喜爱的书是什么"的答案，每过几年便会改变，每一次我都要重新思考。

你从何处获得灵感？

最近是互联网。

你有没有希望哪本书是自己写的？

汤姆·斯托帕德写的《阿卡迪亚》。

你怎么看待文学奖项？

它们都投入其他人的怀抱了！

十本最喜爱的作品

1.《自私的基因》，理查德·道金斯。

2.《语言本能》，史蒂芬·平克。

3.《非零和时代》，罗伯特·赖特。

4.《吉姆老爷》，约瑟夫·康拉德。

5.《米德尔马契》，乔治·艾略特。

6.《虚荣的篝火》，汤姆·沃尔夫。

7.《世界最险恶之旅》，埃普斯勒·薛瑞－格拉德。

8.《我的家人和其他动物》，杰拉尔德·达雷尔。

9.《巴西历险记》，彼特·弗莱明。

10.《世界鸟类手册》，约瑟夫·德尔·奥约、安德鲁·艾略特、约尔迪·萨迦塔尔。（目前已出版 8 册。）

附录 B
关于本书

批判的眼光

无论是科普作家还是小说家，他们都对本书赞赏不绝，并认为作者改行写作是成功的。那些走出严苛的实验科学，转向文学评论的人为这本书的写作质量所深深触动。史蒂芬·平克称此书为"一本佳作，见解深刻、蕴含智慧且风格独特"。"他真是一位杰出的作家，而且越来越优秀。"理查德·道金斯如是说，他应该对里德利描述的科学轶事很感兴趣。相反，对前沿科学研究的记述却让伊恩·麦克尤恩（他在实验室的工作不为人知）陷入一团混乱。本书"给一场古老的争论确立了现代的议事日程"，他兴奋地说。

《经济学人》推荐这本书的理由是，该书阐述了先天后天的辩证法，"为这场战斗提供一种绝佳的观点"。《自然》基于同样的原因推荐该书，称它"是一个丰富的概述，就像是一幅引人入胜的图画，将古老的科学与现代的科学综合到一起"。《旁观者》则赞赏了里德利的论述技巧，提出该书"奇迹般地清楚阐明了复杂的概念，语言诙谐，既不肤浅，也没有居高临下"。

里德利的论点——基因并非提供一幅静止不变的蓝图，而是对环境做出动态回应，给许多评论家留下了深刻的印象。"他以易理解的方式展开论述，既没有给读者高高在上的感觉，也没有丝毫背离科学信度。"《泰晤士报》这样评论。奥利佛·萨克斯对此书中涉及的主题略知一二，认为该书"富含智慧、明晰易懂、有条有理并且诙谐幽默"。

大家对本书达成了一致评价：该书最伟大之处在于，它以容易为人理解的方式阐明了复杂的科学研究理论。《标准晚报》满意地评价该书"绝对值得一读"。你也一定会有同样的感受，除非你把书倒过来看……

真爱至上

科尔·波特曾写过，"香槟不能让我愉悦，烈酒不会让我兴奋。所以，告诉我为什么会是这样，你可以给我带来极致的快乐"。如今，我们知道，爱情如同上瘾，而且程度极其强烈。当恋爱中的人看到心仪对象的照片时，他们大脑中的某个区域会处于活跃状态，这个区域和可卡因刺激的大脑区域相同。

人们是从哪里获得恋爱能力的呢？这是我们在孩提时代就学会的，还是从社会中习得的——受到艺术作品和音乐的启发呢？或者，这是不是由我们的基因持有的？无论是一个孤儿，还是一个无法听到悠扬旋律的失聪者，或一个看不见伟大艺术作品的盲人，浪漫的爱情是所有人类普遍的向往。20世纪90年代早期的一项著名研究表明，在研究的168种文化里，除了极少数以外，每种文化都有其对浪漫爱情的理解。

作为人类普遍所有的，我们的恋爱能力可能源于遗传因素，从而引发了恋爱时大脑中的物理变化和化学变化。形成大脑回路的遗传物质也是必要的，它们促发我们在第一时间坠入爱河。在本书中，马特·里德利探索了爱是本能的理念。这要从 20 世纪 80 年代初期说起，那时科学家们意识到，后叶加压素和后叶催产素在啮齿目动物的大脑中发生了一些有趣的事。一只脑部被注入后叶催产素的雄鼠的生殖器会勃起（而且，还奇怪地开始打哈欠）。一只被注入相同后叶催产素的雌鼠，则会摆出交配时的姿势。

后来的研究表明，提高草原田鼠（其特点在于对配偶十分忠实）大脑中此类激素的水平，会触发其实行单配偶制。在野外生活的草原田鼠之间，交配也会释放这类激素，于是它们会同与其交配的任何动物缔结固定关系。在啮齿类动物中，草原田鼠对配偶的忠诚是不同寻常的，这仅仅是源于其体内的一个 DNA 片段长度。

那么，男人或女人和鼠类一样吗？在很多层面上，从基因的角度来说，答案是肯定的。这些荷尔蒙可发现于人类和鼠类的体内，并在大脑中相同的部位产生，并可被测查到。通过性的方式，人类和鼠类的体内生成这样的激素。人类的相爱似乎有着和草原田鼠相似的基因基础。

如果爱是所有人类都具有的本能，拥有爱的能力并不会使爱情必然发生。人们若想发展一段爱情，还需要一系列复杂的行为规划和环境触发因素。事实上，爱情有很多类型，也有很多阶段，这一切都离不开基因根源和相关的环境触发因素。欲望、吸引和长期的依恋，这三者由基因和环境共同支配。例如，欲望可能涉及一种称为苯基乙胺的化学物质，与苯丙胺有化学关系。一些事件可以触发双方之间的吸引，它也许始于眼神交流，被对方所吸引；在接下来的语言交流中，他们会凝视对方，并同步伴随头、手和肢体的动作。

长期的依恋也和判断伴侣是否合适相关。阅读征婚广告的诸类调查研究表明，我们每一个人内心都有一张计分卡，用以给潜在伴侣评分。我们想要迷人的、聪明的、体贴的、慷慨的、幽默的伴侣，而且如果我们是女人，当然希望对方还是富裕的。并且，我们会将未来对象的分数和我们自己的分数加以权衡。如果这听起来一点儿也不浪漫，那么请你考虑下，下一次当你看到一个年轻美丽的女人和一个年长、长相平庸的男人手挽手走在大街上，你的反应是什么。你可能会推测那个男人很富裕，但是，你对富裕以及滑稽的定义，取决于你的成长经历；你对美丽的定义，则在很大程度上取决于时尚。因此，我们所在的环境部分决定了我们可以接受伴侣的哪些方面，也决定了什么可以触发我们的荷尔蒙。

若想获得更多的证据来说明环境对爱情的影响，你可以回顾自己的初恋。人们总会说初恋是独一无二的。为什么第二次恋爱或第三次恋爱会难很多？这也与同样的荷尔蒙相关。一颗破碎的心，消退了我们坠入爱河的热情，我们变得吹毛求疵。是不是有一些反爱情的荷尔蒙在那些胆小者的大脑中活动呢？也许有一天，科学家们可以解释流行心理学所说的情感包袱。

同样，我们恋上的伴侣类型也会随着经验有所修正。如果我们被冷漠的人所爱，或是由冷漠的父母抚养长大，那么我们会认为那些渴望亲密的对象太黏糊，无法忍受。我们渴望以什么样的方式被爱，也就是决定我们长期依恋强度的方面，取决于我们的经验。然而在某种程度上，在我们的一生中，它也在不断调整适应。

我们的大脑似乎生来便带有许多本能模块，而它们又受到经验的塑造。一些模块在人的一生中不断调整，其他一些模块随着经验迅速改变后便固定下来。例如，性取向是生来就有的。人的恋物情结是在幼时发展起来的，即便不是绝对不可能，也很难改变。一个恋物癖者会专注于任何东西，可能是脚，可能是布娃娃，也可能是气球或羽毛，这些物体通常与其早期的性经历相关。这似乎与雏鸭在出生后不久将移动物体印刻为"母亲"的行为有一些相似之处。那么，恋物癖也是一种性印刻吗？

如同马特·里德利所写，"欢迎来到这个崭新的境地，你的基因不再是扯动你行为之线的木偶主人，而是一个被你的行为牵引着的木偶；在这里，本能并非与学习相对立，环境影响并不如基因那般可逆转；在这里，先天专门是为后天而设计的"。欢迎您来阅读本书。

娜塔莎·洛德（Natasha Loder），科学技术部记者，《经济学人》

附录 C
延伸阅读

你读过吗

《基因组》

通过在人类染色体的每一对中选择一个新近发现的基因并讲述其故事，马特·里德利叙述了我们这个物种及其祖先从生命出现之初到未来医学前沿的历史。他从人类基因组的图谱绘制中得到启发，这项完成于2003年的工程揭示了人类基因组只包含大约3万个基因，这给予他创作本书的灵感。

"《基因组》是一部佳作：清晰明了、诙谐幽默、合乎时宜、颇有见地，视新知识为福而不是祸。该书非常值得一读。"

奈杰尔·霍克斯（Nigel Hawkes），《泰晤士报》

如果你喜欢这本书，你可能会喜欢……

《设计生活：生理和心理如何设定人类行为》

(*Design for a Life: How Biology and Psychology Shape Human Behaviour*)

帕特里克·贝特森和保罗·马丁

贝特森第一次运用著名的食谱与厨房类比，说明人类的发育即按照基因"食谱"来"烹饪"出一个成人。正如你不能轻而易举地将一块烘焙出的蛋糕的原料和烹饪方式分开，你也不能将人类大多数的心理特征归因为基因或环境。里德利、理查德·道金斯和史蒂文·杰伊·古尔德都借用了这个类比。

《语言本能》

(*The Language Instinct*)

史蒂芬·平克

该书进一步探索了乔姆斯基于20世纪50年代提出的对行为主义的挑战，并给予充足的证据证明语言是一种先天本能。人类生来就拥有句法能力的证据便是，洋泾浜语可发展成为一种成熟的语言——克里奥尔语（语法完备的正规语言）。这是一部开创性的科普作品。

《自私的基因》

(*The Selfish Gene*)

理查德·道金斯

该书已是一本经典著作，《纽约时报》评论，"这本科普作品让每一位读者可感觉到自己一定是个天才"。该书彻底颠覆了我们以往对基因的认知，提出基因并不是由自然选择所决定，也并非从属于人；相反，人只是基因的牵线木偶，实现基因本身的意图。道金斯还从微观角度（分子角度）探讨生命，创造出"文化基因"这个概念，提出文化基因也需通过竞争得以生存和流传。由于一些合理并且明显的原因，道金斯呈现的这幅图景让广大黑客和网虫们极为着迷。

了解更多

人类基因组计划染色体观察器

（The Human Genome Project Chromosome Viewer）

https://web.ornl.gov/sci/techresources/Human_Genome/posters/chromosome/index.shtml#chooser

在《基因组》中，里德利用 23 章展开论述，逐一探索人类进化的行为的不同特性，与这里描绘的人类 23 对染色体相呼应。

桑格研究所基因组数据库

（Sanger Institute genome database）

https://www.sanger.ac.uk/tool/genedb/

该数据库可满足那些真正的基因迷的需求：在这里，你可以浏览人类、鱼、果蝇、线虫以及鼠类的基因组，甚至了解每个物种正常基因的排列顺序。

致 谢

非常感谢所有把他们从基因组中得到的有价值的信息与我分享的科学家们,也非常感谢所有曾消除我脑袋里的胡思乱想并代之以更好观点的人。一些人接受了我的长时间访谈,一些人以电子邮件回复我,还有一些人贡献了他们简单的评论。这些慷慨大方并且毫无保留的人包括:迈克尔·贝利(Michael Bailey)、西蒙·巴伦–科恩、帕特·贝特森、雷·布兰查德、多尔特·布姆萨马(Dorret Boomsma)、托马斯·布沙尔、约翰·伯恩(John Burn)、艾拉·卡曼(Ira Carmen)、苏·卡特、阿夫沙洛姆·卡斯比、陈雪莉(Shirley Chan)、霍利斯·克莱因、史蒂夫·科恩(Steve Cohen)、彼得·科宁(Peter Corning)、莱达·科斯米迪、弗朗西斯·克里克、蒂姆·克罗(Tim Crow)、托尼·柯曾–普莱斯(Tony Curzon-Price)、理查德·道金斯、帕罗米达·德布林克、米奇·戴蒙德、艾伦·迪克森(Alan Dixson)、肖恩·艾迪(Sean Eddy)、塔莉娅·埃利、麦克·法因茨伯(Mike Fainzilber)、詹姆斯·弗林、亚历克斯·甘恩(Alex Gann)、玛丽–简·盖森(Mary-Jane Gething)、戴维·戈策(David Goetze)、安东尼·戈特利布(Anthony Gottlieb)、让–皮埃尔·哈德林(Jean-Pierre Hardelin)、朱迪思·里奇·哈里斯、斯科特·霍利(Scott Hawley)、安德鲁·霍姆斯(Andrew Holmes)、加布里埃尔·霍恩(Gabriel Horn)、莎拉·海尔蒂、黄乔什、蒂姆·哈伯德(Tim Hubbard)、汤姆·英赛尔、比尔·艾恩斯（Bill Irons）、露西娅·雅各布斯（Lucia Jacobs）、兰德尔·凯因斯（Randal Keynes）、乔纳森·金登（Jonathan Kingdon）、汤姆·柯克伍德（Tom Kirkwood）、罗伯特·克鲁格（Robert Krueger）、罗伯·克鲁劳夫（Robb Krumlauf）、纳迪亚·洛斯库托夫（Naida Loskutoff）、罗宾·洛弗尔-巴杰（Robin Lovell-Badge）、波比·劳（Bobbi Low）、休·莱顿（Hugh Lytton）、扎克·梅因（Zach Mainen）、尼克·马丁（Nick Martin）、罗杰·马斯特斯（Roger Masters）、布莱恩·麦克凯、罗宾·麦凯、克里斯·麦克马纳斯（Chris McManus）、迈克尔·米尼、德鲁·门德尔松（Drew Mendelsohn）、戴维·米克勒斯（David Micklos）、杰弗里·米勒、苏·米尼卡、格雷姆·米奇森（Graeme Mitchison）、苔莉·莫菲特、比尔·尼夫斯（Bill Neaves）、兰迪·内斯（Randy Nesse）、约翰·欧贝尔（John Orbell）、斯万特·帕博（Svante Paabo）、史蒂芬·平克、罗伯特·普洛明（Robert Plomin）、马尔科姆·波茨（Malcolm Potts）、卡西·兰金、马克·里德利（Mark Ridley）、贾科莫·里佐拉蒂、佩米拉·罗斯（Pemilla Roth）、乔·桑布鲁克（Joe Sambrook）、肯·沙夫纳、南茜·席格（Nancy Segal）、菲利普·夏普、理查德·夏洛克（Richard Sherlock）、尼尔·斯莫海泽（Neil Smalheiser）、蒂姆·斯派克特（Tim Specter）、罗伯特·斯普林克（Robert Sprinkle）、戴维·斯特恩（David Stern）、戴维·斯图尔特（David Stewart）、布鲁斯·斯蒂尔曼（Bruce Stillman）、约翰·萨尔斯顿（John Sulston）、伊恩·塔特索尔、布朗温·特里尔（Bronwyn Terrill）、约翰·图比、帕特里夏·图廷（Patricia Tueting）、蒂姆·塔利、埃里克·特克海默、阿吉特·瓦尔基、理查德·维肯（Richard Viken）、克里斯托弗·沃尔什（Christopher Walsh）、吉姆·沃森（Jim Watson）、玛丽·简·韦斯特-埃伯哈德、简·威特科斯基（Jan Witkowski）、杰弗里·伍兹、罗

伯特·沃兹尼亚克（Robert Wozniak）、帕特·赖特（Pat Wright）、罗伯特·尤肯、拉里·齐普斯基。

写这本书时，我曾有幸在长岛的冷泉港度过一段时光，那里的智识环境激动人心，优美的景色又让人宁静平和。我非常感谢那些让我们在那儿度过愉快时光的人，尤其是吉姆和莉兹·沃森夫妇，布鲁斯和格蕾丝·斯蒂尔曼夫妇，以及简和菲奥娜·威特科斯基夫妇。我也特别感谢堪萨斯市斯托瓦斯研究所（Stowers Institute）的工作人员，我曾因2001年可怕的"9·11"事件在那里待了一段时间，尤其要感谢比尔·尼夫斯、尼尔和琼·帕特森夫妇。回来以后，我也要感谢国际生命研究中心里的所有同事，感谢他们过去两年来的支持和鼓励，这些同事包括：阿拉斯泰尔·鲍尔斯（Alastair Balls）、琳达·康伦（Linda Conlon）、史蒂夫·克罗斯（Steve Cross）、特蕾莎·麦克唐纳（Teresa McDonald）。

有一些人读过本书稿的全部或部分内容，并慷慨给出重要的修改意见，他们有：理查德·道金斯、格雷姆·米奇森、兰迪·内斯、吉姆·沃森、约翰·图比、安娅·赫欧博特。

我的编辑特里·卡腾（Terry Karten）和克里斯托弗·波特（Christopher Potter），给了我许多自由。我的经纪人费莉西蒂·布莱恩（Felicity Bryan）和彼特·金斯伯格（Peter Ginsberg），一如既往地做了极为出色的工作。我的两位出版商也以创纪录的速度让这本书问世。

"先天后天交互作用"（Nature via nurture）这一短语最初由戴维·林肯（David Lykken）所创，他友好地允许我将其作为本书的书名。安娅·赫欧博特的意见和支持（在神经科学、文学和生活等方面）一直都是我的无价之宝。

译者后记

本书为先天后天这场古老的争论赋予现代的灵魂，以通俗易懂的语言探讨了深奥的科学道理，是一本优秀的科普作品。先天后天的争论历来是生物遗传学的焦点，每一方总会指责对方大错特错。但是，正如里德利所言，科学家们最容易犯错的时候是他们互相批评的时候。他们在争论时都走向了极端，从而看不到对方在一些方面的合理性。因此，本书从一个崭新的视角来看待这个争论，先天与后天的关系不再是相互对立，而是交互作用。后天培育依赖于基因，而基因也要求后天培育。基因不仅预先规定大脑的结构，而且它们还吸收和回应经验。它们既是行为的原因，也是其结果。

里德利说，我们将会进入一个崭新的领域，在这里，我们的基因不再是扯动行为之线的木偶主人，而是一个被行为牵引着的木偶；在这里，先天专门是为后天而设计的。欢迎来到先天与后天交互作用的世界，领略里德利给我们呈现的全新境地。

除了遗传学以外，本书还涉及神经科学、动物行为学、认知科学、精神病学、心理学、语言学、教育学、社会学、人类学和哲学，不仅可为研究这些学科的研究者提供指南，其诙谐易懂的语言和明晰易懂的阐述也会让广大普通读者大感兴趣。本书见解深刻、蕴含智慧并具有独特的风格，非常值得一读。

本书在翻译上对知识面要求较高，如有错误和不当之处，还请广大读者不吝指正。

注　释

序　言

1. Book 1, Line 58.
2. *Observer*, 11 February 2001.
3. *San Francisco Chronicle*, 11 February 2001.
4. *New York Times*, 12 February 2001.
5. See http://web.fccj.org/~ethall/trivia/solvay.htm

第 1 章

1. Act 3, scene 4.
2. Keynes, R.D. (ed.). 1988. *Charles Darwin's Beagle Diary*. Cambridge University Press.
3. Ibid.
4. Keynes, R.D. 2001. *Annie's Box*. 4th Estate.
5. Quoted in Degler, C.N. 1991. *In Search of Human Nature*. Oxford University Press.
6. Quoted in Midgely, M. 1978. *Beast and Man*. Routledge.
7. Budiansky, S. 1998. *If a Lion Could Talk*. Weidenfeld & Nicolson.
8. *Buffon's Natural History* (abridged). 1792. London.
9. Bewick, T. 1807. *A General History of Quadrupeds*. Newcastle upon Tyne.
10. Morris, R. and Morris, D. 1966. *Men and Apes*. Hutchinson.
11. Goodall, J. 1990. *Through a Window*. Houghton Mifflin.
12. Ibid.
13. Rendell, L. and Whitehead, H. 2001. Culture in whales and dolphins. *Behavioural and Brain Sciences* 24:309–24.
14. Call, J. 2001. Chimpanzee social cognition. *Trends in Cognitive Science* 5:388–93.
15. Malik, K. 2001. *What Is It to Be Human?*. Institute of Ideas.
16. Darwin, C. 1871. *The Descent of Man*. John Murray.
17. Malik, K. 2001. *What Is It to Be Human?*. Institute of Ideas.

18. Midgley, M. 1978. *Beast and Man*. Routledge.
19. Zuk, M. 2002. *Sexual Selections*. University of California Press.
20. van Schaik, C.P. and Kappeler, P.M. 1997. Infanticide risk and the evolution of male–female association in primates. *Proceedings of the Royal Society B*:264:1687–94.
21. Wrangham, R.W., Jones, J.H., Laden, G., Pilbeam, D. and Conkin-Brittain, N. 1999. The Raw and the Stolen. Cooking and the ecology of human origins. *Current Anthropology* 40:567–94.
22. Ridley, M. 1996. *The Origins of Virtue*. Penguin.
23. Wrangham, R.W. and Peterson, D. 1997. *Demonic Males*. Bloomsbury.
24. Alan Dixson, email correspondence.
25. http://www.blockbonobofoundation.org.
26. Ebersberger, I., Metzier, D., Schwarz, C. and Paabo, S. 2002. Genome-wide comparison of DNA sequences between human and chimpanzees. *American Journal of Human Genetics* 70:1490–97.
27. Britten, R.J. 2002. Divergence between samples of chimpanzee and human DNA sequences is 5%, counting indels. *Proceedings of the National Academy of Sciences* 99:13633–5.
28. King, M.C. and Wilson, A.C. 1975. Evolution at two levels in humans and chimpanzees. *Science* 188:107–16.
29. Sibley, C.G. and Ahlquist, J.E. 1984. The phylogeny of the hominoid primates, as indicated by DNA-DNA hybridization. *Journal of Molecular Evolution* 20:2–15.
30. Johnson, M.E., Viggiano, L., Bailey, J.A., Abdul-Rauf, M., Goodwin, G., Rocchi, M. and Eichler, E.E. 2001. Positive selection of a gene during the emergence of humans and African apes. *Nature* 413:514–19.
31. Hayakawa, T., Satta, Y., Gagneux, P., Varki, A. and Takahata, N. 2001. Alu-mediated inactivation of the human CMP-N-acetylneuraminic acid hydroxylase gene. *Proceedings of the National Academy of Sciences* 98:11399–404.
32. Ajit Varki, interview. See also Chou, H.-H. *et al.* 1998. A mutation in human CMP-sialic acid hydroxylase occurred after the Homo-Pan divergence. *Proceedings of the National Academy of Sciences* 95:11751–6; Gagneux, P. and Varki, A. 2001. Genetic differences between humans and great apes. *Molecular Phylogenetics and Evolution* 18:2–13; Varki, A. 2001. Loss of N-glycolylneuraminic acid in humans: mechanisms, consequences, and implications for hominid evolution. *Yearbook of Physical Anthropology* 44:54–69.
33. Hammer, C.J., Tyler, H.D., Loskutoff, N.M., Armstrong, D.L., Funk, D.J., Lindsey, B.R. and Simmons, L.G. 2001. Compromised development of calves (*Bos gaurus*) derived from in vitro-generated embryos and transferred interspecifically into domestic cattle (*Bos taurus*). *Theriogenology* 55:1447–55; Loskutoff, N., email correspondence.

34. There is some confusion over the terminology here. Some biologists use 'promoter' to mean the site where the RNA polymerase enzyme binds after being recruited by a transcription factor. Here I use it in the broader sense, to mean the entire regulatory sequence of the gene.
35. Belting, H.G., Shashikant, C.S. and Ruddle, F.H. 1998. Modification of expression and cis-regulation of Hoxc8 in the evolution of diverged axial morphology. *Proceedings of the National Academy of Sciences* 95:2355–60.
36. Cohn, M.J. and Tickle, C. 1999. Developmental basis of limblessness and axial patterning in snakes. *Nature* 399:474–9.
37. Ptashne, M. and Gann, A. 2002. *Genes and Signals*. Cold Spring Harbor Press; also Alex Gann, interviews.
38. Carroll, S.B. 2000. Endless forms: the evolution of gene regulation and morphological diversity. *Cell* 101:577–80.
39. Coppinger, R. and Coppinger, L. 2001. *Dogs: a Startling New Understanding of Canine Origin, Behavior and Evolution*. Scribner.
40. Semendeferi, K., Armstrong, E., Schleicher, A., Zilles, K., and van Hoesen, G.W. 1998. Limbic frontal cortex in hominoids: a comparative study of area 13. *American Journal of Physical Anthropology* 106:129–55.
41. Wrangham, R.W., Pilbeam, D. and Hare, B. (unpublished). Convergent paedomorphism in bonobos, domesticated animals and humans: the role of selection for reduced aggression.
42. Wrangham, R.W. and Pilbeam, D. 2001, in *All Apes Great and Small*, volume 1; *Chimpanzees, Bonobos, and Gorillas* (ed. Galdikas, B., Erickson, N. and Sheeran, L.K.). Plenum; also Wrangham, R.W. Talk at Cold Spring Harbor, President's Council, May 2001.
43. Quoted in the *New York Times*, 24 September 2002.
44. Bond, J., Roberts, E., Mochida, G.H., Hampshire, D.J., Scott, S., Askham, J.M., Springell, K., Mahadevan, M., Crow, Y.J., Markham, A.F., Walsh, C.A. and Woods, C.G. 2002. ASPM is a major determinant of cerebral cortical size. *Nature Genetics* 32:316–20.

第 2 章

1. Spalding, D.A. 1873 Instinct: with original observations on young animals. *Macmillan's Magazine* 27:282–93.
2. Myers, G.E. 1986. *William James: His Life and Thought*. Yale University Press.
3. Bender, B. 1996. *The Descent of Love: Darwin and the Theory of Sexual Selection in American Fiction, 1871–1926*. University of Pennsylvania Press.
4. James, W. 1890. *The Principles of Psychology*. Henry Holt.

5. Myers, G.E. 1986. *William James: His Life and Thought*. Yale University Press.
6. Dawkins, R. 1986. *The Blind Watchmaker*. Norton.
7. Dennett, D. 1995. *Darwin's Dangerous Idea*. Penguin.
8. James, W. 1890. *The Principles of Psychology*. Henry Holt.
9. Insel, T.R. and Shapiro, L.E. 1992. Oxytocin receptor distribution reflects social organization in monogamous and polygamous voles. *Proceedings of the National Academy of Sciences* 89:5981–5.
10. Argiolas, A., Melis, M.R., Stancampiano, R. and Gessa, G.L. 1989. Penile erection and yawning induced by oxytocin and related peptides: structure-activity relationship. *Peptides* 10:559–63.
11. Insel, T.R. and Shapiro, L.E. 1992. Oxytocin receptor distribution reflects social organization in monogamous and polygamous voles. *Proceedings of the National Academy of Sciences* 89:5981–5.
12. Ferguson, J.N., Young, L.J., Hearn, E.F., Matzuk, M.M., Insel, T.R. and Winslow, J.T. 2000. Social amnesia in mice lacking the oxytocin gene. *Nature Genetics* 25:284–8.
13. Young, L.J., Wang, Z. and Insel, T.R. 1998. Neuroendocrine bases of monogamy. *Trends in Neurosciences* 21:71–5.
14. Insel, T.R., Winslow, J.T., Wang, Z. and Young, L.J. 1998. Oxytocin, vasopressin, and the neuroendocrine basis of pair bond formation. *Advances in Experimental and Medical Biology* 449:215–24.
15. Insel, T.R. and Young, L.J. 2001. The neurobiology of attachment. *Nature Reviews in Neuroscience* 2:129–36.
16. Wang, Z., Yu, G., Cascio, C., Liu, Y., Gingrich, B. and Insel, T.R. 1999. Dopamine D2 receptor-mediated regulation of partner preference in female prairie voles (*Microtus ochrogaster*): a mechanism for pair bonding? *Behavioral Neuroscience* 113:602–11.
17. Jankowiak, W.R. and Fisher, E.F. 1992. A cross-cultural perspective on romantic love. *Ethnology* 31:149–55.
18. Insel, T.R., Gingrich, B.S. and Young, L.J. 2001. Oxytocin: who needs it? *Progress in Brain Research* 133:59–66.
19. Bartels, A. and Zeki, S. 2000. The neural basis of romantic love. *Neuroreport* 11:3829–34.
20. Carter, C.S. 1998. Neuroendocrine perspectives on social attachment and love. *Psychoneuroendocrinology* 23:779–818.
21. Ridley, M. 1993. *The Red Queen*. Penguin.
22. Tinbergen, N. 1951. *The Study of Instinct*. Oxford University Press.
23. Ginsburg, B.E. 2001. Fellow travellers on the road to the genetics of behavior: mice, rats and dogs. Talk to the International Behavioural and Neural Genetics Society, 8–10 November 2001, San Diego.

24. Konner, M. 2001. *The Tangled Wing: Biological Constraints on the Human Spirit*. 2nd edition. W.H. Freeman.
25. Budiansky, S. 2000. *The Truth about Dogs*. Viking Penguin.
26. You can check out such a bull catalogue at www.genusplc.com.
27. Eibl-Eibesfeldt, I. 1989. *Human Ethology*. Aldine de Gruyter; Ekman, P. 1998. Afterword: Universality of emotional expression? A personal history of the dispute. In Darwin, C., *The Expression of the Emotions in Man and Animals* (new edition). Oxford University Press.
28. Buss, D.M. 1994. *The Evolution of Desire*. Basic Books.
29. Buss, D.M. 2000. *The Dangerous Passion*. Bloomsbury.
30. You can find this quoted almost anywhere on the Internet.
31. Diamond, M., 1965. A critical evaluation of the ontogeny of human sexual behavior. *Quarterly Review of Biology* 40:147–75.
32. Colapinto, J. 2000. *As Nature Made Him: the Boy Who Was Raised as a Girl*. HarperCollins.
33. Reiner, W.G. 1999. Assignment of sex in neonates with ambiguous genitalia. *Current Opinion in Pediatrics* 11:363–5. Also article in *The Times* (London), 26 June 2001, by Lisa Melton: Ethics and gender.
34. Lutchmaya, S., Baron-Cohen, S. and Raggatt, P. In press. Foetal testosterone and eye contact in 12 month old human infants. *Infant Behaviour Development* (in press).
35. Connellan, J., Baron-Cohen, S., Wheelwright, S., Batki, A. and Ahluwalia, J. 2000. Sex differences in human neonatal social perception. *Infant Behavior and Development* 23:113–18.
36. Baron-Cohen, S. 2002. The extreme male brain theory of autism. *Trends in Cognitive Sciences* 6:248–54.
37. Baron-Cohen, S. 2002. Autism: deficits in folk psychology exist alongside superiority in folk physics. In *Understanding Other Minds* (ed. Baron-Cohen, S., Tager-Flusberg, H. and Cohen, D.J.), pp. 73–82; Baron-Cohen, S., Wheelwright, S., Skinner, R., Martin, J. and Clubley, E. 2001. The autism spectrum quotient: evidence from Asperger syndrome/high-functioning autism, males and females, scientists and mathematicians. *Journal of Autism and Developmental Disorders* 31:5–17.
38. Baron-Cohen, S., Interview.
39. Frith, C. and Frith, U. 2000. The physiological basis of theory of mind: functional neuroimaging studies. In *Understanding Other Minds* (ed. Baron-Cohen, S., Tager-Flusberg, H. and Cohen, D.J.), pp. 334–56.
40. Tooby, J. and Cosmides, L. 1992. The psychological foundations of culture. In *The Adapted Mind* (ed. Barkow, J.H., Cosmides, L. and Tooby, J.). Oxford University Press.
41. Pinker, S. 1994. *The Language Instinct*. HarperCollins.

42. Sharma, J., Angelucci, A. and Sur, M. 2000. Induction of visual orientation modules in auditory cortex. *Nature* 404:841–7.
43. Finlay, B.L., Darlington, R.B. and Nicastro, N. 2001. Developmental structure in brain evolution. *Behavioral and Brain Sciences* 24:263–308.
44. Barton, R.A. and Harvey, P.H. 2000. Mosaic evolution of brain structure in mammals. *Nature* 405:1055–8.
45. Fodor, J. 2001. *The Mind Doesn't Work That Way*. MIT Press.
46. Pinker, S. 1997. *How the Mind Works*. Norton.
47. Lee, D. 1987. Introduction to Plato. *The Republic*. Penguin.
48. Neville-Sington, P. and Sington, D. 1993. *Paradise Dreamed: How Utopian Thinkers Have Changed the World*. Bloomsbury.

第 3 章

1. Conversation with the author, Montreal, 2002.
2. Galton, F. 1869. *Hereditary Genius*.
3. Candolle, A. de. 1872. *Histoire des sciences et des savants depuis deux siècles*.
4. Galton, F. 1874. *English Men of Science: Their Nature and Nurture*.
5. *The Tempest*, Act 4, scene 1.
6. The text of Mulcaster's 'Positions' can be found at http://www.ucs.mun.ca/~wbarker/positions-txt.html
7. *A Midsummer Night's Dream*, Act 3, scene 2.
8. Galton, F. 1875. The history of twins, as a criterion of the relative powers of nature and nurture. *Fraser's Magazine* 12:566–76.
9. Gilham, N. 2001. *A Life of Sir Francis Galton: from African Exploration to the Birth of Eugenics*. Oxford University Press.
10. Ridley, M. 1999. *Genome*. Fourth Estate.
11. Lifton, R.J. 1986. *The Nazi Doctors*. Basic Books.
12. Wright, W. 1999. *Born That Way*. Routledge.
13. For an excellent summary of the ins and outs of twins, see Segal, N. 1999. *Entwined Lives*. Dutton. Incidentally, it is increasingly unfashionable to use the terms 'identical' and 'fraternal', researchers preferring the more precise 'monozygotic' and 'dizygotic'. But this is a popular book, so I stick to the popular terms.
14. For a general review of behaviour genetics, see: Plomin, R., DeFries, J.C., Craig, I.W. and McGuffin, P. 2002. *Behavioral Genetics in the Postgenomic Era*. American Psychological Association.
15. Wright, W. 1999. *Born That Way*. Routledge.
16. Farber, S.L. 1981. *Identical Twins Reared Apart: A Reanalysis*. Basic Books.

17. There is evidence that fraternal twins are actually more similar genetically than siblings, because although they come from different sperm, they often come from the same maternal oocyte, two of whose pronuclei develop into eggs. This, however, only makes it more remarkable that they prove so different from each other in personality compared with identical twins.
18. McCourt K., Bouchard T.J., Lykken D.T., Tellegen A., and Keyes M. 1999 Authoritarianism revisited: genetic and environmental influences examined in twins reared apart and together. *Personality and Individual Differences* 27:985–1014.
19. Nelkin, D. and Lindee, M.S. 1996. *The DNA Mystique*. W.H. Freeman.
20. Pioneer Fund website.
21. Quoted in Wright, W. 1999. *Born That Way*. Routledge.
22. Pinker, S. 2002. *The Blank Slate*. Penguin.
23. Eley, T.C., Lichtenstein, P. and Stevenson, J. 1999. Sex differences in the etiology of aggressive and nonaggressive antisocial behavior: results from two twin studies. *Child Development* 70:155–68.
24. Mischel, W. 1981. *Introduction to Personality*. Holt, Rinehart and Winston.
25. Thomas Bouchard, interview.
26. Clark, W.R. and Grunstein, M. 2000. *Are We Hard-wired? The Role of Genes in Human Behavior*. Oxford University Press.
27. Bouchard, T.J. Jr. 1999. Genes, environment and personality, pp. 98–103 in *The Nature–Nurture Debate* (ed. Ceci, S.J. and Williams, W.M.). Blackwell.
28. Krueger, R. 2001. Talk to the 10th International Congress of Twin Studies, London, 4–7 July 2001.
29. Grilo, C.M. and Pogue-Geile, M.F. 1991. The nature of environmental influences on weight and obesity. *Psychological Bulletin* 110:520–37.
30. Randolph Nesse, email. See also Srijan, S., Nesse, R.M., Stoltenberg, S.F., Li, S., Gleiberman, L., Chakravarti, A., Weder, A.B. and Burmeister, M. 2002. A BDNF coding variant is associated with the NEO personality inventory domain neuroticism, a risk factor for depression. *Neuropsychopharmacology* (in press). Originally published 27 August 2002 at http://www.acnp.org/citations/Npp082902374
31. Bouchard, T.J. Jr, Lykken, D.T., McGue, M., Segal, N.L. and Tellegen, A. 1990. Sources of human psychological differences: the Minnesota Study of Twins Reared Apart. *Science* 250:223–8.
32. Eaves, L., D'Onofrio, B. and Russell, R. 1999. Transmission of religion and attitudes. *Twin Research* 2:59–61.
33. Tully, T., interview.
34. Turkheimer, E. 1998. Heritability and biological explanation. *Psychology Review* 105:782–91.
35. Zach Mainen, interview.

36. Jensen, A. 1969. How much can we boost IQ and scholastic achievement? *Harvard Educational Review* 39:1–123.
37. Herrnstein, R.J. and Murray, C. 1994. *The Bell Curve: Intelligence and Class Structure in American Life*. Free Press.
38. Posthuma, D., Neale, M.C., Boomsma, D.I. and de Geus, E.J. 2001. Are smarter brains running faster? Heritability of alpha peak frequency, IQ, and their interrelation. *Behavior Genetics* 31:567–79.
39. Thompson, P.M., Cannon, T.D., Narr, K.L., van Erp, T., Poutanen, V.-P., Huttunen, M., Lohnqvist, J., Standertskjold-Nordenstam, C.-G., Kaprio, J., Khaledy, M., Dail, R., Zoumalan, C.I. and Toga, A.W. 2001. Genetic influences on brain structure. *Nature Neuroscience* 4:1253–8; Posthuma, D., de Geus, E.J., Baare, W.F., Hulshoff Pol, H.E., Kahn, R.S. and Boomsma, D.I. 2002. The association between brain volume and intelligence is of genetic origin. *Nature Neuroscience* 5:83–4.
40. Turkheimer, E., Haley, A., D'Onofrio, B., Waldron, M., Emery, R.E. and Gottesman, I. 2001. Socioeconomic status modifies heritability of intelligence in impoverished children. Paper at the 2001 meeting of the Behavior Genetics Association annual meeting, Cambridge, July 2001.
41. McGue, M., Bouchard, T.J. Jr, Iacono, W.G. and Lykken, D.T. 1993. Behavior genetics of cognitive ability: a life-span perspective. In *Nature Nurture and Psychology* (ed. Plomin, R. and McClearn, G.E.), American Psychological Association; also McClearn, G.E. *et al.* 1997. Substantial genetic influence on cognitive abilities in twins 80+ years old. *Science* 276:1560–3.
42. Eley, T., interview.
43. Dickens, W.T. and Flynn, J.R. 2001. Heritability estimates versus large environmental effects: the IQ paradox resolved. *Psychological Review* 108:346–69.
44. Williams, A.G., Rayson, M.P., Jubb, M., World, M., Woods, D.R., Hayward, M., Martin J., Humphries, S.E. and Montgomery, H.E. 2000. The ACE gene and muscle performance. *Nature* 403:614.
45. Ridley, M. 1993. *The Red Queen*. Penguin.
46. Radcliffe-Richards, J. 2000. *Human Nature after Darwin*. Routledge.
47. Flynn, J.R. (unpublished). The history of the American mind in the 20th century: a scenario to explain IQ gains over time and a case for the irrelevance of g.
48. For those curious about Galton's unpublished novel, a fuller précis is given in Nicholas Gilham's biography of Galton, cited above.

第 4 章

1. James, W. 1890. *Principles of Psychology*.
2. Quoted in Shorter, E. 1997. *A History of Psychiatry*. John Wiley & Sons.
3. Fromm-Reichmann, F. 1948. Notes on the development of treatment of schizophrenics by psychoanalytic psychotherapy. *Psychiatry* 11:263–73.
4. Pollak, R. 1997. *The Creation of Dr B: a Biography of Bruno Bettelheim*. Simon & Schuster.
5. Folstein. S.E. and Mankoski, R.E. 2000. Chromosome 7q: where autism meets language disorder? *American Journal of Human Genetics* 67:278–81.
6. James, O. 2002. *They F*** You Up: How to Survive Family Life*. Bloomsbury.
7. The psychiatrist and writer Randolph Nesse calls this the central error of psychiatric research.
8. Cited in Torrey, E.F. 1988. *Surviving Schizophrenia: a Family Manual*. Harper and Row.
9. Shorter, E. 1997. *A History of Psychiatry*. John Wiley & Sons.
10. Wahlberg, K.E., Wynne, L.C., Oja, H. *et al.* 1997. Gene-environment interaction in vulnerability to schizophrenia: findings from the Finnish adoptive family study in schizophrenia. *American Journal of Psychiatry* 154:355–62.
11. Kety, S.S. and Ingraham, L.J. 1992. Genetic transmission and improved diagnosis of schizophrenia from pedigrees of adoptees. *Journal of Psychiatric Research* 26:247–55.
12. Tsuang, M., Stone, W.S. and Faraone, S.V. 2001. Genes, environment and schizophrenia. *British Journal of Psychiatry* 178 (supplement 40):s18–s24.
13. Sherrington, R., Brynjolfsson, J., Petursson, H. *et al.* 1988. Localization of a susceptibility locus for schizophrenia of chromosome 5. *Nature* 336:164–7; Bassett, A.S., McGillivray, B.C., Jones, B.D. *et al.* 1988. Partial trisomy of chromosome 5 cosegregating with schizophrenia. *Lancet* 1988:799–801.
14. Levinson, D.F. and Mowry, B.J. 1999. Genetics of schizophrenia. In *Genetic Influences on Neural and Behavioral Functions* (ed. Pfaff, D.W., Joh, T. and Maxson, S.C.), pp. 47–82. CRC Press, Boca Raton.
15. Mirnics, K., Middleton, F.A., Lewis, D.A. and Levitt, P. 2001. Analysis of complex brain disorders with gene expression microarrays: schizophrenia as a disease of the synapse. *Trends in Neurosciences* 24:479–86.
16. Tsuang, M., Stone, W.S. and Faraone, S.V. 2001. Genes, environment and schizophrenia. *British Journal of Psychiatry* 178 (supplement 40): s18–s24.
17. Mednick. S.A., Machon, R.A., Huttunen, M.O., Bonett, D. 1988. Adult schizophrenia following prenatal exposure to an influenza epidemic. *Archives of General Psychiatry* 45:189–92; Munk-Jorgensen, P. and Ewald, H. 2001. Epidemiology in neurobiological research: exemplified by the influenza-schizophrenia theory. *British Journal of Psychiatry* 178 (supplement 40):s30–s32.

18. Davis, J.O., Phelps, J.A. and Bracha, H.S. 1999. Prenatal development of monozygotic twins and concordance for schizophrenia. In *The Nature–Nuture Debate* (ed. Ceci, S.J. and Williams, W.W.). Blackwell.

19. Tsuang, M., Stone, W.S. and Faraone, S.V. 2001. Genes, environment and schizophrenia. *British Journal of Psychiatry* 178 (supplement 40): s18–s24.

20. Deb-Rinker, P., Klempan, T.A., O'Reilly, R.L., Torrey, E.F. and Singh, S.M. 1999. Molecular characterization of a MSRV-like sequence identified by RDA from monozygotic twin pairs discordant for schizophrenia. *Genomics* 61:133–44.

21. Karlsson, H., Bachmann, S., Schroder, J., McArthur, J., Torrey, E.F. and Yolken, R.H. 2001. Retroviral RNA identified in the cerebrospinal fluids and brains of individuals with schizophrenia. *Proceedings of the National Academy of Sciences* 98:4634–9.

22. Impagatiello, F., Guidotti, A.R., Pesold, C. *et al.* 1998. A decrease of reelin expression as a putative vulnerability factor in schizophrenia. *Proceedings of the National Academy of Sciences* 95:15718–23.

23. Fatemi, S.H., Emamian, E.S., Kist, D., Sidwell, R.W., Nakajima, K., Akhter, P., Shier, A., Sheikh, S. and Bailey, K. 1999. Defective corticogenesis and reduction in reelin immunoreactivity in cortex and hippocampus of prenatally infected neonatal mice. *Molecular Psychiatry* 4:145–54.

24. Fatemi, S.H. 2001. Reelin mutations in mouse and man: from reeler mouse to schizophrenia, mood disorders, autism and lissencephaly. *Molecular Psychiatry* 6:129–33.

25. Hong, S.E., Shugart, Y.Y., Huang, D.T., Shahwan, S.A., Grant, P.E., Hourihane, J.O., Martin, N.D. and Walsh, C.A. 2000. Autosomal recessive lissencephaly with cerebellar hypoplasia is associated with human RELN mutations. *Nature Genetics* 26:93–6.

26. Cannon, M., Caspi, A., Moffitt, T.E., Harrington, H., Taylor, A., Murray, R.M. and Poulton, R. 2002. Evidence for early-childhood, pan-developmental impairment specific to schizophreniform disorder: results from a longitudinal birth cohort. *Archives of General Psychiatry* 59:449–56.

27. Weinberger, D.R. 1987. Implications of normal brain development for the pathogenesis of schizophrenia. *Archives of General Psychiatry* 44:660–9. Weinberger, D.R. 1995. From neuropathology to neurodevelopment. *Lancet* 26:552–7.

28. Mirnics, K., Middleton, F.A., Lewis, D.A. and Levitt, P. 2001. Analysis of complex brain disorders with gene expression microarrays: schizophrenia as a disease of the synapse. *Trends in Neurosciences* 24:479–86.

29. Horrobin, D. 2001. *The Madness of Adam and Eve*. Bantam.

30. Peet, M., Glen, I. and Horrobin, D. 1999. *Phospholipid Spectrum Disorder in Psychiatry*. Marius Press.

31. Jablensky, A., Sartorius, N., Ernberg, G., Anker, M., Korten, A., Cooper, J.E., Day, R. and Bertelson, A. 1992. Schizophrenia: manifestations, incidence and course in different cultures. A World Health Organisation Ten Country Study, *Psychological Medicine Supplement* 20:1–97.
32. Quoted in Horrobin, D. 2001. *The Madness of Adam and Eve*. Bantam.
33. Stevens, A. and Price, J. 2000. *Prophets, Cults and Madness*. Duckworth, London.
34. Simonton, D.K. 2002. *The Origins of Genius*. Oxford University Press.
35. Nasar, S. 1998. *A Beautiful Mind: a biography of John Forbes Nash Jr*. Faber & Faber, London.

第 5 章

1. Dawkins, 1981. See http://www.world-of-dawkins.com/Dawkins/Work/Reviews/1985-01-24notinourgenes.htm.
2. Singer, D.G. and Revenson, T.A. 1996. *A Piaget Primer: How a Child Thinks* (2nd edition). Plume.
3. Lehrman, D.S. 1953. A critique of Konrad Lorenz's theory of instinctive behavior. *Quarterly Review of Biology* 28:337–63.
4. Tinbergen, N. 1963. On the aims and methods of ethology. *Zeitschrift für Tierpsychologie* 20:410–33.
5. Schaffner, K.F. 1998. Genes, behavior and developmental emergentism: one process, indivisible? *Philosophy of Science* 65:209–52.
6. West-Eberhard, M.J. 1998. Evolution in the light of cell biology, and vice versa. *Proceedings of the National Academy of Sciences* 95:8417–19.
7. For example. Oyama, S. 2000. *Evolution's Eye*. Duke University Press.
8. Greenspan, R.J. 1995. Understanding the genetic construction of behavior. *Scientific American*, April: 72–8.
9. Waddington, C.H. 1940. *Organisers and Genes*. Cambridge University Press.
10. Ariew, A. 1999. Innateness is canalization: in defense of a developmental account of innateness. In Hardcastle, V. (ed.) *Biology meets Psychology: Conjectures, Connections, Constraints*. MIT Press.
11. Bateson, P. and Martin, P. 1999. *Design for a Life: How Behaviour Develops*. Jonathan Cape.
12. See the review of 'Not in Our Genes' by Richard Dawkins, in *New Scientist*, 24 January 1985. Available online at http://www.world-of-dawkins.com/Dawkins/Work/Reviews/1985-01-24notinourgenes.htm.
13. Zhang, X. and Firestein, S. 2002. The olfactory receptor gene superfamily of the mouse. *Nature Neuroscience* 5:124–33.

14. Gogos, J.A., Osborne, J., Nemes, A., Mendelson, M. and Axel, R. 2000. Genetic ablation and restoration of the olfactory topographic map. *Cell* 103:609–20.
15. Wang, F., Nemes, A., Mendelsohn, M. and Axel, R. 1998. Odorant receptors govern the formation of a precise topographic map. *Cell* 93:47–60.
16. Holt, C. Lecture to Society for Neurosciences meeting, San Diego, November 2001; Campbell, D.S. and Holt, C.E. 2001. Chemotropic responses of retinal growth cones mediated by rapid local protein synthesis and degradation. *Neuron* 32:1013–26.
17. Tessier-Lavigne, M. and Goodman, C.S. 1996. The molecular biology of axon guidance. *Science* 274:1123–33; Yu, T.W. and Bargmann, C.I. 2001. Dynamic regulation of axon guidance. *Nature Neuroscience* 4 (Supplement): 1169–76.
18. Richards, L.J. 2002. Surrounded by Slit – how forebrain commissural axons can be led astray. *Neuron* 33:153–5.
19. Marillat, V., Cases, O., Nguyen-Ba-Charvel, K.T., Tessier-Lavigne, M., Sotelo, C. and Chedotal, A. 2002. Spatiotemporal expression patterns of slit and robo genes in the rat brain. *Journal of Comparative Neurology* 442:130–55; Dickson, B.J., Cline, H., Polleux, F. and Ghosh, A. 2001. Making connections: axon guidance and neural plasticity. *Embo Reports* 2:182–6.
20. Soussi-Yanicostas, N., Faivre-Sarrailh, C., Hardelin, J.-P., Levilliers, J., Rougon, G. and Petit, C. 1998. Anosmin-1 underlying the X chromosome-linked Kallman syndrome is an adhesion molecule that can modulate neurite growth in a cell-type specific manner. *Journal of Cell Science* 111:2953–65.
21. Hardelin, J.-P. 2001. Kallmann syndrome: towards molecular pathogenesis. *Journal of Molecular Endocrinology* 179:75–81.
22. Oliveira, L.M., Seminara, S.B., Beranova, M., Hayes, F.J., Valkenburgh, S.B., Schiphani, E., Costa, E.M., Latronico, A.C., Crowley, W.F., Vallejo, M. 2001. The importance of autosomal genes in Kallmann syndrome: genotype–phenotype correlations and neuroendocrine characteristics. *Journal of Clinical Endocrinology and Metabolism* 86:1532–8.
23. Dawkins, R. 1982. *The Extended Phenotype*. Oxford University Press.
24. Braitenburg, V. 1967. Patterns of projection in the visual system of the fly. I. Retina-lamina projections. *Experimental Brain Research* 3:271–98.
25. Lee, C.H., Herman, T., Clandinin, T.R., Lee, R. and Zipursky, S.L. 2001. N-cadherin regulates target specificity in the Drosophila visual system. *Neuron* 30:437–50; Clandinin, T.R., Lee, C.H., Herman, T., Lee, R.C., Yang, A.Y., Ovasapyan, S. and Zipursky, S.L. 2001. *Drosophila* LAR regulates R1-R6 and R7 target specificity in the visual system. *Neuron* 33:237–48. Also Zipursky, S.L., interview with the author, and talk to Society for Neuroscience, San Diego, November 2001.

26. Modrek, B. and Lee, C. 2002. A genomic view of alternative splicing. *Nature Genetics* 30:13–19.

27. Schmucker, D., Clemens, J.C., Shu, H., Worby, C.A., Xiao, J., Muda, M., Dixon, J.E. and Zipursky, S.L. 2000. Drosophila Dscam is an axon guidance receptor exhibiting extraordinary molecular diversity. *Cell* 101:671–84.

28. Serafini, T. 1999. Finding a partner in a crowd: neuronal diversity and synaptogenesis. *Cell* 98:133–6.

29. Wang, X., Su, H. and Bradley, A. 2002. Molecular mechanisms governing Pcdh-gamma gene expression: evidence for a multiple promoter and cis-alternative splicing model. *Genes and Development* 16:1890–905.

30. Wu, Q., and Maniatis, T. 1999. A striking organization of a large family of human neural cadherin-like cell adhesion genes. *Cell* 97:779–90; Tasic, B., Nabholz, C.E., Baldwin, K.K., Kim, Y., Rueckert, E.H., Ribich, S.A., Cramer, P., Wu, Q., Axel, R. and Maniatis, T. 2002. Promoter choice determines splice site selection in Protocadherin alpha and gamma Pre-mRNA splicing. *Molecular Cell* 10:21–33.

31. Specter, M. 2002. Rethinking the brain. In *Best American Science Writing 2002* (ed. M. Ridley). HarperCollins.

32. H. Cline, interview.

33. Gomez, M., De Castro, E., Guarin, E., Sasakura, H., Kuhara, A., Mori, I., Bartfai, T., Bargmann, C.I. and Nef, P. 2001. Ca2+ signalling via the neuronal calcium sensor-1 gene regulates associative learning and memory in C. elegans. *Neuron* 30:241–8.

34. Rankin, C., Rose, J. and Norman, K. 2001. The use of reporter genes to study the effects of experience on the anatomy of an identified synapse in the nematode C. elegans. Paper delivered at the IBANGS conference, San Diego, November 2001.

35. Harlow, H. and Harlow, M. 1962. Social deprivation in monkeys. *Scientific American* 207:136–46.

36. Meaney, M.J. 2001. Maternal care, gene expression and the transmission of individual differences in stress reactivity across generations. *Annual Reviews of Neuroscience* 24:1161–82.

37. Champagne, F., Diorio, J., Sharma, S. and Meaney, M.J. 2001. Naturally occurring variations in maternal behavior in the rat are associated with differences in estrogen-inducible central oxytocin receptors. *Proceedings of the National Academy of Sciences* 98:12736–41.

38. Darlene D. Francis, Kathleen Szegda, Gregory Campbell, W. David Martin, Thomas R. Insel (unpublished). Epigenetic Sources of Behavioral Differences: Mother Nature Meets Mother Nurture.

39. Huxley, A. 1932. *Brave New World*. Chatto & Windus.

第 6 章

1. *Paradise Regained* (1671), Book 4.
2. Quoted in Nisbett, A. 1976. *Konrad Lorenz*. Dent.
3. Nisbett, A. 1976. *Konrad Lorenz*. Dent.
4. Spalding, D.A. 1873. Instinct: with original observations on young animals. *Macmillan's Magazine* 27:282–93.
5. Bateson, P. 2000. What must be known in order to understand imprinting? in *The Evolution of Cognition* (ed. Heyes, C. and Huber, L.). MIT Press.
6. Gottlieb, G. 1997. *Synthesizing Nature–Nurture: Prenatal Roots of Instinctive Behavior*. Lawrence Erlbaum Associates.
7. Barker, D.J., Winter, P.D., Osmond, C., Margetts, B. and Simmonds, S.J. 1989. Weight in infancy and death from ischaemic heart disease. *Lancet* 8663:577–80.
8. Eriksson, J.G., Forsen, T., Tuomilehto, J., Osmond, C. and Barker, D.J. 2001. Early growth and coronary heart disease in later life: longitudinal study. *British Medical Journal* 322:949–53.
9. Bateson, P. 2001. Fetal experience and good adult design. *International Journal of Epidemiology* 30:928–34.
10. Manning, J., Martin, S., Trivers, R. and Soler, M. 2002. 2nd to 4th digit ratio and offspring sex ratio. *Journal of Theoretical Biology* 217:93.
11. Manning. J.T. and Bundred, P.E. 2000. The ratio of 2nd to 4th digit length: a new predictor of disease predisposition? *Medical Hypotheses* 54:855–7; Manning, J.T., Baron-Cohen, S., Wheelwright, S. and Sanders, G. 2001. The 2nd to 4th digit ratio and autism. *Developmental Medicine and Child Neurology* 43:160–4.
12. Bischof, H.J., Geissler, E. and Rollenhagen, A. 2002. Limitations of the sensitive period of sexual imprinting: neuroanatomical and behavioral experiments in the zebra finch (*Taeniopygia guttata*). *Behavioral Brain Research* 133:317–22.
13. Burr, C. 1996. *A Separate Creation: How Biology Makes Us Gay*. Bantam Press.
14. Bailey, M., interview.
15. Symons, D. 1979. *Evolution of Human Sexuality*. Oxford University Press.
16. Blanchard, R. 2001. Fraternal birth order and the maternal immune hypothesis of male homosexuality. *Hormones and Behavior* 40:105–14.
17. Cantor, J.M., Blanchard, R., Paterson, A.D. and Bogaert, A.F. 2002. How may gay men owe their sexual orientation to fraternal birth order? *Archives of Sexual Behavior* 31:63–71.
18. Blanchard, R. and Ellis, L. 2001. Birth weight, sexual orientation and the sex of preceding siblings. *Journal of Biosocial Science* 33:451–67.

19. Blanchard, R., Zucker, K.J., Cavacas, A., Allin, S., Bradley, S.J. and Schachter, D.C. 2002. Fraternal birth order and birth weight in probably prehomosexual feminine boys. *Hormones and Behavior* 41:321–7.
20. Blanchard, R., Zucker, K.J., Cavacas, A., Allin, S., Bradley, S.J. and Schachter, D.C. 2002. Fraternal birth order and birth weight in probably prehomosexual feminine boys. *Hormones and Behavior* 41:321–7.
21. Harvey, R.J., McCabe, B.J., Solomonia, R.O., Horn, G. and Darlison, M.G. 1998. Expression of GABAa receptor gamma4 subunit gene: anatomical distribution of the corresponding mRNA in the domestic chick forebrain and the effect of imprinting training. *European Journal of Neuroscience* 10:3024–8.
22. Nedivi, E. 1999. Molecular analysis of developmental plasticity in neocortex. *Journal of Neurobiology* 41:135–47.
23. Huang, Z.J., Kirkwood, A., Pizzorusso, T., Porciatti, V., Morales, B., Bear, M.F., Maffei, L. and Tonegawa, S. 1999. BDNF regulates the maturation of inhibition and the critical period of plasticity in mouse visual cortex. *Cell* 98:739–55.
24. Fagiolini, M. and Hensch, T.K. 2000. Inhibitory threshold for critical-period activation in primary visual cortex. *Nature* 404:183–6.
25. Huang, J., interview.
26. Kegl, J., Senghas, A. and Coppola, M. 1999. Creation through contact: Sign language emergence and sign language change in Nicaragua. In *Comparative Grammatical Change: The Intersection of Language Acquisition, Creole Genesis, and Diachronic Syntax* (ed. DeGraff, M.). MIT Press; Bickerton, D. 1990. *Language and Species*. University of Chicago Press.
27. http://www.ling.lancs.ac.uk/monkey/ihe/linguistics/LECTURE4/4victor.htm. Newton, M. 2002. *Savage Girls and Wild Boys: A History of Feral Children*. Faber & Faber.
28. http://www.ling.lancs.ac.uk/monkey/ihe/linguistics/LECTURE4/4kaspar.htm.
29. Rymer, R. 1994. *Genie: a Scientific Tragedy*. Penguin.
30. Westermarck, E. 1891. *A History of Human Marriage*. Macmillan.
31. Wolf, A.P. 1995. *Sexual Attraction and Childhood Association: a Chinese Brief for Edward Westermarck*. Stanford University Press.
32. Shepher, J. 1971. Mate selection among second-generation kibbutz adolescents: incest avoidance and negative imprinting. *Archives of Sexual Behavior* 1:293–307.
33. Walter, A. 1997. The evolutionary psychology of mate selection in Morocco – a multivariate analysis. *Human Nature* 8:113–37.
34. Price, J.S. 1995. The Westermarck trap: a possible factor in the creation of Frankenstein. *Ethology and Sociobiology* 16:349–53.

35. Thornhill, N.W. 1991. An evolutionary analysis of rules regulating human inbreeding and marriage. *Behavioral and Brain Services* 14:247–60.
36. Greenber, M. and Littlewood, R. 1995. Post-adoption incest and phenotypic matching: experience, personal meanings and biosocial implications. *British Journal of Medical Psychology* 68:29–44.
37. Bevc, I. and Silverman, I. 1993. Early proximity and intimacy between siblings and incestuous behavior – a test of the Westermarck theory. *Ethology and Sociobiology* 14:171–81.
38. Deichmann, U. 1996. *Biologists under Hitler.* Harvard University Press.
39. Nisbett, A. 1976. *Konrad Lorenz*, Dent.

第 7 章

1. Turgenev, I. 1861/1975. *Fathers and Sons*. Penguin.
2. Todes, D.P. 1997. Pavlov's physiology factory. *Isis* 88:205–46.
3. Kimble, G.A. 1993. Evolution of the nature–nurture issue in the history of psychology. In *Nature Nurture and Psychology* (ed. Plomin, R. and McClearn, G.E.), American Psychological Association.
4. Frolov, Y.P. 1938. *Pavlov and His School*. Kegan Paul, Trench, Trubner & Co.
5. Waelti, P., Dickinson, A. and Schultz, W. 2001. Dopamine responses comply with basic assumptions of formal learning theory. *Nature* 412:43–8.
6. Watson, J.B. 1924. *Behaviorism*. W.W. Norton, New York.
7. Dubnau, J., Grady, L., Kitamoto, T. and Tully, T. 2001. Disruption of neurotransmission in Drosophila mushroom body blocks retrieval but not acquisition of memory. *Nature* 411:476–80.
8. Tully, T., interview.
9. Husi, H. and Grant, S.G.N. 2001. Proteomics of the nervous system. *Trends in Neurosciences* 24:259–66.
10. Watson, J.B. 1913. Psychology as the behaviorist views it. *Psychological Review* 20:158–77.
11. Rilling, M. 2000. John Watson's paradoxical struggle to explain Freud. *American Psychologist* 55:301–12.
12. Watson, J.B. and Rayner, R. 1920. Conditioned emotional reactions. *Journal of Experimental Psychology* 3:1–14.
13. Watson, J.B. 1924. *Behaviorism*. W.W. Norton.
14. Figes, O. 1996. *A People's Tragedy*. Jonathan Cape.
15. Frolov, Y.P. 1938. *Pavlov and His School*. Kegan Paul, Trench, Trubner & Co.
16. Figes, O. 1996. *A People's Tragedy*. Jonathan Cape.

17. All quotations from or about Lysenko are from Joravsky, D. 1986. *The Lysenko Affair*. University of Chicago Press.
18. Ibid.
19. Ibid.
20. Gould, S.J. 1978. *Ever Since Darwin*. Burnett Books.
21. Pinker, S. 2002. *The Blank Slate*. Penguin.
22. Blum, D. 2002. *Love at Goon Park*. Perseus Publishing.
23. Harlow, H.F. 1958. The nature of love. *American Psychologist* 13:673–85.
24. For a review of Mineka's work, see Ohman, A. and Mineka, S. 2001. Fears, phobias and preparedness: toward an evolved module of fear and fear learning. *Psychological Review* 108:483–522.
25. Fredrikson, M., Annas, P. and Wik, G. 1997. Parental history, aversive exposure and the development of snake and spider phobia in women. *Behavior Research Therapy* 35:23–8.
26. Ledoux, J. 2002. *Synaptic Self: How Our Brains Become Who We Are*. Viking.
27. Ohman, A. and Mineka, S. 2001, Fears, phobias and preparedness: toward an evolved module of fear and fear learning. *Psychological Review* 108:483–522.
28. Kendler, K.S., Jacobson, K.C., Myers, J. and Prescott, C.A. 2002. Sex differences in genetic and environmental risk factors for irrational fears and phobias. *Psychological Medicine* 32:209–17.
29. Hebb, D.O. 1949. *The Organization of Behavior: A Neuropsychological Theory*. Wiley.
30. Elman, J., Bates, E.A., Johnson, M.H., Karmiloff-Smith, A., Parisi, D. and Plunkett, K. 1996. *Rethinking Innateness*. MIT Press.
31. Ibid.
32. Fodor, J. 2001. *The Mind Doesn't Work That Way*. MIT Press.
33. Pinker, S. 2002. *The Blank Slate*. Penguin.
34. Skinner, B.F. 1948/1976. *Walden Two*. Prentice Hall.
35. See www.loshorcones.org.mx.

第 8 章

1. *Essay on Human Understanding*, 1692. Which only goes to show that Locke was not the blind blank-slater he has often been made out to be.
2. Kuper, A. 1999. *Culture: the Anthropologists' Account*. Harvard University Press.
3. Muller-White, L. 1998. *Franz Boas among the Inuit of Baffin Island, 1883–1884: Letters and Journals*. University of Toronto Press.

4. Quoted in Degler, C.N. 1991. *In Search of Human Nature.* Oxford University Press.
5. Ibid.
6. See *New York Times*, 8 October 2002, p. F3. Also: Sparks, C.S. and Jantz, R.L. 2002. A reassessment of human cranial plasticity: Boas revisited. *Proceedings of the National Academy of Sciences.* 8 October. 2002.
7. Freeman, D. 1999. *The Fateful Hoaxing of Margaret Mead: a Historical Analysis of Her Samoan Research.* Westview Press.
8. Durkheim, E. 1895. *The Rules of the Sociological Method.* (1962 edition). Free Press.
9. Pinker, S. 2002. *The Blank State.* Penguin.
10. Plotkin, H. 2002. *The Imagined World Made Real: Towards a Natural Science of Culture.* Penguin.
11. On television programme *The Cultured Ape.* Channel 4. Produced by Brian Leith, Scorer Associates.
12. de Waal, F. 2001. *The Ape and the Sushi Master.* Penguin.
13. Tomasello, M. 1999. *The Cultural Origins of Human Cognition.* Harvard University Press.
14. de Waal, F. 2001. *The Ape and the Sushi Master.* Penguin.
15. Tomasello, M. 1999. *The Cultural Origins of Human Cognition.* Harvard University Press.
16. Tiger, L. and Fox, R. 1971. *The Imperial Animal.* Transaction.
17. Rizzolatti, G., personal communication.
18. Rizzolatti, G. and Arbib, M.A. 1998. Language within our grasp. *Trends in Neurosciences* 21:188–94.
19. Iacobini, M., Koski, L.M., Brass, M., Bekkering, H., Woods, R.P., Dubeau, M.-C., Mazziotta, J.C. and Rizzolatti, G. 2001. Reafferent copies of imitated actions in the right superior temporal cortex. *Proceedings of the National Academy of Sciences* 98:13995–9.
20. Kohler, E., Keysers, C., Umilta, M.A., Fogassi, L., Gallese, V. and Rizzolatti, G. 2002. Hearing sounds, understanding actions: action representation in auditory mirror neurons. *Science* 297:846–8.
21. Lai, C.S., Fisher, S.E. *et al.* 2001. A forkhead-domain gene is mutated in a severe speech and language disorder. *Nature* 413: 519–23.
22. Enard, W., Przeworski, M., Fisher, S.E., Lai, C.S.L., Wiebe, V., Kitano, T., Monaco, A.P. and Paabo, S. 2002. Molecular evolution of FOXP2, a gene involved in speech and language. *Nature* 418:869–72.
23. Iacoboni, M., Woods, R.P., Brass, M., Bekkering, H., Mazziotta, J.C. and Rizzolatti, G. 1999. Cortical mechanisms of human imitation, *Science* 286:2526–8.
24. Cantalupo, C. and Hopkins, W.D. 2001. Asymmetric Broca's area in great

apes. *Nature* 414:505.
25. Newman, A.J., Bavelier, D., Corina, D., Jezzard, P. and Neville, H.J. 2002. A critical period for right hemisphere recruitment in American Sign Language processing. *Nature Neuroscience* 5:76–80.
26. Dunbar, R. 1996. *Gossip, Grooming and the Evolution of Language*. Faber & Faber.
27. Walker, A. and Shipman, P. 1996. *The Wisdom of Bones*. Weidenfeld & Nicolson.
28. Tattersall, I. Email correspondence.
29. Wilson, F.R. 1998. *The Hand*. Pantheon.
30. Calvin, W.H. and Bickerton, D. 2001. *Lingua ex Machina*. MIT Press.
31. Stokoe, W.C. 2001. *Language in Hand: Why Sign Came before Speech*. Gallaudet University Press.
32. Durham, W.H., Boyd, R. and Richerson, P.J. 1997. Models and forces of cultural evolution. In *Human by Nature* (ed. Weingert, P., Mitchell, S.D., Richerson, P.J. and Maasen, S.). Lawrence Erlbaum Associates.
33. Deacon, T. 1997. *The Symbolic Species: the Co-evolution of Language and the Human Brain*. Penguin.
34. Blackmore, S. 1999. *The Meme Machine*. Oxford University Press.
35. Cronk, L. 1999. *That Complex Whole: Culture and the Evolution of Human Behavior*. Westview Press.
36. Pitts, M. and Roberts, M. 1997. *Fairweather Eden*. Century.
37. Kohn, M. 1999. *As We Know It: Coming to Terms with an Evolved Mind*. Granta.
38. Low, B.S. 2000. *Why Sex Matters: a Darwinian Look at Human Behavior*. Princeton University Press.
39. Dunbar, R., Knight, C. and Power, C. 1999. *The Evolution of Culture*. Edinburgh University Press.
40. Whiten, A. and Byrne, R.W. (eds). 1997. *Machiavellian Intelligence II*. Cambridge University Press.
41. Wright, R. 2000. *Nonzero: History, Evolution and Human Cooperation*. Random House.
42. Ridley, M. 1996. *The Origins of Virtue*. Penguin.
43. Ofek, H. 2001. *Second Nature*. Cambridge University Press.
44. Tattersall, I. 1998. *Becoming Human*. Harcourt Brace.
45. Wright, R. 2000. *Nonzero: History, Evolution and Human Cooperation*. Random House.
46. Ridley, M. 1996. *The Origins of Virtue*. Penguin.
47. Neville-Sington, P. and Sington, D. 1993. *Paradise Dreamed: How Utopian Thinkers Have Changed the World*. Bloomsbury.
48. Milne, H. 1986. *Bhagwan: The God That Failed*. Caliban Books.

第 9 章

1. Dennett, D. *Darwin's Dangerous Idea*. Penguin.
2. De Vries, H. 1900. Sur la loi de disjonction des hybrides. *Comptes Rendus de l'Académie des Sciences* (Paris) 130:845–7.
3. Henig, R.M. 2000. *A Monk and Two Peas*. Weidenfeld & Nicolson.
4. Tudge, C. 2001. *In Mendel's Footnotes*. Vintage; Orel, V. 1996. *Gregor Mendel: the First Geneticist*. Oxford University Press.
5. Watson, J.D. and Crick, F.H.C. 1953. Molecular structure of nucleic acid: a structure for deoxyribonucleic acid. *Nature* 171:737. Watson, J. with Barry, A. 2003. *DNA: The secret of Life*. Knopf.
6. Ptashne, M. and Gann, A. 2002. *Genes and Signals*. Cold Spring Harbor Press.
7. Midgley, M. 1979. Gene juggling. *Philosophy* 54:439–58.
8. Canning, C. and Lovell-Badge, R. Sry and sex determination: how lazy can it be? *Trends in Genetics* 18:111–13.
9. Randolph Nesse, personal communication.
10. Chagnon, N. 1992. *Yanomamo: the Last Days of Eden*. Harcourt Brace.
11. Miller, G. 2000. *The Mating Mind*. Doubleday.
12. Wilson, E.O. 1994. *Naturalist*. Island Press.
13. Wilson, E.O. 1975. *Sociobiology*. Harvard University Press.
14. Segerstrale, U. 2000. *Defenders of the Truth*. Oxford University Press.
15. Anthony Leeds, Barbara Beckwith, Chuck Madansky, David Culver, Elizabeth Allen, Herb Schreier, Hiroshi Inouye, Jon Beckwith, Larry Miller, Margaret Duncan, Miriam Rosenthal, Reed Pyeritz, Richard C. Lewontin, Ruth Hubbard, Steven Chorover and Stephen Gould 1975. Letter to the *New York Review of Books*. 13 November 1975.
16. Segerstrale, U. 2000. *Defenders of the Truth*. Oxford University Press.
17. Lewontin, R. 1993. *The Doctrine of DNA: Biology of Ideology*. Penguin.
18. Tooby, J. and Cosmides, L. 1992. The psychological foundations of culture. In *The Adapted Mind* (ed. Barkow, J.H., Cosmides, L. and Tooby, J.). Oxford University Press.
19. Ibid
20. Daly, M. and Wilson, M. 1988. *Homicide*. Aldine.
21. Hrdy, S. 2000. *Mother Nature*. Ballantine Books.
22. Durkheim, E. 1895. *The Rules of the Sociological Method* (1962 edition). Free Press.

第 10 章

1. Wolfe, T. 2000. *Hooking Up*. Picador.

2. Ellis, B.J. and Garber, J. 2000. Psychosocial antecedents of variation in girls' pubertal timing: maternal depression, stepfather presence, and marital and family stress. *Child Development* 71:485–501.
3. Harris, J.R. 1998. *The Nurture Assumption*. Bloomsbury.
4. Harris, J.R. 1995. Where is the child's environment? A group socialisation theory of development. *Psychological Review*. 102:458–9.
5. Wills, J.E. 2001. *1688: a Global History*. Granta.
6. But then other studies reveal some rather dramatic negative correlations between parents and children, too: where the effect of the parent is to drive the child to do the opposite. The children of hippies become investment bankers.
7. Lytton, H. 2000. Towards a model of family-environmental and child-biological influences on development. *Developmental Review* 20:150–79.
8. Mednick, S.A., Gabrielli, W.F. and Hutchings, B. 1984. Genetic influences in criminal convictions: evidence from an adoption cohort. *Science* 224:891–4.
9. Scarr, S. 1996. How people make their own environments: implications for parents and policy makers. *Psychology Public Policy and Law* 2:204–28.
10. Collins, W.A., Maccoby, E.E., Steinberg, L., Hetherington, E.M. and Bernstein, M.H. 2000. The case for nature and nurture. *American Psychologist* 55:218–32.
11. Bennett, A.J., Lesch, K.P., Heils, A., Long, J.C., Lorenz, J.G., Shoaf, S.E., Champoux, M., Suomi, S.J. Linnoila, M.V. and Higley, J.D. 2002. Early experience and serotonin transporter gene variation interact to influence primate CNS function. *Molecular Psychiatry* 7:118–22.
12. Smith, A. 1776. *The Wealth of Nations*. London.
13. Ibid.
14. Durkheim, E. (1933). *The Division of Labor in Society*. Free Press.
15. Buss, D.M. 1994. *The Evolution of Desire*. Basic Books.
16. Lewontin, R.C. 1972. The apportionment of human diversity. *Evolutionary Biology* 6:381–98.
17. Kurzban, R., Tooby, J. and Cosmides, L. 2001. Can race be erased? Coalitional computation and social categorization. *Proceedings of the National Academy of Sciences* 98:15387–92.
18. Caspi, A., McClay, J., Moffitt, T., Mill, J., Martin, J., Craig, I.W., Taylor, A. and Poulton, R. 2002. Role of genotype in the cycle of violence in maltreated children. *Science* 297:851–4. Also, Terrie Moffitt and Avshalom Caspi, email correspondence. See also the Nuffield Council on Bioethics report (2002). *Genetics and Behavior: the Ethical Context*. Incidentally, as Judith Rich Harris pointed out to me, the correlation between parental abuse and antisocial behaviour in the Dunedin study cannot be assumed to be causal. It may be that another undiscovered gene affects both: a long history of fallacious assumption teaches us to be cautious before assuming that parents

cause effects in children by their actions.
19. James, W. 1884. The dilemma of determinism. In *The Writings of William James* (ed. McDermott, J.J.). University of Chicago Press.
20. Walter, H. 2001. *Neurophilosophy of Free Will*. MIT Press.
21. Quoted by Walter, H. 2001. *Neurophilosophy of Free Will*. MIT Press.
22. *Hamlet*, Act 5, scene 2.
23. Freeman, W.J. 1999. *How Brains Make up Their Minds*. Weidenfeld & Nicolson.
24. Francis Crick, interview.
25. Tim Tully, interview.

结　语

1. James, W. 1906. The moral equivalent of war. Address to Stanford University. Printed as Lecture 11 in *Memories and Studies*. Longman Green & Co. (1911):267–96.
2. Bouchard, T. 1999. Genes, environment and personality. In *The Nature-Nurture Debate: the Essential Readings* (ed. Ceci, S.J and Williams, W.M.). Blackwell.
3. Wilson, E.O. 1978. *On Human Nature*. Harvard University Press.
4. Dawkins, R. 1981. Selfish genes in race or politics. *Nature* 289:528.
5. Pinker, S. 1997. *How the Mind Works*. Norton.
6. Rose, S. 1997. *Lifelines*. Penguin.
7. Gould, S.J. 1978. *Ever Since Darwin*. Burnett Books.
8. Lewontin, R. 1993. *The Doctrine of DNA: Biology as Ideology*. Penguin.
9. Tim Tully, interview.

马特·里德利系列丛书

创新的起源：一部科学技术进步史
ISBN：978-7-111-68436-7

揭开科技创新的重重面纱，开拓自主创新时代的科技史读本

基因组：生命之书23章
ISBN：978-7-111-67420-7

基因组解锁生命科学的全新世界，一篇关于人类与生命的故事，华大CEO尹烨翻译，钟南山院士等8名院士推荐

先天后天：基因、经验及什么使我们成为人（珍藏版）
ISBN：978-7-111-68370-9

人类天赋因何而生，后天教育能改变人生与人性，解读基因、环境与人类行为的故事

美德的起源：人类本能与协作的进化（珍藏版）
ISBN：978-7-111-67996-0

自私的基因如何演化出利他的社会性，一部从动物性到社会性的复杂演化史，道金斯认可的《自私的基因》续作

理性乐观派：一部人类经济进步史（典藏版）
ISBN：978-7-111--69446-5

全球思想家正在阅读，为什么一切都会变好？

自下而上（珍藏版）
ISBN：978-7-111-69595-0

自然界没有顶层设计，一切源于野蛮生长，道德、政府、科技、经济也在遵循同样的演讲逻辑

飞行家系列

一人,一书,一段旅程,插上文字的翅膀,穿越大海与岁月

繁荣的背后:解读现代世界的经济大增长
ISBN:978-7-111-66966-1
探寻大国崛起背后的逻辑,揭示现代世界格局的四大支柱

世界金融史:泡沫、战争与股票市场(珍藏版)
ISBN:978-7-111-71161-2
从美索不达米亚平原的粘土板上的借贷记录到雷曼事件,一部关于金钱的人类欲望史;一部"门外汉"都能读懂的世界金融史。

左手咖啡 右手世界:一部咖啡的商业史
ISBN:978-7-111-66971-5
一颗咖啡豆穿越时空的故事,翻译成15种语言,享誉世界的咖啡名著,咖啡是生活、是品位、是文化、更是历史,本书将告诉你有关咖啡的一切。

宽客人生:从物理学家到数量金融大师的传奇(珍藏版)
ISBN:978-7-111-69824-1
一位科学家的金融世界之旅,当你研究物理学的时候,你的对手是宇宙;而在研究金融学时,你的对手是人类。